U0251823

本书编写人员

主　编　李玉冰（北京农业职业学院）

　　　　王景芳（黑龙江生物科技职业学院）

副主编　张　江（上海农林职业技术学院）

　　　　胡　平（北京农业职业学院）

参加编写（以姓氏笔画为序）

　　　　陆杏华（江西生物科技职业学院）

　　　　张京和（北京农业职业学院）

　　　　张响英（江苏农牧科技职业技术学院）

　　　　沈晓鹏（江苏农牧科技职业技术学院）

主　审　王　钜（首都医科大学实验动物部）

　　　　卢　静（首都医科大学实验动物部）

“十二五”职业教育国家规划教材
经全国职业教育教材审定委员会审定

全国高职高专规划教材

实验动物

（第二版）

李玉冰　王景芳　主编

中国环境出版社·北京

图书在版编目（CIP）数据

实验动物/李玉冰主编. —2 版. —北京：中国环境出版社，2016.5

全国高职高专系列教材

ISBN 978-7-5111-2754-9

Ⅰ. ①实…　Ⅱ. ①李…　Ⅲ. ①实验动物学—高等职业教育—教材　Ⅳ. ①Q95-33

中国版本图书馆 CIP 数据核字（2016）第 068545 号

出 版 人　王新程
责任编辑　孟亚莉
责任校对　尹　芳
封面设计　宋　瑞

出版发行　中国环境出版社
（100062　北京市东城区广渠门内大街 16 号）
网　　址：http：//www.cesp.com.cn
电子邮箱：bjgl@cesp.com.cn
联系电话：010-67112765（编辑管理部）
010-67112735（第一分社）
发行热线：010-67125803，010-67113405（传真）
印　　刷　北京市联华印刷厂
经　　销　各地新华书店
版　　次　2006 年 8 月第 1 版　2016 年 5 月第 2 版
印　　次　2016 年 5 月第 1 次印刷
开　　本　787×960　1/16
印　　张　14
字　　数　300 千字
定　　价　28.00 元

前　言

《实验动物》是生物、农业、医学、药学等学科的基础课程，是研究实验动物和动物实验的一门综合性应用学科。在生命科学研究中，动物实验早已成为主要手段。无论生物学、医学、药学、农牧学还是环境科学，都需要运用实验动物学的理论和技术。在我国，以生命科学为基础的科技革命来势凶猛，广泛应用于科学研究的各个领域，实验动物起着“活的天平”和“活的化学试剂”的作用，是生命科学研究的基础和重要支撑条件。

教材面向我国现代实验动物科学技术教育和实际需要，针对实验动物行业，以模块、项目、任务方式策划编排，“理实一体化”，以实验动物技术为主线，以实验动物岗位职责为依托，以岗位任务为重点，突出“以能力为本”的职教特色，注重学生职业技能与职业素质培养。

教材突出实用性和实践性，尽力反映国内外实验动物最新研究成果，力求反映职业教育特色，理论到位并且有所提升，同时体现新技术，技能技术路线清晰、系统化、可操作。教材内容包括实验动物科学、实验动物环境控制技术、实验动物遗传质量监测技术、实验动物的营养与饲料控制技术、实验动物病原体控制技术、繁殖与繁育技术、实验动物饲养管理技术、实验动物常规操作与样本采集技术、实验动物模型设计与动物模型九大项目，每一项目都设立了国家对实验动物从业人员职业岗位技能考核项目。

本教材编写人员：李玉冰（北京农业职业学院）任主编，负责本教材的编写提纲策划、全书统稿定稿、编写模块 1 实验动物职业规范和模块 8 实验动物常规操作与样本采集技术；王景芳（黑龙江生物科技职业学院）任主编，负责本教材的编写提纲策划和编写模块4实验动物的营养与饲料控制技术；张江（上海农林职业技术学院）任副主编，编写模块9实验动物模型设计；胡平（北京农业职业学院）任副主编，编写模块7实验动物饲养管理技术；陆杏华（江西生物科技职业学院）编写模块2实验动物环境控制技术；张京和（北京农业职业学院）编写模块3实验动物遗传质量监测技术；张响英（江苏农牧科技职业技术学院）编写模块5实验动物病原体控制技术；沈晓鹏（江苏农牧科技职业技术学院）编写模块6实验动物繁殖与繁育技术。全书由首都医科大学实验动物部王钜教授、卢静副教授审定。

由于编者编写水平有限，教材编写形式及内容难免存在不妥之处，恳请读者和同行不吝赐教。

编　者

2016年3月

目　录

模块 1　实验动物职业规范

<table>
<tr><td colspan="2">岗位</td><td>实验动物中心内各岗位</td></tr>
<tr><td colspan="2">岗位任务</td><td>实验动物职业规范</td></tr>
<tr><td rowspan="3">岗位目标</td><td>应知</td><td>实验动物科学基础、实验动物的保护、实验动物法规与职业规范</td></tr>
<tr><td>应会</td><td>实验动物科学、实验动物分类、实验动物科学研究范围、实验动物科学特点、实验用动物与动物实验、实验动物法规、实验动物从业人员的培训及职业道德</td></tr>
<tr><td>职业素养</td><td>培养学生严肃认真的科学态度与严谨求实的工作作风；良好的思想品德、心理素质；良好的职业道德，包括爱岗敬业、诚实守信、遵守相关的法律法规等；良好的团队协作、协调人际关系的能力；对新知识、新技能的学习能力与创新能力</td></tr>
</table>

项目 1.1　实验动物科学基础

任务一　实验动物科学

实验动物科学是研究实验动物和动物实验的一门新兴学科，是关于实验动物标准化和动物实验规范化的科学。

实验动物经人工培育，来源清楚，遗传背景明确，对其所携带微生物实行控制，可用于科学试验、药品、生物制品的生产和检定以及其他科学研究。

实验动物是替代人类去获取与生命健康息息相关的各种科学实验、产品质量检定、环境检测等数据的重要工具。实验动物特点是遗传学上要求必须经人工培育，遗传学背景明确，来源清楚。对其携带的微生物、寄生虫实行人工控制，所有实验动物的微生物、寄生虫都是在人工严格监控之下繁育的。所有实验动物的主要目的都是为了科学实验。

实验动物必须具备满足科学实验的基本要求是对实验处理表现出极高敏感性、对实验处理的个体反应表现出极强的均一性、模型性状具有遗传上的稳定性以及动物来源具有易获得性。

动物实验学是以实验动物为材料采用各种手段和方法在实验动物身上进行实验，研究实验过程中实验动物的反应、表现及其发生发展规律等问题，着重研究实验动物如何应用到各个科学领域中去，为生命科学和国民经济服务。包括以实验动物整体水平的综合性反应为评价指标的实验，以实验动物为材料来源的局部器官及系统的实验，以实验动物的各种表现参数为权衡尺度的实验。

生命科学实验研究中的基本要素总括：实验动物（Animal）、设备（Equipment）、信息（Information）和试剂（Reagent），简称为 AEIR 要素。这四个基本要素，在整个生命科学研究实验中，具有同等重要的地位。

实验动物科学研究目的是要通过对动物本身生命现象的研究，进而推用到人类身上，探索人类的生命奥秘，控制人类的疾病和衰老。环境恶化、产业公害、食品安全、药品毒性等，直接影响人体健康，对这些问题的研究，必然要通过动物实验（包括动物疾病模型的开发等）来阐明解决。因此，实验动物科学是人类追求幸福生活的支柱，故实验动物科学亦被称为生命科学。

实验动物科学作为现代科学技术的重要组成部分，是一门独立的综合性基础科学门类。这门科学的重要性表现，一方面它作为科学研究的重要手段，直接影响着许多领域研究课题成果的确立和水平的高低；另一方面，作为一门科学，它的提高和发展，又会把许多领域课题的研究引入新的境地。因此，实验动物科学技术的重要性是现代科学技术的重要组成部分，是生命科学的基础和条件，也是衡量一个国家或一个科研单位科学研究水平的重要标志。

实验动物科学是伴随着生物医学科学，通过漫长的动物实验过程形成的。但是，实验动物科学的迅速发展，使得实验动物的研究价值已经不仅限于生物科学方面，而且广泛地与许多领域科学实验研究紧紧地联系在一起，成为保证现代科学实验研究的一个必不可少的条件。在很多领域的科学研究中，实验动物都充当着非常重要的安全试验、效果试验、标准试验的角色。

实验动物科学作为生命科学研究的基础，已受到世界各国的普遍重视，投入了巨大的人力、物力，这是因为在生物科学领域内，不能用人去做实验，我们必须借助实验动物去探索生物的起源，揭开遗传的奥秘，攻克癌症的堡垒，研究各种疾病与衰老的机理，监测公害、污染，保护人类生存的环境，生产更多、更好的农畜产品为人类生活造福，在药品、生物制品、农药、食品、添加剂、化工产品、化妆品、航天、放射性和军工产品的研究、试验与生产中，在进出口商品检验中，实验动物也是不可缺少的材料，并且总是作为人类的替身，去承担安全评价和效果试验，在生命科学领域内一切研究课题的确立，成果水平的高低，都取决于实验动物的质量。

任务二　实验动物分类

1. 按实际用途分类

（1）实验动物：专门培育供实验用的动物，主要指作为医学、药学、生物学、兽医学等的科研、教学、医疗、鉴定、诊断、生物制品制造等需要为目的而驯养、繁殖、育成的动物。例如小鼠和大鼠是首先按实验要求，严格进行培育的实验动物，其次如地鼠类、豚鼠、其他啮齿类、鹌鹑等亦已实验动物化。

（2）经济动物或称家畜家禽：是指作为人类社会生活需要（如肉用、乳用、蛋用、皮毛用等）而驯养、培育、繁殖生产的动物。转为实验用的有：产业家畜（猪、马、牛、羊、鸡、鸭、鹅、鸽、兔、鱼类等）和社会家畜（犬、猫、金鱼等），其中一部分虽已培育成能达到作为实验动物的目标，但与具有高标准水平的鼠类相比，其品质还不能说是很高的。

（3）野生动物：指作为人类需要，从自然界捕获的动物，没有进行人工繁殖、饲养的动物。例如两栖类、爬虫类（青蛙、蟾蜍、蝾螈、水龟等）；鱼类（鲫鱼、泥鳅等）；无脊椎动物（蛤蜊类、墨鱼类、蟹类、海胆类、蝇类、蚊类、蟑螂等）；鸟类；啮齿类（如黑线仓鼠、长爪砂鼠、黑线姬鼠等野鼠）；灵长类（猿猴）等，这些野生动物，除少数外，一般均不能进行人工繁殖生产。

（4）观赏动物：指作为人类玩赏和公园里供人观赏而饲养的动物，如踏车小白鼠、玩赏犬和猫等。

2. 遗传学控制分类

（1）近交系动物：近交系动物即一般称的纯系动物。此类动物是指采用兄妹交配（或亲子交配）繁殖 20 代以上的纯品系动物。

（2）突变种纯系动物：是指实验动物正常染色体中某个基因发生了变异的具有各种遗传缺陷的突变品系动物。

（3）纯杂种动物：是指无计划随意交配而繁殖的动物，即一般动物室供应的杂种动物。

3. 微生物学控制方法分类

（1）无菌动物：这种动物无论体表还是肠道中均无微生物存在，并且体内不含任何抗体。

（2）悉生动物：是给无菌动物引入已知 5～17 种正常肠道菌丛培育而成的动物。

（3）无特殊病原体动物：又称屏障系统动物。

（4）清洁动物或最低限度疾病动物：该种动物是饲养在设有清洁走廊和不清洁走廊的设施中，其种群均来自剖腹产。

（5）常规动物：指一般在自然环境中饲养的带菌动物。

任务三 实验动物科学研究范围

实验动物科学是研究实验动物培育和应用的科学，任务是研究怎样以优质的实验动物和精确的实验方法，使动物经实验处理后，能获得良好的反应重复性。实验动物学是医学生物学研究的重要手段，直接影响各领域课题研究成果的确立和发展水平，它的提高和发展推动医学生物学的发展，在医学发展史上发挥了重要作用，是现代医学生物学研究的重要条件。它的发展为医学的发展开辟了广阔的前景。基本范围包括：

（1）实验动物育种学：主要研究实验动物遗传改良和遗传控制，以及野生动物和家畜的实验动物化。

（2）实验动物医学：专门研究实验动物疾病的诊断、治疗、预防以及它在生物医学领域里如何应用的科学。

（3）比较医学：比较研究所有动物（包括人的）基本生命现象的异同。

（4）实验动物生态学：研究实验动物生存的环境与条件，如动物房舍、动物设施、通风、温度、湿度、光照、噪声、笼具、饲料、饮水以及各种垫料等。

（5）动物实验技术：研究动物实验时的各种操作技术和实验方法，也包括实验动物本身的饲养管理技术和各种监测技术等。

任务四 实验动物科学特点

实验动物科学应用广泛主要是由实验动物的特点所决定的。实验动物具有无菌或已知菌丛、遗传背景明确、模型性状显著且稳定、纯度高、敏感性强、反应性一致、重视性好以及繁殖快（世代间隔短）、产仔多、价格相对低廉等特点，因而被广大科学工作者称为“活的试剂”“活的精密仪器”，可以满足各种不同研究要求和生产需要，因而广泛应用于医学、兽医学、药学、营养学、农学、畜牧学、劳动保护、环境保护、计划生育与优生、食品与饮料添加物、日用化妆品、化纤织物以及生命科学和国际科学等领域。特别是医学、兽医学和有关的生物学的理论研究以及生物药品制造、化学药物筛选与鉴定等实现现代化的重要工具之一，有力地推动着国民经济的发展。

加强对实验动物科学技术的研究，还可为野生动物资源开辟新的利用途径。我国野生动物资源极其丰富，这个巨大的“遗传资料库”的开发和应用，是培育实验动物的宝贵资源。

中国是一个人口大国，畜禽总数量居世界之首，对实验动物的需用量每年达上千万。随着科学技术与工农业生产的发展，对实验动物质量的要求越来越高。因此，加强对实验动物的科学研究，生产更多的、质量更好的实验动物，既可加速对医学、公共卫生学、兽医学等生物科学重大理论的研究及生命现象的探讨，促进科学技术的现代化，加速消灭150余种人兽共患病与各种常见病的危害，增进人民健康，同时还可保证生物药品制造与畜牧业的安全生产，促进国民经济的发展。

任务五　实验用动物与动物实验

1. 实验用动物

实验用动物指一切用于科学实验的实验动物、野生动物、经济动物。主要包括经过人们长期家养驯化，按科学要求定向培育的动物，如小鼠、大鼠、地鼠和豚鼠等；也包括某些家畜，如犬、猫、羊、猪和鸡等；另外，还有从野外捕捉回来供实验用的野生动物，如两栖类、爬行类的青蛙、蟾蜍、水龟以及鱼类的鲫鱼、泥鳅等；无脊椎动物，如蛤蜊、墨鱼、果蝇、蚊子和蟑螂等；啮齿类，如黑线仓鼠、长爪沙鼠、黑线姬鼠和鼠兔等；灵长类，如恒河猴、黑猩猩和狨猴等。

实验用动物与实验动物的关系。实验用动物是实验动物存在的基础和发展的源泉，实验动物是生命科学研究对其质量的要求，也是实验动物科学发展的必然结果。"实验动物化"就是把"实验用动物"经过人工驯化，通过科学的遗传选育、饲养管理、质量控制，最终培育成为"实验动物"。区别两者之间关系的意义在于，不同的科学家在不同地点进行相同的实验，有可比性、可重复性。

2. 动物实验

动物实验是利用动物获得情报资料的过程，通常对动物施加某种处理、观察、记录，以解决科学实验中的问题，获得新的认识，发现新的规律。动物实验还包括各种实验技术、实验方法及技术标准。

项目 1.2　实验动物的保护

1975 年，英国人辛格提出"动物解放"，美国成立了动物解放组织"动物解放阵线"。动物保护组织和科学界都对实验动物的使用给予了极大的关注。国际实验动物学界坚持实验动物保护原则，坚持科学的动物实验，号召"善待动物"，提高科研质量，提出了实验动物的"3R"原则。

（1）Replacement（代替）。用有生命的物体代替动物进行研究：用系统发育树较下游的动物代替哺乳动物和高等动物；用离体培养的细胞、组织、器官等代替动物；利用植物细胞代替动物。用数理化方法模拟动物进行研究：用物理、机械的方法进行基础医学研究教学；免疫化学用抗体找抗原，代替小鼠鉴定毒素；酶化学有类似作用；电脑模拟可部分替代。

（2）Reduction（减少）。尽量使动物一体多用——例如将处死动物送外科手术实验，病理解剖的同时提供组织或器官；用低等动物代替高等动物——用大量无脊椎动物代替非人灵长类；尽量使用高质量动物；动物实验戒律——只能以质量代替数量，绝不可以数量代替质量，求救于统计学；使用恰当的试验设计和统计学方法——充分利用电脑统计软件，推理演绎出更多结果。

（3）Refinement（优化）。优化是指在必须使用动物时，要尽量减少非人道程序的影响范围和程度。一方面，从动物人道主义去理解，饲养方式、方法要符合动物习性，改善实验设施条件，提高动物实验质量（如遥控给药、取样、采血、开刀、示范教学等），使用动物做实验时，尽量减少动物的痛苦，在处死时尽量采用安乐死等；另一方面，改善控制技术，减少对机体的干扰，尽量不要惊动动物，利用遥控装置、导线、仪器，从已有数据库中捕捉信息，优化动物使用。优化实验程序、减少动物紧张，在动物正常状态下取得的实验数据更加真实可靠。

实验动物有思维、有喜怒哀乐、有痛感、有恐惧感，应该给予同人类一样的生存权。在实验动物的使用和研究中坚持“3R”原则，体现了时代发展、社会进步，为科学发展提供了新思路和新方法。例如，利用携带有人脊灰病毒受体的转基因小鼠替代猴子做口服活脊灰疫苗的神经毒性试验（安全性试验），不仅解决了灵长类动物的来源问题，也使用于疫苗检定的动物质量得到保证，检定结果的可靠性也大大提高。要善待活着的动物，减少动物的死亡率和痛苦。例如，给予动物以舒适的居住环境；给予动物以足够营养的饲料、清洁饮水；给予需要的动物以镇静剂、麻醉剂；温和保定、善良抚慰，减少应激反应等，施行安乐死。

项目 1.3　实验动物法规与职业规范

任务六　实验动物法规

目前我国颁布的主要实验动物管理法规有《实验动物管理条例》《实验动物质量管理办法》《实验动物许可证管理办法（试行）》《实验动物种子中心管理办法》《省级实验动物质量检测机构技术审查准则》。

目前我国颁布的主要实验动物标准有《实验动物微生物等级及监测》《实验动物寄生虫等级及监测》《实验动物环境及设施》《哺乳类实验动物的遗传质量控制》《实验动物配合饲料通用质量标准》《实验动物配合饲料卫生标准》。

国务院于 1988 年批准施行了《实验动物管理条例》（以下简称《条例》），《条例》对实验动物工作的主管部门、实验动物的饲育管理、检疫和传染病控制、应用、进口和出口、从业人员、奖励与处罚等方面，都进行了规定。《条例》对于实验动物的饲育管理、实验动物的检疫和传染病控制、实验动物的应用、从事实验动物的进口与出口管理、从事实验动物工作的人员等方面有宏观的规定，并说明各地方与军队系统需根据本《条例》制定详细的实施办法。该《条例》是我国第一部有关实验动物管理的行政法规，它的颁布，标志着我国实验动物管理工作走上了法制化管理的轨道。

为保障各个地区对试验动物的管理，各省市出台了各自的实验动物管理法律法规。基本上所有法规都包含了以下几部分内容：实验动物生产和使用（如许可证的具体使用等）、从事实验动物工作的单位和人员（培训上岗、保障安全等）、质量检测与实验动物安全（检疫工作与无害化处理等）及监督与管理。

近几年来，国家制定和颁布的有关实验动物的法律、法规、标准，有力地推动了我国实验动物科学的发展，使中国的实验动物科学初步走上了法制化、规范化、科学化的管理轨道，并逐步与国际实验动物标准接轨，我国实验动物工作进入了快速发展时期。

任务七　实验动物从业人员的培训及职业道德

实验动物从业人员的职业道德修养包括专业技术素质与敬业精神修养两方面内容。为加强实验动物从业人员的上岗管理，提高实验动物从业人员的专业技术素质，根据《实验动物管理条例》及各省、市政府制定的实验动物从业人员培训考核管理办法，明确要求“实验动物从业人员必须进行有关法律、法规及专业培训，并取得由各相关省、市政府颁发的实验动物从业人员岗位证书”。因此，包括从事实验动物和动物实验的科技人员、专业管理人员和技术工人在内的所有实验动物从业人员，要按照《实验动物管理条例》和《实验动物培训考核管理办法》的有关规定，参加由各省市政府指定的实验动物培训机构举办的专业知识和技术培训，并经考核合格后获得“岗位证书”。这是由于实验动物科学是综合医学、生物学、动物学、畜牧兽医学等众多学科成果而形成的，实验动物科学技术涉及内容范围极广。

随着科学技术的发展和学科之间的交叉融合，新思路、新知识、新技术、新方法不断涌现，也要求适时开展岗位培训。同时还需要实验动物从业人员结合各自专业和工作领域特点，全面了解与实验动物和动物实验有关的行政法规和技术规范。实验动物从业人员只有经过长期努力、刻苦钻研才能真正掌握实验动物科学研究内容的本质，才能正确、合理、有效地应用实验动物这一科技实验材料，开展动物实验和相关科学研究并取得预期成果，才能创造性的发展实验动物科学，提高相关领域的研究水平，为发展国民经济作出贡献。

实验动物从业人员重视敬业精神修养，要求能够正确认识和对待实验动物科学工作。特别是在我国实验动物工作起步较晚与其他相关学科相比条件设备落后、工作环境艰苦、实验动物科技人员社会地位相对较低的现阶段，想要搞好实验动物科学，保证实验动物与动物实验质量，促进我国实验动物科学发展，尽快实现与国际接轨，需要所有实验动物从业人员必须加强自身修养，树立良好的职业道德风范，培养一丝不苟的工作作风和勇于奉献的敬业精神。

树立良好的实验动物行业职业道德，应该做到：①在管理上，各级领导要将实验动物工作与其他学科和领域的工作摆在同等的地位，认识到实验动物工作是科技发展的一个重要组成部分，并纳入科技工作管理体系之中，整体规划实验动物工作的发展，对实验动物这一“弱势”学科给予一定的倾斜扶持。②充分发挥单位实验动物管理委员会的作用，真正加强实验动物管理工作。在目前国内外科技发展趋势的形势下，明确管理委员会（或小组）在实验动物和动物实验管理中的定位和职责，探索目前条件下管理委员会（或小组）发挥作用的模式，及时发现和应对解决科技工作中出现的有关问题（包括动物质量、动物福利与伦理等），为科技发展创造有利环境。③建立良好的职业道德，离不开实验动物从业人员主体的能动作用，尊重道德主体——实验动物从业人员的自身价值、尊严和权益，则是发挥这一主体能动作用的最起码要求。在技术职务评定和工资待遇上，应与其他学科同等对待。实验动物从业人员为科技发展所做出的努力和奉献应该得到社会和单位的认可。

职业技能考核

1. 名词解释：实验动物科学、实验动物学、动物实验学、实验用动物、“3R”原则。
2. 实验动物是怎样分类的？
3. 实验动物科学研究的内容与范围有哪些？
4. 实验动物科学研究的特点有哪些？
5. 实验动物学在生命科学研究中有哪些意义和作用？
6. 如何保护实验动物？
7. 我国《实验动物管理条例》的主要内容有哪些？
8. 实验动物从业人员必须具备哪些职业道德素质？

模块 2　实验动物环境控制技术

岗位		实验动物管理
岗位任务		实验动物环境控制技术
岗位目标	应知	实验动物环境因素分析与控制、实验动物房舍设施、实验动物环境监测及设施维护、实验动物环境控制技术技能
	应会	实验动物环境因素分析、实验动物环境控制、实验动物设施组成与规划、实验动物饲养辅助设施和设备、环境监测方法、实验动物设施维护、空气洁净度的测定、实验动物饲育室温湿度测定、气流速度测定、静压差的测定、噪声的测定、照度的测定、氨浓度的测定、空气细菌菌落数测定、细菌的分离培养及鉴定、饲养室消毒
	职业素养	养成爱岗敬业、强烈的责任心；养成认真仔细、实事求是的态度；养成规范的环境控制操作、善于思考、科学分析的良好作风。养成注重安全防范意识

项目 2.1　实验动物环境因素分析与控制

任务一　实验动物环境因素分析

实验动物环境条件对动物的健康和质量以及动物实验结果有直接的影响，尤其是高等级的实验动物，对环境条件要求严格且恒定。因而，对环境条件人工控制程度越高，并符合标准化的要求，生活在这样环境中的动物，就越具有质量上的保证，一致性的程度就越高，动物实验结果就有更好的可靠性和可重复性，也使同类型的实验数据具有可比较的意义。影响实验动物的环境因素很多，从广义上讲可以分为两大类：

外环境。外环境是指实验动物设施或动物实验设施以外的周边环境。如气候或其他自然因素、邻近的民居或厂矿单位、交通和水电资源等。

内环境。内环境是指实验动物设施或动物实验设施内部的环境。内环境又可细分为大环境和小环境。前者是指实验动物的饲养间或实验间的整体环境状况；后者是指在动物笼具内，包围着每个动物个体的环境状况。

影响实验动物环境的因素包括：

（1）气候因素：湿度、温度、气流、风速等。在普通级动物的开放式环境中，主要是自然因素在起作用，仅可通过动物房舍的建筑坐向和结构、动物放置的位置和空间密度等方面来做有限的调控。在隔离系统或屏障、亚屏障系统中的动物，主要是通过各种设备对上述的因素予以人工控制。在国家制定的实验动物标准中，对各种质量等级动物的环境气候因素控制，都有明确的要求。

（2）物理、化学因素：氧、二氧化碳、粉尘、氨气、噪声与振动、照明消毒剂、有害物质等。这些因素可影响动物各生理系统的功能及生殖机能，需要严格控制，并实施经常性的监测。普通级动物要在适当的范围内，采取有效的措施，对此予以监控；清洁级以上等级的动物应通过实验动物设施内的各种设备，按国家颁布的各个等级标准，严格予以控制。

（3）居住因素：包括实验动物室的建筑、饲养笼具、垫料、饮水器和给食器等。

（4）营养因素：影响实验动物的营养因素主要有水、蛋白质、矿物质和维生素等。实验动物饲料质量是与实验动物质量密切相关的重要条件，也是保证动物实验顺利进行和实验结果准确可靠的基础。我国目前对SPF级（无特定病原体，Specific Pathogen Free）以上的实验动物饲料管理比较严格，饲料质量也比较高，在一定程度上保证了 SPF 级以上的实验动物的质量。然而，普通级实验动物的饲料质量却遭到了忽视。大多数生产单位只对饲料采取了简单的消毒措施，甚至未采取任何消毒措施就将其出售。未经消毒灭菌处理的饲料微生物学指标严重超标，不仅不能用来饲喂 SPF 级以上的实验动物，也不能用来喂养普通级动物。普通级实验动物虽然允许携带部分微生物，但饲料中携带的致病微生物往往在动物实验后体质减弱时侵入动物机体，使实验动物受感染，给动物实验带来许多不必要的麻烦，甚至导致实验失败。实验动物饲料原料卫生不合格，消毒不彻底，饲料霉变，在运输和传递过程中人为的失误等，都将导致实验动物饲料质量的下降，直接威胁着实验动物的质量。必需的矿物元素须有外界供给，当外界供给不足时便会引发各种矿物质缺乏症。但它们含量过高时，又会产生毒副作用，甚至导致实验动物死亡。每种维生素对动物机体都有特殊的功能，动物缺乏时会引起相应的营养代谢障碍，出现维生素缺乏症，轻者导致实验动物食欲下降，生长发育受阻和抵抗力下降，重者会使实验动物死亡。

（5）生物因素：是指在实验动物饲育环境中，特别是动物个体周边环境中的生物状况。包括动物的社群状况、饲养密度、空气中微生物的状况等。例如，在实验动物中有许多种类，都有能自然形成具有一定社会关系群体的特性。对动物进行小群组合时，就必须考虑到这些因素。不同种之间或同种的个体之间，都应有间隔或适合的距离。对实验动物设施内空气中的微生物有明确的要求，动物等级越高要求越为严格。

任务二 实验动物环境控制

实验动物饲育区内环境条件指标参数见表 2-1。

表 2-1 实验动物饲育区内环境条件指标参数表

项目	指标参数							
	小鼠、大鼠、地鼠、豚鼠				家兔、猴、犬、猫			
	开放系统	亚屏蔽系统	屏蔽系统	隔离系统	开放系统	亚屏蔽系统	屏蔽系统	隔离系统
温度/℃	19～29	18～29	21～26	21～26	16～29	16～29	16～29	20～28
相对湿度/%	40～80	40～80	40～80	40～80	30～70	30～70	40～70	40～80
换气次数/（次/h）	—	8～15	8～15	10～20	—	18～25	18～25	18～25
气流速度/（m/s）	—	≤0.25	≤0.25	≤0.25	—	≤0.25	≤0.25	≤0.25
过滤后空气洁净度/级	—	100000	10000	100	—	100000	10000	100
系统内压力梯度/Pa	—	20	20	50～150	—	20	20	40～60
噪声/dB	≤50	≤50	≤50	≤40	≤60	≤60	≤50	≤50
工作照度/lx	150～300	150～300	150～300	150～300	150～300	150～300	150～300	150～300
动物照度/lx	10～20	10～20	10～20	10～20	—	—	—	—
氨浓度/（mg/m^3）	≤20	≤20	≤20	≤20	≤20	≤20	≤20	≤20
落下菌数/（个/皿·h）	40	20	3	0	40	20	3	0

引自《实验动物 环境及设施》（GB 14925—2010）。

1. 气候因素控制

（1）温度

①温度对实验动物机体的影响。多数鸟类和哺乳动物是恒温动物。环境温度缓慢地变化，在一定范围内机体可以自行调节，但气温变化过大或过急对动物的健康将产生不良的反应。两栖类与爬行类等变温动物体温随外界环境温度改变而同步变化。金黄地鼠当温度降低到一定程度时，会进入冬眠状态，此时动物体温降得极低，代谢、呼吸、心跳数均呈明显下降的状态。气温过低或过高均会导致雌性动物性周期紊乱，在一定时间内的高温（超过 28℃），可影响雄性动物精子生成，出现睾丸和附睾的萎缩，性行为强度降低；雌性动物出现性周期紊乱，卵子异常，受精率下降，繁殖能力低下，产仔数量减少，死胎率增加，并导致流产和胚胎吸收，泌乳量下降。在 32℃以上高温环境下，怀孕后期的大鼠常常发生死亡。高温使胎儿的初生重下降，增重缓慢，生长发育受阻，离乳率和成活率降低。低温时不利于幼畜成活，出现增重缓慢等现象；雌性动物性周期推迟，繁殖能力下降。温度还

可以影响动物的生殖机能、动物机体的抵抗力、动物的新陈代谢以及动物的实验反应性等。动物暴露在高温或低温环境下，对动物的神经系统、内分泌系统以及各种酶活性的亢进或抑制均有影响。

②设施温度调控的方法。各国规定了实验动物饲养室气温基准值为18～29℃。由于季节和区域的差异，需对实验动物设施的温度进行调控。

使用空调进行温度调控。设施内温度调控效果的影响因素有：控制区总建筑容积；当地最高、最低温度与控制目标的差别；另外还应考虑设备和动物的产热量。各国实验动物温度标准见表2-2。

表2-2 各国实验动物温度标准值 单位：℃

动物种别	ASHRAE	ILAR	GV-SOLAS	OECD	MRC	日本1966年标准方案	日本1982年指南
小鼠	22～25	21～27	20～24	19～25	17～21	21～25	20～26
大鼠	23～25	21～27	20～24	19～25	17～21	21～25	20～26
仓鼠	—	21～23	20～24	19～25	17～21	21～23	20～26
豚鼠	22～23	21～23	16～20	19～25	17～21	21～25	20～26
兔	21～24	16～21	16～20	17～23	17～21	21～25	18～28
猪	21～25	18～29	20～24	—	17～21	21～27	18～28
犬	21～24	18～29	16～20	—	17～21	21～27	18～28
猴类	24～26	25～26	20～24	—	—	21～27	18～28

注：ASHRAE：美国保暖冷却和空调工程师学会；ILAR：实验动物资源研究所；GV-SOLAS：欧洲实验动物学会；OECD：经济合作和发展组织；MRC：医学研究会。

（2）湿度

①湿度的表示方法有绝对湿度和相对湿度。绝对湿度指每立方米空气中的实际含水量（g）；相对湿度指空气的实际含水量占该温度的饱和含水量的百分比。实验动物饲养室常用相对湿度为指标。

②湿度对实验动物的影响。湿度是与环境温度、气流速度共同影响动物的体温调节，当环境气温与动物体温接近时，动物主要通过蒸发作用散热。高温、高湿的环境对动物的热调节极为不利；高湿（80%～90%）时，微生物易于生长，饲料和垫料易霉变，易发生传染病，影响代谢。低湿环境时，空气干燥而灰尘飞扬，易引起呼吸道疾病。在温度27℃、相对湿度低于40%时，大鼠体表的水分蒸发过快，尾巴失水过多，可导致血管收缩，而引起环状坏死症（称坏尾症）；某些母鼠拒绝哺乳，咬吃仔鼠；仔鼠发育不良。

③设施湿度调控的目标和方法。一般情况下，大多数实验动物能适应40%～70%相对湿度。不同的国家对实验室设施内相对湿度的规定见表2-3。

表 2-3　不同的国家对实验室设施内相对湿度的规定　　单位：%

动物	美国	日本	中国
小鼠	40～70	45～55	40～70
大鼠	40～70	45～55	40～70
豚鼠	40～70	45～55	40～70
仓鼠	40～70	45～55	40～70
兔	40～70	45～55	—
猴	40～60	55～65	—
猫、犬	30～70	45～55	—

（3）气流和风速

实验动物设施内空气的流动称气流，气流的速度称风速，由通风换气设备来控制。其目的是合理组织空气流向和风速以调节温度和湿度，降低室内粉尘和有害气体，有利于工作人员和实验动物的健康。

饲养室内的通风程度。以单位时间的换气次数（即旧空气被新空气完全置换的次数）为标志。

气流和风速的要求。气流速度≤0.18 m/s，换气次数 10～20 次/h；一般送风口和出风口的风速较快，其附近不宜摆放实验动物笼架。

决定气流和风速的因素：送风风量、送风风速、送风口和排风口横截面积、室内容积等。

气候因素控制的重点是湿度和温度，大多数动物实验的结果要求附有实验时的温度和湿度，故先进实验动物设施应配备温度、湿度自动记录系统。在调湿困难时，可降低温度和（或）加速气流。

2. 理化因素控制

（1）照明

①光照对实验动物的影响。光照影响视力，如鸟类比较适应强光，而啮齿类动物辨色能力差，强光易损害视力。大鼠经 2 000 lx（照度单位）照射几个小时，就出现视网膜障碍。光照还会影响实验动物的生殖机能，研究发现 12 h 明/12 h 暗性周期最稳定；持续的黑暗导致大鼠的卵巢和子宫重量减轻，生殖受抑制；光的颜色可影响生殖机能，蓝光比红光更能促进大鼠的性成熟。

②光照调控。开放系统采用自然采光，其他系统一般采用自然光加人工照明，用控制的方法模拟自然光，一般标准为离地 1 m 处，照度 150～300 lx 较适合。光照明暗交替时间多数采取 12 h 明/12 h 暗，有些动物采用 10 h 明/14 h 暗昼夜交替。

（2）噪声

①噪声对动物的影响。噪声影响神经和心血管等系统的功能，动物烦躁不安、紧张、呼吸与心跳加快、血压升高、肾上腺皮质激素增高，DBA/2幼鼠造成听源性痉挛，甚至死亡。大鼠在95 dB环境下，中枢神经受损，长时间噪声（4 d）会造成死亡。噪声还影响消化和内分泌系统功能，大的噪声使动物减食或导致消化功能紊乱而体重下降，血糖改变。另外噪声还影响繁殖及幼小动物生存，表现为交配率与繁殖率下降、流产、拒乳、吃仔、死仔等。

②噪声控制。选址应选择在远离闹市区等噪声强的地方，选择噪声较低的设备并设立设备的专区，分区饲养。理想的声音范围应低于60 dB。

（3）粉尘

①粉尘对动物的影响。粉尘可诱导呼吸道疾病，是过敏原和病原微生物的载体。

②粉尘的控制。不同级别的设施中，处理和要求不同。清洁级屏障系统的空气洁净度10万级；SPF级屏障系统的空气洁净度1万级；隔离系统的空气洁净度100级。

（4）有害气体

①主要成分为NH_3、H_2S、硫醇等特殊气味的气体，以NH_3的含量作为判定指标；

②主要对动物黏膜产生刺激而加重鼻炎、中耳炎、气管炎和肺炎等疾病；

③有害气体中氨要求控制在14 mg/m^{3}以下。

3．空气清洁度控制

实验动物比人对空气的要求高，清洁度以每立方英尺（1立方英尺=0.028 3 m^3）空气中含0.5 μm以上粒子的容积个数进行分类。分为100级、1 000级和10 000级。我国1974年颁布了中国洁净室等级标准，其洁净度指1L空气中所含粒径≥0.5 μm的尘粒总数。分类依次为3、30、300等级等（表2-4）。对屏障区落下菌数标准值定为，在不饲养动物的状态下每5～10 m^{2}放置一个直径9 cm的血琼脂培养皿，暴露30 min培养48 h，细菌数应在3个以下。

表2-4　国家洁净标准

洁净室级别	洁净度/粒·L^{-1}		正压值/Pa
	≥0.5 μm	≥0.5 μm	
3	3	—	逐级相差≥4.9
30	30	0.23	
300	300	2.3	
3 000	3 000	23	
30 000	30 000	230	

引自《空气洁净度分级中国标准》（GB/T 16292—1996）。

项目 2.2 实验动物房舍设施

任务三 实验动物设施组成与规划

1．实验动物设施的基本要求

由于实验动物使用的目的不同，对设施的要求也就有一定差别。生产单位的设施主要是为了繁殖、育成、供应实验动物。教学或某些研究单位的动物设施或仅为动物试验设施，或包括生产、试验两大部分的复合设施，从事放射性试验、感染性试验、吸入性试验的单位，进行毒性试验和生物鉴定的单位，应用目的明确，饲养动物种类可能不多，但对动物试验要求却较多，应有相应的特殊动物试验设施。

实验动物设施一般应达到下列基本要求：

（1）设施应选建在远离疫区和公害污染的地区，有便利和充足的后勤供应（水、电、给排水系统，交通运输等）。

（2）设施建设应坚固、耐用、经济、有防虫、鼠等野生动物的能力，施工和建筑材料要严格符合设计要求，最好预留可扩大的余地。

（3）设施最好为独立结构，具有各种完整的相应职能区域，做到区域隔离以满足各种不同动物品种、品系饲养和保证动物质量的需要。

（4）必要的保证满足设施功能、环境和微生物控制的设备和措施。

（5）保证动物健康、人员安全，并不对周围环境造成污染。

（6）适当的防灾和安全（应急发电、防火、防生物污染等突发事故）应对措施，保证设施正常运转。

2．实验动物设施的组成及配套设备

（1）实验动物设施的组成

我国把实验动物设施按其功能及工艺要求划分为三个区：前区、饲养区、辅助区（或称后勤区）。

①前区。包括办公室、维修室、库房、饲料室、一般走廊、消毒室。

②饲养区。包括隔离检疫室、缓冲间、育种室、扩大群饲育室、生产群饲育室、待发室、清洁物品贮藏室、清洁走廊、污物走廊。动物试验区包括缓冲间、实验饲养观察室、清洁物品贮藏室、清洁走廊、污物走廊。外部引进的动物隔离 1～2 周。必要时做微生物学检验，合格者方可并入动物群。饲养室是饲养动物的生存环境，生产单位应设有繁殖室、保种室、供应室（科研单位以动物实验为主），并根据其他要求设置相应设施。

③辅助区。包括仓库、洗刷间、废弃物品存放处理间（设备）、密闭式实验动物尸体冷藏存放间（或设备）、机械设备室、淋浴间、工作人员休息室。

（2）配套设备

①清洗、灭菌设备。包括自动清洗笼器、流动水槽、消毒槽、高压灭菌器、干燥架、装瓶机、超声波清洗机、洗衣机等。

②机械设备。包括锅炉、风机、空调机、净化水装置、变配电设备、监控系统。室内电源应选用防水、耐腐蚀的万用插口。

③空调系统。开放系统可季节性使用窗式或分体空调，屏障系统及隔离系统需常年运转。

④通风设备。一级动物房可以自然通风，其他级别要安装机械式的净化通风设备，一般是顶部送风，四角回风，注意减少涡流。屏障系统内必须安装空气净化器，过滤空气以除去粉尘和微生物；过滤脱臭器除去臭气。将初、中效过滤器和控温、控湿装置集中在一起，每个饲养室设立独立的高效过滤器（各种空气过滤器的性能见表 2-5），将调控好温度、湿度的洁净空气送入动物室。室内排风口也应装有初效过滤器。

表 2-5　各种空气过滤器的性能

分类	形式	适应粉尘粒径/μm	过滤效率/%	压力损失/Pa	保养方法	适应范围
低效过滤器	无纺布	＞5	70～90	3～20	水洗	除去粗尘或保护中、高效过滤器
中效过滤器	棉纤维或玻璃纤维的袖珍单元式	＞1	40～95	8～25	更换滤器	医药、食品工厂、医院维持清洁度用的最终过滤器
亚高效过滤器	亚高效过滤器	＜1	＞95	15～25	更换单元	低水平的清洁房间
高效过滤器	超 HEPA 过滤器	＜1	＞99.99	25～50	更换单元	无菌动物隔离器等

⑤电器设备。动物室用电较多，需按层或按室分别装电盘，并有动力线。

a. 照明装置。普通动物室的照明度分为工作照度和动物照度。工作照度 150～300 lx，动物照度依动物类别不同而不同，啮齿类动物只需 20～100 lx。对无采光房间，设置明暗各 12 h 的自动动物照度明暗开关。

b. 设有报警器和故障显示装置。二级以上动物应用备用电源，以保证不间断供电，凡是没有双路供电能力的单位，应安装备用发电机。

动物室用水量大，根据用水量安装相应的进水管，检查水质应符合生活饮水标准方可饮用。二级以上动物如安装室内水管，应采用不锈钢工程塑料管，且供应无菌水。

⑥动物实验仪器设备。包括外科手术器械和仪器、X 光机、解剖显微镜、心电图仪、呼吸机等。必要时应配备疾病诊治、生理生化检查、微生物检查、饲料营养分析等仪器设

备，应按不同实验目的配置各种实验室及相关设备。

⑦闭路电视监视系统和计算机控制体系。管理区内要有和设施内进行通讯的电话或广播设备，闭路电视监视系统和计算机控制体系是现代化屏障动物房的标志性设备。

3．实验动物设施的分类及管理

我国实验动物国家标准《实验动物　环境及设施》（GB 14925—2010）规定，按照空气净化的控制程度，实验动物环境分为三类：普通环境、屏障环境、隔离环境。

（1）普通环境。实验动物的生存环境直接与大气相通。设施不是密闭的，设施内外气体交流有多条空气通道，设施内无空气净化装置。普通环境是饲养普通动物的设施，其环境和对微生物的控制能力差，各种环境指标要求允许的变动范围较大。系统内不采用对人、物、动物、气流单向流动的控制措施。普通环境的构造和功能因饲养不同动物品种而有一定区别。饲养室与外界相通，无空气净化装置的饲养系统，主要饲养普通动物。

开放系统通常采用分三区设施的布局：

①前区的设置（A）：包括办公室、维修室、库房、饲料室和一般走廊。

②饲育区的设置（B）：①繁育、生产区—包括隔离检疫室、缓冲间、育种室、扩大群饲育室、生产群饲育室、待发室、清洁物品贮藏室、清洁走廊、污物走廊。②动物实验区—包括缓冲间、实验饲育间、清洁物品贮藏室、清洁走廊、污物走廊。

③后勤处理区（C）：包括仓库、洗刷间、废弃物品存放处理间（设备）、密闭式实验动物尸体冷藏存放间（设备）、机械设备室、沐浴间、工作人员休息室（开放系统移动路线见图 2-1）。

动物室所用器具可集中洗刷消毒，楼内饲养动物，应在每层楼设置洗刷室，房间大小依动物数量而定，房间不宜狭小，应有足够空间堆放待洗刷物品及消毒后物品，地面应有一定坡度并有通畅的排水管道。笼具、鼠盒、水瓶等清洗后可采用化学消毒，用 1∶200 的次氯酸钠溶液消毒效果较好。

（2）屏障环境。屏障环境是指密闭性很好的实验动物饲养或动物实验设施环境，设施内外空气交换只能通过特定的通道进入和排出。送入空气的洁净度达 1 万级，室内保持正压，具有严格的微生物控制系统，饲养二级或三级动物。

屏障环境用来饲养 SPF 动物。动物来源于无菌、悉生动物或 SPF 动物种群。一切进入屏障的人、动物、饲料、水、空气、铺垫物、各种用品均需经过严格的微生物控制。进入的空气需过滤，过滤按屏障环境防治污染的要求不同而略有差别。屏障环境内通常设有供清洁物品和已使用物品流通的清洁走廊与次清洁走廊。空气、人、物品、动物的走向，采用单向流通路线。

清洁区严格地控制微生物的侵入，无论是人、动物、物品和空气都需经过相应的处理才能进出清洁区，以保证屏障内不被污染。因此清洁区和污染区必须连接而纳入同一建筑物。人、物、动物流向为：

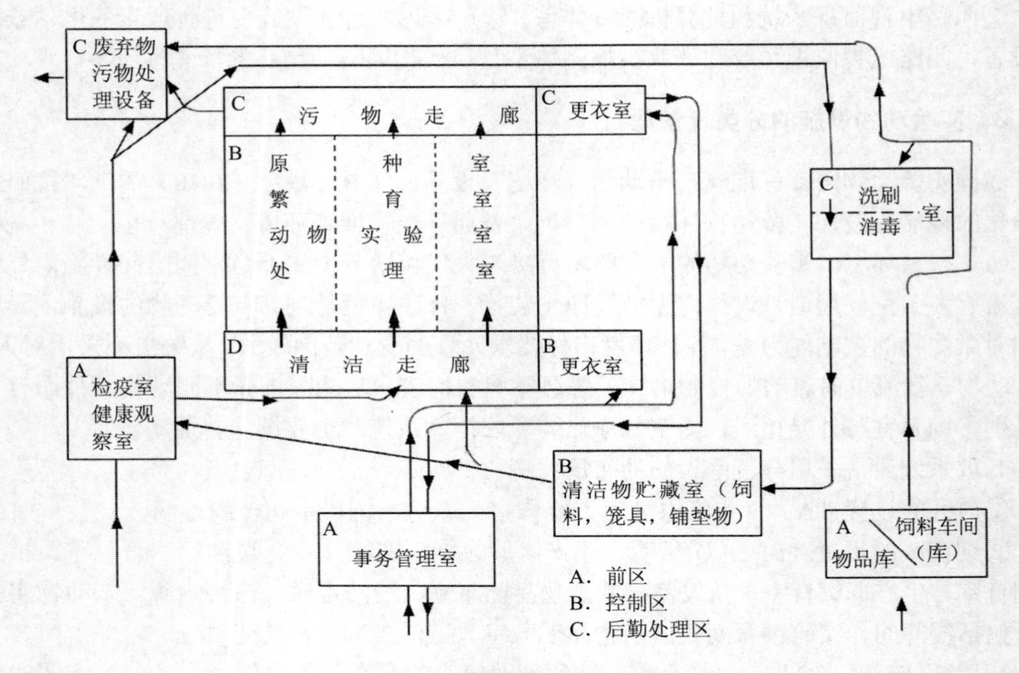

图 2-1 开放系统移动路线

①人的移动路线。更衣→淋浴→更衣→清洁走廊→饲养室或动物实验室→污染走廊→洗刷消毒室→更衣→外部区域。

②物品的移动路线。物品→高压蒸汽消毒炉（已包装的消毒物品可经传递窗，笼具经泡有消毒液的渡槽）→清洁准备室→清洁物品储存室→饲养室或动物实验室→污染走廊→外部区域。

③实验动物的移动路线。外来实验动物→传递窗→检疫室（经检疫后）→清洁走廊→饲养室或动物实验室→实验动物（生产供应或实验处理后须移出屏障系统）→污染走廊（包装）→外部区域。

屏障系统所用物品必须经高压灭菌后方可应用，因此洗刷消毒室与动物室相连，高压灭菌器应是双扉的，物品经灭菌后直接移入屏障。如使用单扉高压灭菌器，则被消毒物品须有双层包装，并经传递窗消毒外包装后方可传入屏障内使用。

通常亦分为三区：清洁区、污染区和外部区。在该系统内，通常设双走廊。其移动路线各不相同（屏障系统移动路线见图 2-2）。

亚屏障系统指密闭的实验动物饲育室，设有除菌换气系统，送入的空气洁净度达 10 万级，系统内保持正压，又称清洁级屏障系统，适用于饲养清洁级动物。

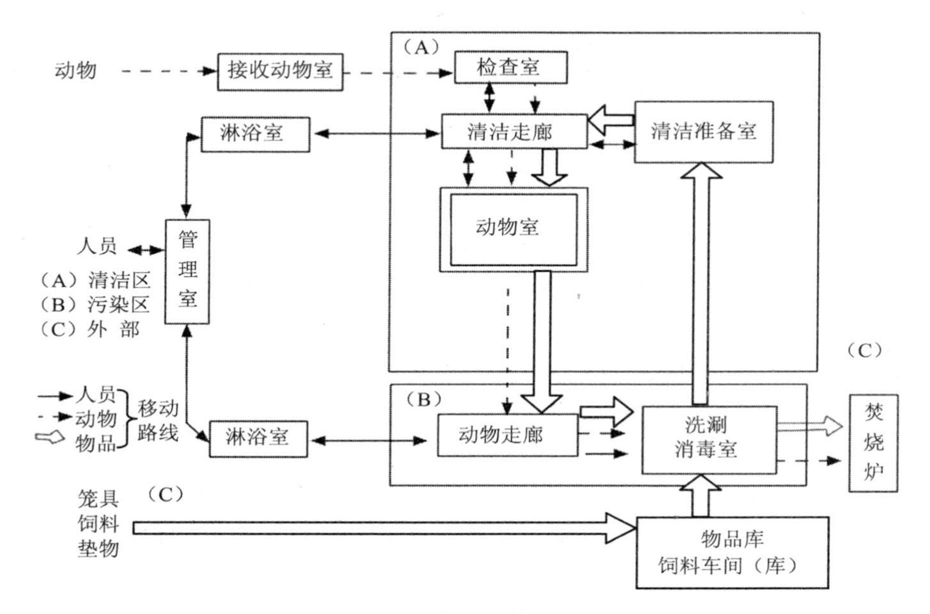

图 2-2　屏障系统移动路线

超净层流架是一种简便的屏障系统，直接放入实验室，操作方便，工作人员只需彻底消毒灭菌手套即可（正压层和负压层流架见图 2-3）。

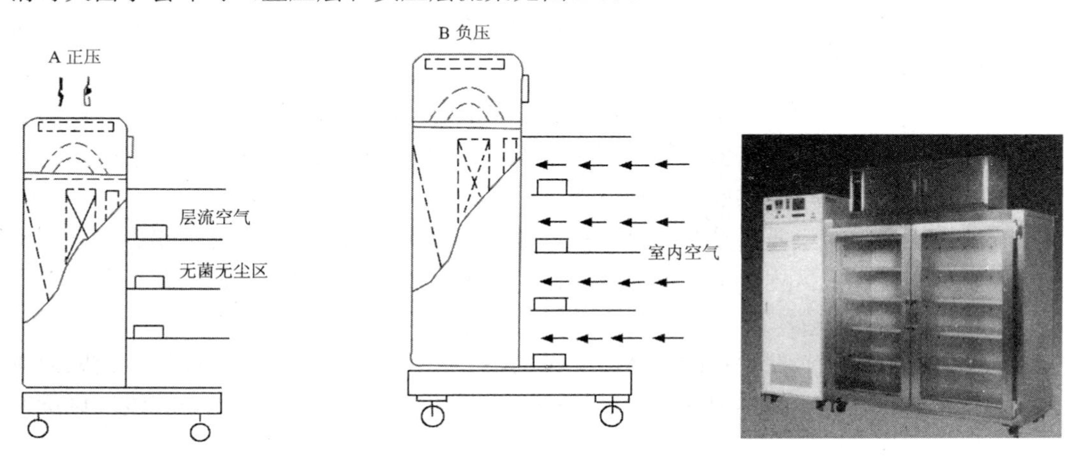

图 2-3　正压和负压层流架

层流架由三部分组成：

①中效过滤器和鼓风机。鼓风机是层流架的心脏，需长期连续运转，要求噪声＜60 dB，将实验室或送风空气吸入，经中效过滤（无纺布）吸去空气中颗粒及微生物，然后通过管

道进入静压箱，中效过滤器每半年更换一次。

②静压箱和高效过滤器。静压箱是密闭的长方形金属箱体，经过中效过滤的气流从一侧进入箱内，从另一侧经高效过滤器呈水平状态进入金属架工作区。

③金属架工作区。由耐腐蚀的金属制成，室内分 4～6 层，后壁与高效过滤器相连，前面分层装有玻璃门，工作区内维持正压，保持 20 Pa。

层流架的工作流程：气流进入→中效过滤器→静压箱→高效过滤器→工作区→气流排出。

在某些情况下，可将层流置于普通房间内，用做清洁级动物的短时间饲养、实验操作和处理后观察。亦可将其安放在清洁级房舍，用于 SPF 级动物养殖的实验观察。在清洁级房舍内的层流架，其内部物理洁净、生物洁净、通风状况可达 SPF 级环境控制标准，能直接作 SPF 级设施使用。在较多情况下，层流架内的空气压力高于外环境，为正压层流架，每架可放 30～40 个盒（小鼠）。

（3）隔离环境。该环境设施采用无菌隔离装置以保存无菌或无外来污染动物。隔离装置内的空气、饲料、水、垫料和设备均为无菌，动物和物料的动态传递须经特殊的传递系统，该系统既能保证与环境的绝对隔离，又能满足转运动物时保持内环境一致。该环境设施适用于饲育无特定病原体（SPF）、悉生（Gnotobiotic）及无菌（germ free）实验动物。

4. 实验动物设施的规划

（1）选址

为新建实验动物设施选址，须按《洁净厂房设计规范》（GBJ 73—1984）的要求。外部环境考虑如下因素：

①选择大气含尘浓度及化学污染程度较低、自然环境较好的区域；

②选址地的空气含菌水平低（可降低设施中微生物污染的风险）；

③选址地应能保证水电供应，交通方便；

④选址地应远离有严重振动和噪声干扰的铁路、码头、飞机场、交通要道；

⑤设施应布置在院区内环境清洁，人流、货流不穿越或少穿越的地段。

（2）设施特点及要求

①走廊。应考虑到必要设备的运输，一般宽在 2 m 左右，地面与墙壁的接合处应为弧形，以便于清洁。为防止墙体损坏，最好加护栏或缓冲装置。各种水、电、管线应尽量安排在走廊或走廊上部的夹层中，并且不暴露在明处。

②地面。地面要用耐水、耐磨、耐腐蚀性材料。一般常用环氧树脂，硬面混凝土、水磨石、氯丁二烯橡胶、硬橡胶等常用保护性涂层。地面要光滑防水。地面接墙处做 10～15 cm 踢脚，拐角处做成 3～5 cm 圆角弧面。地面可用色彩划分功能区和作出路线标记，通常地面的色彩应深于墙面。

③门。除负压室外一般情况下门都向内开，即向压力大的方向开启。门宽要与所需设

备及饲育用具的大小相称。要求门的气密性好，室内装锁，能自行关闭。把手、门锁不外露。门上设有用于观察的密闭玻璃窗。

④窗。屏障系统多不设外窗或尽可能少设窗。一般动物室除需要自然采光与通风的场所外，不宜设置外窗。设有外窗的动物室，如猴类动物房，应在墙面上加设栅栏和铁丝网以防止动物逃跑。寒冷地区窗上应放结霜措施。在非清洁区设置的外窗，尽量要做到气密性完好。

⑤墙壁。内壁粉刷要采用难开裂、耐水、耐腐蚀、耐磨、耐冲击的材料，或直接采用彩钢板围护。墙面要无断裂，光滑平整，各接角处结合严密，最好做出圆弧形。各种管道最好不要暴露出来，管道通过部分用填料密封。

⑥天花板。选用耐水、耐腐蚀材料，室内顶部平整光滑。通常，紫外线消毒灯、照明灯、超高效空气过滤器及进风口会安装于天花板上。灯具及进气口周围必须密封。进气口可以自由拆卸清洗、消毒。天花板要加防水层防止漏水。此外，在规模较大的实验动物楼，从微生物控制以及实验动物使用管理方便考虑，应将低级别实验动物与高级别实验动物放在不同的楼层。同等级且性情较温顺的动物可安排在同一楼层、同一套设施内，但各占空间。不同品种品系的实验动物不能在同一个房间内混养，对环境造成较大影响的动物要单层单间饲养。在洁净设施布局设计时，应保证人员、物品和净化空气单向移动，以避免交叉污染。设施布局要方便日常工作和实验操作，并有足够的空间放置必需物品。

（3）各级实验动物设施的布局

根据实验动物体内微生物净化程度将其分成四级，不同级别动物对饲养环境要求不同，因此饲养设施也分成四种类型，即开放系统、亚屏障系统、屏障系统和隔离系统，分别饲养一至四级动物。实验动物饲养系统模式见图 2-4，每种系统环境指标见表 2-6。

表 2-6　实验动物环境指标

项目	指标			
	开放系统	亚屏障系统	屏障系统	隔离系统
温度/℃	18～29	18～29	18～29	18～29
日温差/℃	—	≤3	≤3	≤3
相对湿度/%	40～70	40～70	40～70	40～70
换气量/（次/h）	—	10～20	10～20	10～20
气流速度/（m/s）	—	≤0.18	≤0.18	≤0.18
梯度压差/Pa	—	20～50	20～50	20～50
空气洁净度/级	—	100000	10000	100
落下菌数/（个/皿・h）	—	≤12.2	≤2.45	≤0.49
氨浓度/（mg/m^3）	≤14	≤14	≤14	≤14
噪声/dB	≤60	≤60	≤60	≤60
工作照度/lx	150～300	150～300	150～300	150～300
昼夜明暗交替时间/h	12/12 或 10/14	12/12 或 10/14	12/12 或 10/14	12/12 或 10/14

引自《实验动物　环境及设施》（GB/T 14925—2010）。

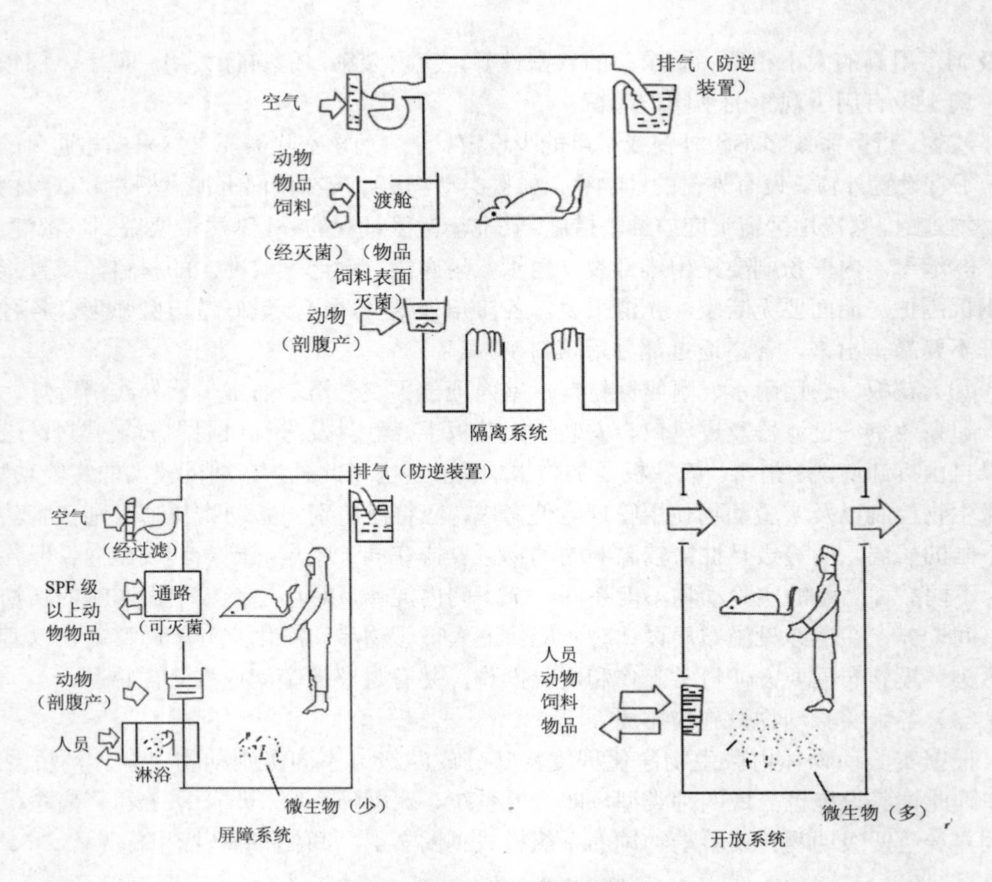

图 2-4　实验动物饲养系统模式

任务四　实验动物饲养辅助设施和设备

1. 笼具

笼具是实验动物的生活场所，并对动物的活动范围进行限制。常见成年实验动物所需饲养面积和空间见表 2-7。

（1）笼具的要求

①笼具必须保证空气流通，并对环境参数（如光照、噪声和有害气体浓度等）无不利影响，还应方便动物取食饮水，以及方便人对动物的观察。

②便于清洗和消毒。笼具应耐热、耐腐蚀，没有不易清洗的死角。

③笼具的大小应方便动物调整姿势，符合其习惯，并确保其舒适和安全。

④笼具应坚固耐用。笼具应能抵抗实验动物啃咬，防止内部逃逸和外来动物进入，还

要耐受搬运和清洗消毒的磨损。笼具的盖子要有一定的重量，并有可靠的栓子。如果是有网眼的笼子，孔径的大小要合适。

表 2-7　常见成年实验动物所需饲养面积和空间

动物种类	饲养方法	每只饲养面积/m^2	每只饲养体积/m^3
小鼠	集体笼养	0.006 7～0.013 5	0.000 8～0.001 6
大鼠	集体笼养	0.017 5～0.044	0.003 5～0.009
豚鼠	集体笼养	0.044～0.088	0.008 8～0.017
兔	笼养	0.14～0.27	0.06～0.108
猫	笼养	0.18～0.27	0.342～0.49
犬	笼养	0.72	0.575
	栏养	0.27～1.08	—
	运动场	0.72～1.08	—
猕猴	笼养	0.09～0.72	0.108～0.936

⑤笼具要便于操作。笼盖应易于开启，方便捉拿动物，便于添加饲料和饮水，重量和体积亦应适当。应采用组合式或折叠式，以便清洗消毒和贮存运输。

⑥经济实用。实验动物笼具的需求量较大，因各种原因常需更换，因此笼具的造价宜低不宜高。如果一种笼具对多种动物都适用，则更为理想。例如，设计某种规格的笼具，既可养一窝仔鼠，又可养两只大鼠或一只豚鼠；或者设计为带插板的组合式、折叠式笼具。

（2）笼具的规格型号标准化

标准化的笼具既有利于动物饲养，也有利于维修和更换。各种动物大小不同，生物学特性亦有差异，因此所用的笼具也各有特点。此外除了饲养用的笼具，还有很多具有其他功能如运输、保定、微生物控制等功能的笼具。

①运输笼：专门用于运输动物，其作用是保证动物运输中的安全，满足动物微生物控制要求。小动物运输笼多不做二次重复使用，通常用塑料或纸质运输笼（图 2-5）。大动物则多采用金属护栏结构，良好的运输笼或用于长途运输的常带有很好的环境温度、湿度保障系统。

塑料运输笼

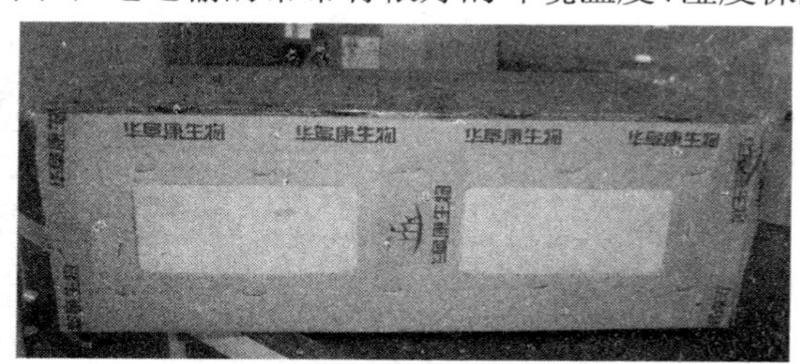

纸质运输笼

图 2-5　运输笼

②代谢笼：为了研究动物的代谢变化，要使用代谢笼。笼底设置可将粪尿分隔，从而可以分别取得样本（图 2-6）。

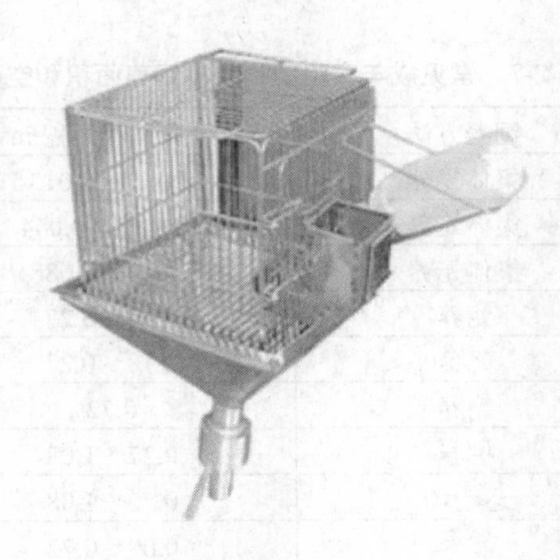

图 2-6　代谢笼

③透明隔离箱盒：经过特殊加工的透明塑料箱盒上固定有特殊过滤器材制成的隔离帽。隔离帽能有效地控制微生物污染，可以做到笼间的隔离。日常操作需在净化工作台上进行，平时放于笼架上或层流架上。

2．笼架

笼架实际上是盛托和悬挂笼具的支架，可增加单位体积内笼具的密度。笼架有放置鞋盒式笼具的笼架。悬挂式笼具的笼架设有清理粪便的自动冲水装置，有的还有自动饮水系统。一般笼架可用普通金属制造，而自动冲水笼架则以不锈钢制造。笼架不宜过大或过小，要求牢固稳定，并与笼具配套。笼具脚上可安装小轮，以便移动位置。笼架的层次和层数最好能够调整。这样，一个笼架可供不同实验动物的笼具使用。常见笼架有下面几种：

（1）饲养架。可把笼箱直接放于笼架的各层上，常用 4～5 层。

（2）悬挂式。将笼具悬吊在架子上，使粪尿落于托盘里。

（3）冲水式。简易冲水式是在悬挂的笼子下面有倾斜的冲洗槽，用水将粪尿冲洗到排水口。流水式笼架是在笼架上装有水箱，笼下设有水槽，水槽呈 S 形，层层相连，水箱设有浮球可以控制一定的水位，利用人工或定时器使水箱里的水定时排放，利用水的落差将槽内的粪便冲入下水道。

（4）传送带式和刮板式。笼下装有传送带或刮板的传动机械，用传送带或刮粪板清理粪便。

3．隔离器

隔离器是进行最严格的微生物控制、使实验动物与外界生物环境安全隔绝的装置，具有超高效过滤器的动物饲育隔离器是饲养悉生动物及无菌动物所用的设施。使用的隔离器可安放于开放系统或屏障系统。由于隔离器内温度、湿度由外界环境决定，因此放置隔离器的饲养室环境需要空调控制。为了保证动物饲养空间完全处于无菌状态，不能和动物直接接触，工作人员通过附着于隔离器上的橡胶手套进行操作。隔离器的空气进入要经过超高效过滤（0.5 μm 微粒，滤除率达 99.97%），一切物品的移入均需要经过灭菌渡舱，并且事先包装消毒。隔离器内的动物来自剖腹产取胎。隔离环境的布局和运作分别按上述系统的要求（隔离器示意图见图 2-7）。

（1）隔离器室。动物所处的空间。

（2）传递系统。动物、物品进出隔离器的通路。

（3）操作系统。工作人员操作隔离器用的胶质手套及其与隔离器主体连接的部件。

（4）风机。隔离器进出风所需的动力风机或供风系统。

（5）过滤系统。过滤进出隔离器主体的空气的系统。

（6）进出风系统。进出隔离器主体的风口及其管道。

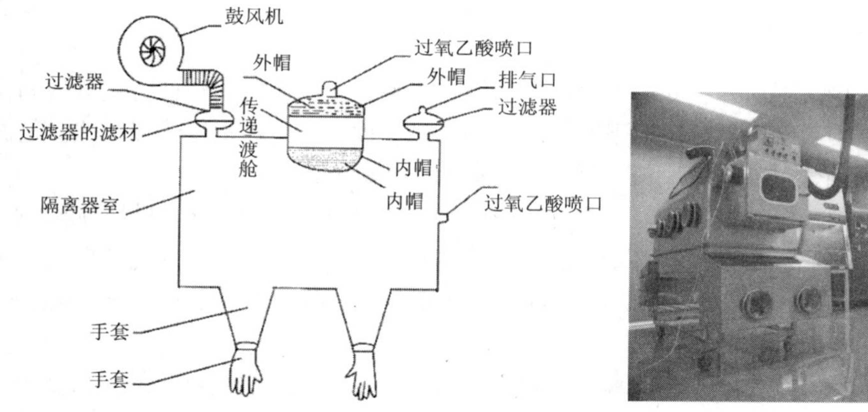

图 2-7　隔离器示意图

4．独立通风换气笼盒（IVC）

世界上第一个独立通气笼盒（individually ventilated cages，IVC）诞生于 20 世纪 80 年代，意大利 Thcniplast 公司，在带空气过滤帽的塑料盒的盒帽上方加了一个进风口，希望促进盒内的通风换气。IVC 笼盒经过十多年的使用和研究，特别是在材料、净化、微电子等现代化技术的带动下，如今更加高效节能、更加符合动物福利和我们对实验动物质量的要求。从 2000 年起，我国多家实验动物设施设备厂均已开发出我国的 IVC 设备。

IVC 笼盒由耐高温的透明塑料材料制成，一套笼盒由上盖、底盒、食槽、水槽、锁紧扣、进出风口组件、硅橡胶密封垫圈等组成。有的上盖还有生命窗空气过滤网。

（1）笼盒形式。独立通风笼盒是 IVC 换气的关键，具有一定的密闭性，防止室外空气的进入，以减少可能的感染来源，又要能让洁净空气流畅进入，并在盒内形成良好的空气流动或扩散，与盒内气体混合并把盒内的废气排出。图 2-8 是 IVC 笼盒，进排气流的口位于盒盖上，利用盒盖上的导流板形成盒内进排气流。

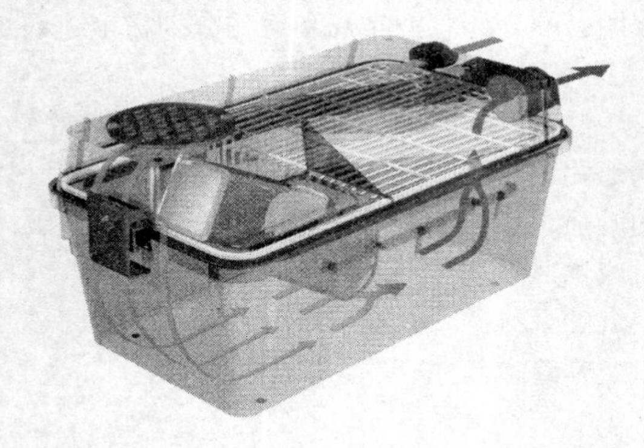

图 2-8　IVC 笼盒

（2）笼盒的通风。国内外独立通气笼盒中的笼盒有两种基本形式。一种为笼盒的同排气是阀门开闭式，即上架时打开，取下时自动关闭。另一种为盒内终端过滤保护式，过滤膜大多有亚高效或高效过滤材料制成。笼内风速为 0.10～0.30 m/s。

（3）笼盒的材料。笼盒由耐高温（至少 150～160℃高温）的透明塑料材料压膜制成，以便笼盒能承受反复高温灭菌及直接从外面观察盒内动物的活动情况。有的笼盒做出暗黄色，可以防止位于笼架上层的笼盒由于光照过强而使笼盒中的动物出现不良反应，如烦躁、不安、食仔等。

（4）食槽与水槽。笼盒有网盖式和无网盖式两种。有网盖式笼盒的网盖盖于底盒上，网盖上配置食槽和水瓶槽，加料和更换水瓶必须打开塑料盒盖。无网盖式带金属底网的饲料瓶位于塑料盒盖上，加料时只要打开饲料瓶的硅橡胶盖即可操作，更换水瓶时，位于盒盖上的插口会自动封闭。

IVC 放置在普通环境中需要加料加水时需在超净工作台上进行，而放置在屏障环境中的则不需要。

（5）笼架、机箱与集中供风设备

①笼架。IVC 笼架由不锈钢管焊接而成，不锈钢管兼做 IVC 的导风管，导风管平行排

列并焊接于进、排风管上，以确保各笼盒进出风口有相同的压差。在进、排风管上设有进出风口导风橡皮接头或皮碗，以便与笼盒接口处流畅吻合。根据笼盒数确定笼架的尺寸，并焊接相应数量的搁架在笼架上。架下安有橡皮导轮，能根据房间大小或使用者的意愿随意组合移动，定位后可由装置制动。

②控制机箱。控制机箱内主要有两台低噪声风机和初、中、高效三级空气过滤装置。两台风机分别控制进风和排风，通过调节风机转速达到进、排风的平衡，以确保笼盒内外有一定的压差，其控制范围根据标准或需要可调节，既可为正压也可为负压。有的机箱还有断电、机械故障和过滤膜失效等自动报警装置。机箱外通常设有显示装置，可以显示笼盒内外的温度、湿度等，以便使用者直接了解动物生存的主要环境条件，见图 2-9。

图 2-9　IVC 笼架与控制机箱

③集中供风 IVC 设备。集中供风 IVC 设备是不用机箱的供风设备，进入 IVC 的空气均来自设施的空调通风管道，通常有控制阀和加装于管道上的高效过滤器组成，其显示数字或表盘、控制器等均安装于室内。集中供风 IVC 设备室内无风机，动物饲养环境噪声小，进入的空气由空调管道直接供给，温度可能高或低于室温，室内和中央控制室都应有显示装置。

5. 饮水设备

（1）饮水设备。饮水设备包括饮水瓶、饮水盆和自动饮水装置等。大鼠、小鼠、兔等小型实验动物多使用不锈钢或无毒塑料制造的饮水瓶，规格有 250 mL 和 500 mL 两种，但不用易碎的玻璃瓶。而犬、羊等大动物则多使用饮水盆。这些饮水器具应定期清洗消毒，因而要耐高压消毒和药液的浸泡。自动饮水装置易漏水，使室内湿度增大，且会造成动物之间的交叉感染，因此在国内应用不普遍。

（2）无菌水生产系统。大型实验动物设施耗用大量无菌水，须安装无菌水生产系统。

这种系统通常先以超滤膜滤去 0.5 μm 以上的悬浮微粒，可滤去细菌和真菌，然后以紫外线照射，可杀灭病毒，并进一步杀灭细菌和真菌。

实验动物的饮用水无需蒸馏、离子交换等，这样更有利于动物对微量元素的需求。

6．双扉压力蒸汽灭菌器、渡槽及传递窗

洁净动物设施使用的物料均应经过消毒灭菌。双扉压力蒸汽灭菌器就是安装在普通物料进入洁净区通道的一种设备。该设备的主体跨过屏障墙，并有两个门，一个门开启在非洁净空间内，物料由此门进入作蒸汽灭菌；另一个门开启在洁净控制区内，灭菌后的物料可从中取出使用。一些大型的双扉压力蒸汽灭菌器可对笼具甚至笼架作灭菌处理。而不耐高温高压和（或）不能水浸的物料，则可通过渡槽或传递窗进入洁净区。

渡槽是内放消毒药液的水槽，在非洁净区及洁净区各开一门，不耐高温高压的器械物料从非洁净区一侧放入，浸泡消毒后从洁净区取出使用。传递窗是内装紫外线灯，置于非洁净区和洁净区之间的金属箱，开有两个互锁的门，不耐高温高压也不能水浸的物料从非洁净区一侧开门放入，开启紫外线灯消毒后，从洁净区内开门取用。

7．垫料

垫料能吸附水分，使笼内保持干燥，可吸附动物排泄物，从而维持笼具和动物身体的清洁卫生。垫料的原料主要有锯末、木屑、电刨花、粉碎的玉米芯等。垫料的要求：

（1）垫料要无刺激性并且无害，不干扰动物实验。松木垫料有毒性，如松科原料的垫料，其化学成分对大、小鼠肝脏微粒酶有影响，应避免使用。

（2）垫料应具一定的柔软性，吸附性好，不被动物所采食，且便于清扫。

（3）垫料的原材料常常携带病原微生物、寄生虫和虫卵，使用前要经加工处理，以消毒灭菌除虫。常用方法有高压蒸汽灭菌法、射线辐照法和化学熏蒸法等。

项目 2.3　实验动物环境监测及设施维护

任务五　环境监测方法

1．实验动物环境监测

新建或改建的实验动物设施竣工启用前，须向所属的实验动物管理部门申请进行环境设施的检测，检测合格方能投入使用。实验动物设施是连续运行的，各种环境因素一直处在变动之中，也需要经常性的监测和维护。对实验动物设施的环境条件，国家有标准化的规定，监测项目包括温度、相对湿度、气流速度、梯度压差、空气洁净度、空气落菌数、

氨浓度、噪声、照度和换气量等。

空气洁净度的指标包括：空气落菌数，是监测空气生物洁净度的指标，用血琼脂培养基，置于被检房舍的空间，暴露 30 min 后，计算培养基上的落菌数；尘埃粒子测定，是空气洁净级别的指标，10～20 m^2 的房间布点 3～5 个，用专用仪器测定，对数据作统计分析。此外还有下列七项指标的测定：温度、湿度测定，包括日温差、温湿度的均匀性等；气流速度测定，使动物处在合理的风速区域；换气次数，测定送风口或出风口的风速，然后参照风口面积和房间容积计算；静压差测定，用压差计测定设施内各区域的压差，分析设施内气流走向的合理性；噪声测定，用噪声计，选离墙壁 1 m，距地面 1.2～1.5 m 的测点测定；照度测定，常用仪器是照度计，采用多测点测定，监测光照的均匀性；氨浓度测定，该监测项目通常是在设施运转后进行的监测项目，反映室内的换气情况、动物的合理密度和设施的管理水平。

2. 空气、物品及人员流动控制

（1）空气进入控制

实验工作人员务必使进出动物房的空气严格遵守灭菌程序，防止发生污染。

①空气进入动物房的运行路线：室外空气→吸风口→机房→初效过滤器→空调机→中效过滤器→进风管道→高效过滤器→动物房→室内排风口→初效过滤器→排风管道→排风机→通风竖井→室外。

②空气的运行与管理。室外的空气由于机房风机所形成的负压，每天检查保持吸风口的通畅。空气经初效过滤器被吸入进风机，每半个月要清理一次空调机进风口的空气过滤网，每周要更换一次初效过滤器的过滤材料，以减少进风的阻力。空气经中效过滤器进入通风管道，穿过位于动物房顶层上的高效过滤器，进入动物房，每年更换高效过滤器一次。动物房空气经排风口、初效过滤器、排风管道、排风机送入通风竖井，最后排放于屋顶。为了保证排气畅通，每月要更换一次初效过滤材料。每周检测一次各排风口的风速，以便及时更换因过滤材料阻塞而使风速减小的初效过滤器。

（2）物品流动控制

①动物房的物品包括笼具、工作服、饲料、垫料、饮水和动物房的废弃物。实验工作人员务必使进出动物房的物品严格遵守流动走向及消毒程序，防止发生污染。笼具应按箭头所指方向行进。

②笼具进出动物房详细操作程序：饲养人员将笼具送入洗消间，关好通向洗消间的门→笼器具应用水冲洗，再加洗涤剂刷洗，然后用水冲洗干净→笼器具经消毒渡槽的消毒，消毒用水首选 1∶200 的次氯酸钠，自来水冲洗干净后，晾干备用。

③工作服、工作鞋的使用规范：

实验动物饲养室的工作服应标有特殊的标记，专人、专用，不得乱穿。

备用的工作服放于更衣室，外来人员可以取用，离开后将工作服放入收集筐中。

消毒或灭菌过的鞋应放置在更衣室，其穿在工作人员的脚上进入动物房的走廊、动物房，最后回到动物房的更衣室时从工作人员的脚上脱下。

脱下的鞋刷洗并用 1∶100 的次氯酸钠或 1∶200 的百毒杀药液浸泡消毒后与清洁工作服一起放入更衣室。

④垫料的管理使用：

垫料的运行路线：垫料→清洁贮藏间→动物房。

垫料的验收：实验动物的垫料应是无毒、清洁、少尘、无异味、没有营养不被动物食用、吸水性强的材料，通常选用干净的木屑。

在贮物间内，将垫料装入已经晾干的鼠盒，然后将带垫料的鼠盒推入动物房换盒。

⑤废弃物的处理：

废弃物运行路线：废弃物（产生于动物房）→塑料袋打包→走廊→医疗垃圾处理场。

垫料等废弃物与动物笼盒一起从缓冲间出系统；注射器等尖锐物品套上套子后再放入垃圾桶，以防刺伤工作人员；屏障内无排水系统，液体废弃物传出系统后再处理；废弃的动物包装盒从灭菌通道出系统；口罩、手套、帽子、鞋套为一次性物品，用过后就应丢弃，灭菌工作服放在更衣室，有专门工作人员对其进行处理。

（3）人员流动控制

进出普通级动物设施的实验室工作人员应严格遵守流动走向，按箭头所指方向行进，不可逆反。详细操作程序：

①工作人员进入更衣室着装工作服，将个人物品放入自己的衣袋中，在鞋柜前换专用拖鞋。

②进入缓冲一室。

③进入走廊。

④工作人员进入走廊后，通常先进入洁净贮藏间，取笼器具、饲料、垫料等回到走廊，再进入动物饲养室和实验室。

⑤在动物饲养室，实施饲喂与清洁操作后或在实验室完成实验工作后，废弃物和换下的笼器具推入走廊，经缓冲二室至洗消间或经缓冲一室离开普通级环境设施。

⑥在每一室都应注意随手关门。

⑦工作完后，工作人员从饲养室或实验室经走廊返回更衣室，脱下工作服、帽、鞋和口罩，放入洗衣筐，换上自己的衣服和第一次换鞋时穿着的鞋离开更衣室。

（4）动物进出动物房工作条例

进出动物房的实验动物应严格遵守流动走向及消毒程序，防止发生污染。详细操作程序：

①动物的运行路线：动物接收走廊→检疫室→动物饲养室。

②动物进入动物房的管理规范。进入屏障动物房的动物必须来自实验动物供应基地，并持有相应级别实验动物质量合格证书。动物包装箱内的动物取完后，关闭检疫室，包装箱退回动物接收走廊。

（5）饲料和饮用水进入动物房工作条例

进出动物房的饲料和饮用水严格遵守流动走向及包装、灭菌程序，防止发生污染。详细操作程序：

①实验动物饲料首选商品化的草粉压制饲料，并要求饲料来自具有生产许可证的单位。

②饲料的运行路线：灭菌饲料→贮物间→动物饲养室。

③水的运行路线：纯净饮用水→装入耐高温饮用水瓶→灭菌柜 121℃，20 min→洁净贮物室→送入动物饲养室使用。

3. 实验动物环境的消毒

（1）消毒的类型

消毒的目的是消灭传染源散播于外界环境中的病原体，切断传播途径，防止疫病的发生和蔓延，是综合性防疫的重要措施。根据消毒的目的，可分为以下三种类型：

①预防性消毒。预防性消毒是结合平时的饲养管理，对畜舍、场地、用具和饮水进行定期消毒，以达到不断清除外界环境中可能出现的病原体的目的。

②随时消毒。在发生疫病时，为了及时消灭刚从病畜体内排出的病原体而采取的消毒措施。消毒的对象包括病畜所在的畜舍、隔离场所以及被病畜分泌物、排泄物污染和可能污染的一切场所、用具和物品，通常在解除封锁前，进行定期的多次消毒，患病动物隔离舍应每天随时消毒。

③终末消毒。在患病动物解除隔离、痊愈或死亡后，或者在疫区解除封锁之前，为了消灭疫区内可能残留的病原体所进行的全面彻底的大消毒。消毒后，即可恢复正常生产。

（2）常用消毒灭菌的方法

①物理消毒法。

a. 干热消毒。包括焚烧、烧灼、干烤等几种方法。焚烧适用于动物尸体的处理，尤其是带毒的动物尸体，污染的垃圾、垫料等。烧灼常用于耐热器材，如金属器械、不锈钢笼具、笼架等。干烤用于玻璃制品、金属材料、陶瓷等的消毒。

b. 湿热消毒。主要有以下几种：

煮沸消毒：这种方法简单易行、经济实用且效果可靠。适用于金属器械、玻璃制品、棉织品、饮水瓶、饮水及笼具的消毒。

常压蒸汽消毒：又称流通蒸汽消毒，是指在 1atm（1.013×10^{5}Pa）下，用 100℃的水蒸气进行消毒。适用于笼具、食物等不耐高热的物品的消毒。

高压蒸汽灭菌：适用于大多数耐热物品，包括金属器械、笼具、饲具、垫料、饮水瓶、饮水、饲料等物品的消毒。

c. 紫外线辐射消毒。适用于空气、饮水及污染物体表面的消毒。

d. 电离辐射灭菌。是用γ射线、X 射线和离子辐射照射物品，杀死其中的微生物的冷灭菌方法。常用于对手术器械、仪器以及食物的消毒灭菌。

e. 过滤除菌。一般用于液体和气体的消毒，而不用于对物品的灭菌处理。

液体过滤除菌：用于不耐热或不能用化学方法消毒的液体制剂、血清制品等。

空气过滤除菌：屏障系统（屏障系统的空气经初、中、高效过滤）、动物运输盒等。

②化学消毒法。

常用化学消毒方法包括药物液体浸泡、喷洒消毒，蒸汽或气体熏蒸消毒。常用的消毒药品及方法介绍如下：

a. 甲醛：常用于液体浸泡消毒和甲醛气体熏蒸消毒。

杀菌作用：8%甲醛水溶液作用 6～24 h 可杀灭芽孢；5%甲醛水溶液作用 30 min 可破坏肉毒杆菌毒素和葡萄球菌肠毒素。

杀真菌作用：5%甲醛水溶液作用 10 min 可以杀灭球孢子菌、组织胞浆菌和芽生菌。

灭活病毒：甲醛溶液广泛用于病毒疫苗的制备，应用浓度一般为 0.23%～0.4%。甲醛对绿脓杆菌噬菌体、脊髓灰质炎病毒、鹦鹉热衣原体、天花及甲型流感病毒等都有较好的杀灭作用。

注意事项：刺激性大，使用时注意防护；在 9℃以下保存。

b. 戊二醛：常用浓度为 2%，用 0.3%碳酸氢钠或碳酸钠调节其 pH 值为 7.5～8.5 时，可达最强杀菌效果。常用于医疗器械的冷灭菌、内窥镜和生物制品的消毒灭菌、环境消毒以及水处理的杀菌灭藻。

c. 环氧乙烷：又称氧化乙烯。其气体和液体均有杀菌作用，但多用于气体消毒。常用于外科手术器械等的消毒灭菌；还可用于棉制品、电子仪器、塑料制品、橡胶制品等的消毒灭菌；也可用于日常的卫生防疫消毒。环氧乙烷液体溅在皮肤或眼内应立即用清水或 3%硼酸溶液反复冲洗，并给予局部用药。

d. 过氧乙酸：是一种广谱、高效、速效、廉价的消毒剂。稀释至 0.2%时才能用于皮肤黏膜消毒；0.5%溶液浸泡笼具、鼠盒、饮水瓶、工作衣、帽鞋等 10～30 min；密闭房屋空间用浓度为 15%溶液（7 mL/m^3 空间）熏蒸消毒 120 min，或用 2%溶液（8 mL/m^3 空间）喷雾消毒，保持时间为 30～60 min，然后打开门窗通风；0.2%～0.5%溶液浸泡消毒青饲料，再用流动的清水冲洗；用 0.2%～0.5%溶液喷雾或擦洗消毒笼架、恒温恒湿机、进风初效滤材、通风管道外壁、门窗、墙壁、地面。

e. 漂白粉类：84 消毒类是一种广谱、高效、去污力强的新型消毒剂，能快速杀灭甲、乙型肝炎病毒、细菌芽孢等各类致病菌。1∶200 用于动物饲养室的空气消毒，用量为 10 mL/m^3 喷雾；用于笼具、门窗等物体表面的擦拭消毒；抹布、拖把需浸泡 15 min。1∶500

可用于饲具、青饲料的浸泡消毒，时间为 5 min。

f. 二氧化氯：稳定性二氧化氯是在二氧化氯水溶液中添加碳酸钠、硼酸钠等予以稳定。通常用柠檬酸活化，在酸性条件下使用。稳定性二氧化氯能广谱且快速地杀灭微生物，无毒无害，无残留，不污染环境，是一种性能优良的安全高效消毒剂。原液用水稀释 20 倍可用于笼具、地面消毒。

g. 乙醇：又称酒精。75%乙醇用于皮肤消毒；70%～75%乙醇常用于物体表面的消毒，如工作台面、推车表面等，时间应在 3 min 以上。

h. 新洁尔灭：化学名为十二烷基苯甲基溴化铵，又名溴苄烷铵。剂型为胶体和溶液（含 1%、5%、10%）。0.1%用于皮肤消毒和器械消毒；0.02%消毒伤口和黏膜；对污染物品表面的消毒，可用 0.1%～0.5%浓度的溶液喷洒、浸泡、擦抹处理，作用 10～60 min；还可用于饲具等的消毒。

注意事项：不能与肥皂、洗涤剂和盐类接触；使用 1～2 周后应重新配制。

i. 高锰酸钾：0.1%水溶液用于皮肤消毒；0.01%～0.02%水溶液用于黏膜消毒；0.1%浓度可用于青草饲料的消毒，作用时间 10～60 min；对污染物体表面的消毒浓度为 0.1%～2%，作用时间为 10～60 min；还可加入福尔马林中产生甲醛气体进行熏蒸消毒。

注意事项：储存于密闭容器中、阴凉干燥处保存，不能与有机物、还原剂、易燃物、硫酸、硝酸、有机酸等接触；具有强腐蚀性，不可直接接触皮肤黏膜。

任务六　实验动物设施维护

1. 实验动物设施的管理

（1）仪器设备管理

①实验动物设施仪器设备的管理必须由专职或兼职管理人员负责使用和保管，建立健全相应的设备管理制度。

②实验动物设施设备主要包括大型仪器设备和消耗性器械两大类。

③所有设备都必须登记，建立仪器设备档案和消耗性材料的进出库账。档案的主要内容包括：仪器设备生产厂家、型号、规格；技术资料（说明书、设备图纸、装配图、易损件备品单等）；安装位置、施工图；检修、维护和保养的内容、周期和记录；校正检验记录；事故记录等。

④仪器设备的使用应制定标准的操作规程及安全注意事项。操作人员须经培训，并做好仪器设备运行记录和使用登记。

⑤要制定仪器设备保养、检修规程和计划，确保仪器设备的正常运行。保养检修内容包括维修保养的职责、检查的内容、保养的方法、保养的计划、保养记录等。

⑥进入洁净区检修保养的人员应按洁净区要求进行净化处理，并穿戴相应的无菌工作

服。所使用的工具必须灭菌后才能进入。维修保养后立刻对现场进行净化灭菌处理。

⑦用于洁净区内的仪器、量器、层流架、隔离器、传递窗、运输罐等应根据生产厂家的规定和有关要求定期进行校验。

⑧对关键设备如灭菌设备、锅炉、压力容器、压缩气体钢瓶以及高效空气过滤器等应定期（每年不少于 2 次）进行检测，做好记录存档，确认合格后方可继续使用。

⑨尽量提高仪器设备的使用效率，制定使用效率标准。

⑩实验动物设施设备的分类按档案管理要求执行。一般分为以下几大类（表 2-8）。

表 2-8　实验动物设施设备分类

动力设备	风机、空调机组、发电机、电锅炉、水泵等
净化设备	初、中、高效过滤器、传递窗、渡槽、高压灭菌器、喷雾消毒器
实验用设备	分析仪器、检查诊断设备等
饲养设备	动物笼架、笼盒、隔离器、层流架等
辅助设备	计算机、天平、玻璃器皿、手术器械等

⑪实验动物设施仪器设备的使用者应严格执行设备操作规程及安全注意事项，并做好记录。在使用中发现异常现象、故障或机件损坏及采取的措施必须翔实记录并告知设备管理负责人。

⑫洁净区内设备禁止移出洁净区。

⑬洁净区内不同的仪器设备要建立不同的灭菌标准和操作规程。

⑭实验动物设施设备的申请、购买、转级、报废，应按所在单位的统一要求执行。

（2）物品的管理

①实验动物设施物品主要包括非仪器设备类的日常用品和化学试剂以及实验样品等。

②对实验动物设施内所有物品都应进行登记，消耗物品要建立进出库制度，并坚持定期检查、清点补充和报废。

③实验动物设施内物品应分类分区贮存和摆放。在准备区内存放的物品数量不宜太多，应根据实验需要而定。

④消耗性物品的容器外表应有明显的标记或外包装有明显标记，而且标记式样应统一，包括外尺寸、颜色、规格等。标记应反映出物品的名称、数量、灭菌（配制）日期。

⑤对麻醉药品、毒性药品、放射性药品应严格执行国家有关规定进行验收贮存保管和使用。对易燃、易爆、腐蚀性强的危险品应放置危险物品区，并隔离存放。

⑥应指定负责人员对购入的物品进行登记和验收，准备区负责人应在物品清单上签字。

2. 实验动物设施的维护

（1）空气过滤系统的维护。系统中有初效、中效和高效三级过滤器，过滤材料在工作时会沾染粉尘，逐渐造成堵塞，影响设施内的空气质量。初效过滤材料应 2～3 个月更换一次，过滤材料经清洗、干燥，可重复使用；中效材料 3～18 个月更换一次，经清洗、干燥也可重复使用；高效材料一般 1～3 年更换一次，一般不重复使用。材料更换的次数取决于空气使用量和周围空气的质量。勤换初效和中效材料，可减少对高效材料的更换，因为更换高效过滤材料会在一定时间内造成设施内环境因素的不稳定。

（2）空调系统的维护。空调系统主要控制温度、湿度两个重要的环境指标，空调的热交换部件要经常清洗，并要经常检查制冷剂有否泄漏，自动控温装置是否有效。

（3）灭菌系统的维护。注意需经常监测高压灭菌装置和饮水灭菌系统是否有效。此外，传递窗的紫外线灭菌是否有效，传递渡槽的消毒液是否及时更换等一些日常的维护工作也不能忽视。总之，设施维护工作的优势反映了设施的管理工作水平，要建立健全岗位责任制，在管理上下工夫。

项目 2.4　实验动物环境控制技术技能

任务七　空气洁净度的测定

1. 检测条件

动物饲养前，空调净化系统运行 48 h 后进行。

2. 检测仪器

尘埃粒子计数器。

3. 测点布置

（1）检测洁净实验工作区，取样高度距地面 1.0 m。

（2）检测实验动物室，取样高度为笼架高度的中央水平高度，通常为 0.9～1.0 m。

（3）测点间距为 0.5～2.0 m，层流洁净室测点总数不少于 20 点。层流洁净室面积不大于 50 m^2 的布置 5 个测点，每增加 20～50 m^2 应增加 3～5 个测点。

4. 采样流量及采样量

（1）100 级要求的洁净实验动物设施采样流量为 1.0 L/min，采样量不少于 1.0 L。

（2）1 000 级以上要求的洁净实验动物设施采样流量为≤0.5L/min，采样量不少于 1.0L。

5．检测方法

（1）打开电源开关，预热 15～20 min。
（2）调节仪器至检测状态（不同型号的仪器调节的方法不同）。
（3）仪器进行自净，待 0.3 μm 尘埃粒子数显示“0”状态。
（4）将检测管进气口放置在待检区域中。
（5）待显示的数据稳定后，连续测定读取记录 5 次 0.5 μm 直径的尘埃粒子数。
（6）测定另一个区域时重复（3）～（5）步骤。

6．结果评定

层流洁净室取各测点的最大值；乱流洁净室取各测点的平均值作为实测结果。

任务八　实验动物饲育室温湿度测定

1．检测条件

实验动物设施环境温湿度测定应在动物设施竣工空调系统运转 48 h 后或设施正常运行之中进行测定。测定时，应根据设施设计要求的空调和洁净等级确定动物饲育区及实验工作区，并在区内布置测点。一般饲育室应选择动物笼具放置区域范围为动物饲育区。恒温恒湿房间离围护结构 0.5 m，离地高度 0.1～2.0 m 处为饲育区。洁净房间垂直平等流和乱流的饲育区与恒温湿房间相同。

2．检测仪器

测量仪器精密度为 0.1 以上标准水银干湿温度计及热敏电阻式数字型温湿度测定仪，测量仪器应定期检定。

3．检测方法

（1）将 3 支温湿表放置在支架上，高度分别为 0.5 m、1.0 m 和 1.5 m。
（2）将测定的房间按“田”字形分格成 9 个点。
（3）在每个测点上将放置有温湿度表的支架放置 15 min。
（4）分别观察下、中、上三个温湿度表，观察记录时，先读湿球温度，再读干球温度。
（5）重复（3）、（4）步骤，完成 9 个点的测量。
（6）记录各点各层次的湿球温度和干球温度。
（7）计算各点层次的干球温度和湿球温度差。

（8）查表求得测点各层次的相对湿度。

（9）将最高和最低温度表悬挂在具有代表性的点测量 24 h 后，读取、记录最高和最低温度。

当设施环境温度波动范围＞±2℃，室内相对湿度波动范围＞10%时，温湿度测定宜连续进行 8 h，每次测定间隔 15～30 min，取平均数判定结果。

任务九　气流速度测定

1．检测条件

在实验设施运转接近设计负荷，连续运行 48 h 以上进行测定。

2．检测仪器

测定仪器精密度为 0.01 以上的热球式电风速仪或智能化数字显示式风速仪。

3．检测方法

（1）风速仪的操作。

① 使用前，轻轻调整表头上的机械调零螺丝，使表头指针指向零点；

② 将“校正开关”置于“断”的位置；

③ 插上测杆，测杆垂直向上放置，将测杆塞压紧，使探头密封，将“校正开关”置于满度“位置”，慢慢调整“满度”调节旋钮，使表头指针转到满刻度位置；

④ 将“校正开关”置于零位，调整“粗调”与“细调”两旋钮，使表头指针指在零点位置；

⑤ 轻轻拉出测杆探头，并根据需要选择测杆拉出的长短，将探头上的红点面对风向，此时即可根据表头的读数查阅校正曲线，求得被测的风速；

⑥ 每个测点的数据应在测试仪器稳定运行条件下测定，数字稳定 10 s 后读取，每测量 5～10 min 后，须重复②～④步骤进行校正工作。

（2）室内风速测定。根据设计要求和使用目的确定动物饲育区和实验工作区，要在区内布置测点。

① 一般空调房间应选择放置实验动物用具的具有代表性的位置及室内中心位置布点；

② 恒温恒湿设施应选择在离围护结构 0.5 m，在高度 1.0 m 及室内中心位置布点；

③ 乱流洁净室按洁净面积小于等于 50 m^2 至少布置 5 个测点，每增加 20～50 m^2 增加 3～5 个测点，乱流洁净室内取各测点平均值。

（3）动物身体处风速的测定。将测杆探头分别置于各层笼盒靠近动物身体处。

（4）进风口风速的测定。

① 进风口为矩形时，将其断面分成 15 cm^2 以下的等面积方格若干个，测定各方格的风速，取平均值为平均风速；

② 进风口为圆形时，直径小于 30 cm 的做 3 个等面积同心圆，直径小于 60 cm 的做 5 个等面积同心圆，过圆心“十”字线，在“十”字线与 3 个同心圆相交的位置测定风速，3 个同心圆的进风口测 12 个点，5 个同心圆的进风口测 16 个点，取其平均值作为平均风速。

任务十　静压差的测定

1. 检测条件

（1）静态检测。动物设施笼器具已安装到位，空调通风系统连续运行 48 h 以上，在设施内无动物及工作人员的情况下进行检测。

（2）动态检测。在动物设施处于正常使用状态下进行测试。

2. 检测仪器

精度可达 1.0 Pa 的斜式微压计，测量仪器应定期检定。

3. 检测方法

（1）将斜式微压计放置在压强梯度低的区域。

（2）调节斜式微压计的液面到“0”刻度处。

（3）将压差检测管伸到压强梯度高的区域。

（4）等微压计液面稳定后，读取压差值（Pa）。

4. 注意事项

压差检测管伸到压强梯度高的区域时应注意检测管外周与墙体或隔板的密封性，否则会影响压强梯度的准确性。

任务十一　噪声的测定

1. 检测条件

噪声检测分静态检测和动态检测，要求与前相同。

2. 检测仪器

声级计。

3. 检测方法

（1）测点布置。面积小于 10 m^2 的房间，于房间中心离地 1.2 m 高度设 1 个点；面积大于 10 m^2 的房间，在室内离开墙壁反射面 1.0 m 及中心位置，距地面 1.2 m 高度布点检测。

（2）只检测 A 挡声级噪声和中心频率 63 Hz、125 Hz、500 Hz、1 000 Hz、2 000 Hz、4 000 Hz 及 8 000 Hz 的噪声级。

（3）检测步骤。

① 检测饲养室无人、无动物、设备全部停止运行时的噪声；

② 检测饲养室无人、无动物但空调系统设备运行时的噪声；

③ 检测饲养室无人、无动物但空调系统及其他设备、仪器运行时的噪声；

④ 检测饲养室内有动物、空调系统及其他设备、仪器运行时的噪声，记录每次和每个音频下的测定结果。

任务十二　照度的测定

1. 检测条件

设施内工作照度，在工作光源全部接通，正常使用状态下进行测定。

2. 检测仪器

便携式照度计。

3. 检测方法

（1）开启照明灯，应在电压稳定后进行测定；

（2）距地面 0.9 m，离开墙面 1.0 m 处测定；

（3）每隔 1.0～2.0 m 选择 1 个测量点，每点测 3 次，照度值为其平均值，单位为 lx。

任务十三　氨浓度的测定（纳氏试剂比色法）

1. 检测条件

在设施正常运行状态，动物饲养密度符合设计标准，垫料更换符合时限要求下进行。

2. 检测仪器

大型气泡吸收管、空气采样机、流量计（0.2～1.0 L/min）、带塞比色管（10 mL）、分光光度计。

3．检测试剂

所有试剂均用无氨水配制（加纳氏试剂不应有颜色反应），配制时室内不应有氨气。

（1）吸收液。0.5 mol/L 硫酸溶液。

（2）纳氏试剂。称取 17 g 氯化汞溶于 300 mL 蒸馏水中，另将 35 g 碘化钾溶于 100 mL 蒸馏水中，将氯化汞溶液滴入碘化钾溶液直至形成红色不溶物沉淀出现为止。然后加入 600 mL 20%氢氧化钠溶液及剩余的氯化汞溶液。将试剂贮存于另一个棕色瓶内，放置暗处数日。取出上清液放于另一个棕色瓶内，塞好橡皮塞备用。

（3）标准溶液。称取 3.879 g 硫酸铵［$(NH_4)_2SO_4$］80℃干燥 1 h，用少量吸收液溶解，移入 1 000 mL 容量瓶中，用吸收液稀释至刻度，此溶液 1 mL 含 0.1 mg 氨（NH_3）贮备液。量取贮备液 20 mL 移入 1 000 mL 容量瓶，用吸收液稀释至刻度，配成 1 mL 含 0.02 mg 氨（NH_3）的标准溶液备用。

4．样品采集

应用装有 5 mL 吸收液的大型气泡吸收管安装在空气采样机上，以 0.5 L/min 速度在笼具中央位置抽取 5 L 被检气体样品。

5．分析

采样结束后，从采样管中取 1 mL 样品溶液，置于试管中，加 4 mL 吸收液，同时按表 2-9 配制标准比色列，绘制标准曲线。

表 2-9　氨标准比色列管的配制

管号	0	1	2	3	4	5	6	7	8	9	10
标准液/mL	0	0.2	0.4	0.6	0.8	1.0	1.2	1.4	1.6	1.8	2.0
$(NH_4)_2SO_4$（0.5 mol/L）/mL	5	4.8	4.6	4.4	4.2	4.0	3.8	3.6	3.4	3.2	3.0
纳氏试剂/mL	0.5	0.5	0.5	0.5	0.5	0.5	0.5	0.5	0.5	0.5	0.5
氨含量/mg	0	0.004	0.008	0.012	0.016	0.02	0.024	0.028	0.032	0.036	0.04
吸光度											

向样品管中加入 0.5 mL 纳氏试剂，混匀，放置 5 min 后用分光光度计在 500 nm 处比色，读取吸光度值，从标准曲线表中查出相对应的氨含量。

6．计算

计算公式为：

$$X=5C/V_0\times1.38$$

式中：X——空气中氨浓度，mg/m^3；

C——样品溶液中氨含量，μg；

V_0——换算成标准状况下的采样体积，L。

7．注意事项

当氨含量较高时，则形成棕红色沉淀，需另取样品，增加稀释倍数，重新分析；甲醛和硫化氢对测定有干扰；所有试剂均需用无氨水配制。

任务十四　空气细菌菌落数测定

1．检测条件

应在实验动物设施经消毒灭菌、空调净化系统正常运行 48 h 后进行。

2．检测点选择

每 5～10 m^2 设置 1 个测定点，将培养皿放于地面上。

3．检测时间

平皿打开后放置 30 min，加盖，放于 37℃恒温箱内培养 48 h 后计算菌落数（个/皿）。

4．检测方法

（1）制备血液琼脂培养基，并放入动物房的传递窗内。

（2）工作人员按进入动物房的程序进入消毒后的动物饲养室。

（3）将平皿由里到外顺序放入选定测点的地面上（每室不少于 5 个），平皿正置，每放 1 个平皿，打开 1 个盖子。

（4）当平皿在动物室空气中暴露 30 min 后，从外到里，盖上每个平皿的盖子，倒置后装入盒中由传递窗传出。

（5）放于 37℃恒温箱内培养 48 h 后计算菌落数（个/皿）。

5．血液琼脂培养基的制备

（1）成分。普通琼脂，100 mL；无菌脱纤维兔血或羊血，8～10 mL。

（2）制法。

① 将已灭菌的普通琼脂培养基（pH 值为 7.6）隔水加热至完全熔化；

② 冷却至 50℃左右，以无菌操作加入无菌脱纤维兔血或羊血，轻轻摇匀（勿产生气泡），立即倾注到灭菌平皿内（直径为 90 mm），每皿注入 15～25 mL；

③ 待琼脂凝固后，翻转平皿（盖在下），放入37℃恒温箱内，经24 h培养，无细菌生长，方可用于检测。

任务十五　细菌的分离培养及鉴定

1. 细菌分离培养

无菌条件取可疑病料接种于相应培养基上，37℃温箱培养24 h，挑取菌落涂片，革兰氏染色镜检，挑取可疑菌落继续纯化培养，根据培养细菌的目的不同，其方法也不尽相同，通常把细菌的培养方法分为一般培养法、二氧化碳培养法和厌氧培养法三种。

（1）一般培养法。一般培养法又称需氧培养法，将已接种好的平皿、斜面或液体培养基等，一般细菌置于37℃恒温箱内培养18～24 h即可于培养基上生长，但也有少数生长缓慢的细菌需培养2～7 d甚至更长时间才能生长。

（2）二氧化碳培养法。某些细菌如脑膜炎奈瑟氏菌、布鲁氏菌及肺炎支原体等，需要在一定的二氧化碳环境下才能良好生长，常用方法有三种（二氧化碳培养箱、烛缸法、重碳酸钠—盐酸法）。

（3）厌氧培养法。目前常用的厌氧菌培养方法有厌氧灌法、气袋法（bio-bag）及厌氧箱三种。

2. 菌落形态鉴定

菌落的特征是识别细菌的重要依据，边缘是整齐的，还是带有锯齿的；表面是光滑的，还是粗糙的；中间是凸起的，还是凹陷的；是透明的，还是半透明或不透明的。①如乙型溶血性链球菌在血琼脂平皿上，菌落灰白色，圆形，中央稍凸起，透明或半透明，表面光滑，菌落周围可见透明的溶血环。②绿脓杆菌在选择性培养基（NAC）上菌落扁平，边缘不整齐，大小不一，表面湿润，有光泽，菌落周围有蓝绿色或褐色色素扩散，但也有不产生色素的菌珠等。这些菌落特征在细菌的鉴定中均有一定意义。

3. 细菌涂片染色

染色除能观察细菌形态外，还可根据其染色特性，将细菌分为革兰氏阳性菌和革兰氏阴性菌两大类。如沙门氏菌属、志贺氏菌属、巴氏杆菌及耶尔森氏菌等均为革兰氏阴性菌，而肺炎链球菌、单核细胞增多性李氏杆菌、金黄色葡萄球菌、鼠棒状杆菌等为革兰氏阳性菌。

4. 细菌的生化鉴定

各种细菌具有各自的独特酶系统，因而在代谢过程中所产生的分解与合成代谢产物也不同。这些代谢产物又各具不同的生化特点。根据此特点，利用生物化学方法来鉴别不同细菌，称为细菌的生化反应试验。生化反应试验方法很多，主要有以下几种：

（1）糖（醇）类发酵试验。糖（醇）类发酵试验是鉴定细菌的生化反应试验中最主要的试验，不同细菌可发酵不同的糖类，如沙门氏菌可发酵葡萄糖，但不能发酵乳糖，大肠杆菌则可发酵葡萄糖和乳糖；即使两种细菌均可发酵同一种糖类，其发酵结果也不尽相同，如志贺氏菌和大肠杆菌均可发酵葡萄糖，但前者仅产酸，而后者则产酸、产气，故可利用此试验鉴别细菌。

（2）葡萄糖代谢类型鉴别试验。可用于葡萄球菌与微球菌的鉴别。

（3）β-半乳糖苷酶试验（ONPG）。迅速及迟缓分解乳糖的细菌 ONPG 试验为阳性，如埃希氏菌属、枸橼酸杆菌属、克雷伯氏菌属和沙雷氏菌属等；而不发酵乳糖的细菌如沙门氏菌、变形杆菌和肠杆菌科中其他不发酵乳糖的细菌均为阴性。

（4）淀粉水解试验、七叶苷水解试验、甲基红试验及 VP 试验等。

任务十六　饲养室消毒

1. 饲养室消毒程序

饲养室消毒程序如表 2-10 所示。

表 2-10　饲养室消毒程序

天数	工作内容
1	动物全部清理转移出饲养室（被传染病感染的动物，应在室内处死，装入塑料袋密封，对塑料袋表面消毒后，转移出饲养室焚烧处理），用除虫菊酯灭虫； 用 3%～5%来苏儿喷雾消毒后，将能高温灭菌的器材转移出饲养室，清扫室内，清除所有污物
2～3	用中性洗涤剂洗刷墙壁、门窗、天花板和地面，必要时可用 2%新洁尔灭喷雾消毒
4	干燥
5	关闭空调及通风口、工作人员更衣入室用 0.05%～0.2%新洁尔灭或 3%～5%来苏儿喷雾消毒
6	干燥
7	对死角、排水沟、地面等再次消毒
8	干燥
9～10	工作人员更衣入室，用水喷湿墙壁、地面、天花板及一切用具，用薄膜和胶带密封整个饲养室的门、窗与通风口等，保持室温在 25℃、湿度在 80%以上，按 15 mL/m^3 福尔马林加 7.5 g 高锰酸钾熏蒸，在浴后更衣室放上灭菌工作服备用
11～13	熏蒸 24～48 h 后启动进排气口通风
14	通风换气； 用于消毒的容器移出屏障，经高温或药液浸泡消毒后的物品进入饲养室，引入新的动物

2. 喷雾消毒方法

（1）消毒剂：0.1%新洁尔灭。

（2）器材：气压或电动喷雾器、防毒面具、工作服、帽子、橡胶手套、高筒胶鞋、塑料胶带。

（3）步骤：

①穿好工作服、胶鞋，戴好帽子、防毒面具、手套后进入清扫后的饲养室。

②关闭空调，将通风口、电源插座等用塑料胶带封闭。

③将配制好的消毒剂装入喷雾器药罐内，进行喷雾。

④喷雾时按天花板、墙壁、器具（笼架等）、地面顺序依次进行。

⑤喷雾器喷完规定量（50 mL/m^3）后，关闭门窗，保持 2～3 h。

⑥穿着灭菌工作服，进入饲养室，启封进出气口，换气。

（4）注意事项：

①喷雾消毒时，特别要注意对墙角、排水孔和各种缝隙等死角有足够的喷雾量。

②不能高温灭菌或移动困难的器具，应将能拆开的部分拆开，尽量暴露进行喷雾。

3. 甲醛熏蒸消毒

（1）消毒剂：福尔马林、高锰酸钾。

（2）器材：大于甲醛用量 5 倍以上的耐高温容器、天平、量筒、防毒面具、手套、塑料胶带和喷雾器。

（3）消毒剂用量：

①计算饲养室容积。

②按 15 mL/m^3 福尔马林、7.5 g 高锰酸钾计算出用药量。

③量取的福尔马林可用 1 倍水稀释。

（4）步骤：

①更衣，戴防毒面具、手套后，将装有高锰酸钾的容器、塑料胶带带入经喷雾消毒过的饲养室内。

②用塑料胶带封闭通风口、门窗等。

③用喷雾器把室内墙壁、天花板、地面和用具等喷湿。

④将高锰酸钾容器放置室内中央，并将装有福尔马林液体的容器带入饲养室。

⑤将福尔马林倒入放有高锰酸钾的容器中，迅速退出室外，并用塑料胶带密封门缝。

⑥静置 24～48 h，保持室温 25℃以上效果更好。

⑦穿灭菌工作服、戴防毒面具进入室内，启封进出气口，通气换气 2～3 d，并将熏蒸容器移出。

⑧待福尔马林蒸气全部排除后做引进动物准备。

（5）注意事项：

①必须将福尔马林倒入装有高锰酸钾的容器中，反之，骤烈的发热反应使高锰酸钾飞出，可能烫伤工作人员。

②熏蒸消毒时，饲养室的相对湿度达到90%以上，消毒效果才好。

③福尔马林药液有强烈的刺激性，量取和熏蒸时要防止吸入。

④室内容积较大、使用福尔马林量较多时，可在室内分2个点，由两个工作人员负责倒入福尔马林。离门远的先倒，离门近的在先倒者退到自己身旁时倒入，两人同时退出。

职业技能考核

理论考核

1. 分析实验动物环境因素有哪些？
2. 如何有效控制实验动物的环境？
3. 实验动物设施的组成有哪些？如何规划？
4. 实验动物饲养设施和设备有哪些？如何进行维护？
5. 怎样对实验动物环境进行监测？
6. 清洁级和SPF级以上动物饮水有什么要求？
7. 当温度超过30℃时，一般哺乳类实验动物有什么不良反应？
8. 使用隔离器饲养动物，常出现什么问题？如何解决？

实践操作考核

空气洁净度的测定；实验动物饲育室温湿度测定；气流速度测定；静压差的测定；噪声的测定；照度的测定；氨浓度的测定（纳氏试剂比色法）；空气细菌菌落数测定；细菌的分离培养及鉴定；饲养室、IVC笼盒、屏障设施的消毒。

模块 3　实验动物遗传质量监测技术

<table>
<tr><th colspan="2">岗位</th><th>实验动物实验室、实验动物饲养管理室</th></tr>
<tr><th colspan="2">岗位任务</th><th>实验动物遗传质量监测技术</th></tr>
<tr><td rowspan="3">岗位目标</td><td>应知</td><td>实验动物遗传学分类、近交系动物、封闭群动物、杂交 F1 代动物、实验动物遗传质量监测、实验动物遗传监测技能</td></tr>
<tr><td>应会</td><td>遗传学分类、实验动物品系与品种、近交与近交系、近交系动物应用、封闭群动物、封闭群动物应用、杂交 F1 代动物、杂交 F1 代动物应用、实验动物遗传质量监测、近交系动物的遗传监测、封闭群动物的遗传监测、小鼠尾部皮肤移植法</td></tr>
<tr><td>职业素养</td><td>养成认真仔细习惯；养成注重安全防范意识；养成敢于操作作风；养成善于思考、科学分析问题解决问题能力</td></tr>
</table>

项目 3.1　实验动物遗传学分类

任务一　遗传学分类

实验动物学是动物学的分支。按动物学的分类法，整个生物通常按照界、门、纲、目、科、属、种进行分类。种是动物学分类系统上的基本单位。同种动物能共同生活、交配、繁衍后代；异种动物之间一般存在生殖隔离。绝大多数实验动物属脊椎动物门、脊椎动物亚门、哺乳纲，其下多为真兽亚纲，但目以下的分类则各不相同（表 3-1）。

以家犬为例，其动物学分类为：

动物界

　　脊椎动物门

　　　　哺乳纲

　　　　　　食肉目

犬科

犬属

家犬种

由于实验动物均为人工培育的动物，为了进一步区分，需要将实验动物根据不同遗传特性进行种以下分类。把同一种实验动物中具有不同遗传特性的动物再细分为不同的品种和品系，有些品系还进一步细分为亚系。

表 3-1　常用实验动物的动物学分类

目	科	属	实验动物	目	科	属	实验动物
有袋目	大袋鼠科	袋鼠属	袋鼠	啮齿目	鼠科	仓鼠属	黑线仓鼠
灵长目	猴科	猕猴属	猕猴		鼠科	棉鼠属	棉鼠
	狨科	狨猴属	狨猴		豚鼠科	豚鼠属	豚鼠
	猩猩科	猩猩属	猩猩		仓鼠科	沙鼠属	长沙沙鼠
兔形目	兔科	兔属	兔		鼠科	田鼠属	田鼠
	鼠兔科	鼠兔属	鼠兔	食肉目	猫科	猫属	猫
啮齿目	鼠科	大鼠属	大鼠		犬科	犬属	犬
	鼠科	小鼠属	小鼠	偶蹄目	野猪科	猪属	猪
	鼠科	仓鼠属	金黄地鼠		羊科	羊属	羊

根据国家最新标准《实验动物　哺乳类实验动物的遗传质量控制》（GB 14923—2010）和国际上实验动物的分类实践，实验动物分为同基因型和不同基因型两类。同基因型动物包括近交系、突变系、杂交 F1 代。封闭群动物为不同基因型动物。同基因型动物具有高度的同基因性和独特性，且能长期保持遗传的稳定性及表现型的一致性，分布广泛，并拥有可检定的客观指标，便于分辨。而不同基因型动物则不同。

任务二　实验动物品系与品种

1. 品系与品种概念

（1）种：种是生物学分类的最基本单位。在实验动物学中，种是指有繁殖后代能力的同一种类的动物。如大鼠和小鼠是不同的种，它们之间存在生殖隔离。

（2）品种：品种是指具有一些容易识别和人们所需要的性状，且可以基本稳定遗传的动物群体。一般用于封闭群，如新西兰白兔、青紫蓝兔、Wistar 大鼠、KM 小鼠等。

（3）品系：在实验动物学中把来源明确、基因高度纯合，并采用某种交配方法繁殖的动物群体称作品系动物，常指近交系和突变系。例如，C57BL/6 是近交系动物中的一个品系，属低癌组、高补体活性的动物。又如，裸鼠是带有突变基因（nu/nu）的品系动物。

2. 品种、品系特点

（1）相似的外貌特征：同一品系或品种具有相同的外貌特征。例如，小鼠 C57BL/6 品系的毛色是黑色的，DBA/2 品系的毛色是灰色的，KM 品系的毛色是白色的。相似的外貌特征只是品系、品种应具备的条件之一。不同品系、品种的动物也有外貌相似的，例如 A、BLAB/c、KM 等十几个品种、品系动物的毛色都是白色，但它们在其他条件下有区别。

（2）独特的生物学特性：独特的生物学特性是一个品系、品种存在的基础。在长期的研究过程中，科学工作者在一些动物身上发现了所需要的不同于其他动物的生物学特性，通过定向选择，将这些特性保留下来，成为今天众多的品系、品种。例如，白化小鼠多达几十种，但每个品系、品种的生物学特性都有或多或少的差别。例如 A 品系，在经产鼠中高发乳腺肿瘤，对致癌物质敏感，易产生肺癌，老年鼠多有肾脏病变；AKR 品系自发淋巴细胞白血病发病率高。

（3）稳定的遗传性能：作为一个品系，不仅要有相似的外貌特征、独特的生物学特性，更重要的是要有稳定的遗传性能，即在品系、品种自群繁殖时，能将其特性稳定地传给后代。换言之，就是一个品系、品种必须具有一定的育种价值。

（4）共同的遗传来源和一定的遗传结构：任何品系、品种都可追溯到其共同的祖先，并由此分支经选育而成，其遗传结构也应是独特的。例如，KM 小鼠 Glo-l 位点为 a 基因，为单一型，而 NIH 小鼠在该基因呈多态分布，a、b 型基因频率分别为 67%和 33%。如果将上述两个品种建立基因概貌就会发现它们在基因概貌上的差异，而品种内这种差异是有限的。

项目 3.2　近交系动物

任务三　近交与近交系

1. 近交与杂交

近交即近亲交配，也称为近亲繁殖，是指亲缘关系相近的两个个体间的交配。亲缘关系的远近，在育种中通过估算近交系数来表示。一般而言，两个个体有共同祖先称为有血缘关系，5 代以内有血缘关系的雌雄交配称为近交。

杂交是指不同品种间或一个品种内无亲缘关系个体之间的交配。

2. 近交系

近交系动物又叫纯系动物，是指经过 20 代以上的连续全同胞交配或亲子交配培育出来的遗传上高度一致的动物群。其近交系数应达到或大于 99%，品系内所有个体都可追溯到第20代或20代以后的一对共同祖先。

在进行近亲交配时，亲子交配与兄妹交配不能混用。亲子交配时必须采用年轻的双亲同其子女交配。

该定义主要指啮齿动物，一般以小鼠为典型代表，较大动物纯种培育很难获得成功，因为世代间隔较长，费用较大，所以成功率低。例如犬和猫连续兄妹交配20代需经20年左右，鸡和兔也要花费较长时间。一般禽类和兔的血缘关系达到80%以上（相当于兄妹交配4代）时，即可称为近交系。

近交系动物遗传纯合度高，品系内个体间差异趋近于零，特征稳定，用于实验时重复性好，对各种应激、刺激反应均一，实验结果准确，且在长期传代和分布到世界各地后保持不变。目前近交系动物是全世界分布最广泛、用量最多的实验动物之一。

（1）亚系和支系

①亚系：育成的近交系在维持过程中可能由于残余杂合基因的分离或基因突变而导致部分遗传组成改变，造成同一品系内不同分支之间的遗传差异，从而形成亚系。通常以下三种情况会发生亚系分化：

从近交品系中分离出来，从兄妹交配繁殖达8～19代之后分开饲养，分开后不与其他品系混交，再继续兄妹或亲子近交12代以上者。形成分支的主要原因是残留杂合。

自共同祖先的一个近交品系分支，从一个研究机构或研究者转送到另一个研究机构或研究者那里，经相当代数饲养（100代以上）。形成亚系的主要原因是突变。

一个分支与其他分支之间发生较大的遗传差异，可培育成具有某些特殊性状的亚系动物。产生这种差异的原因可能是残留杂合、突变或遗传污染（即一个近交系与非本品系动物之间杂交引起遗传改变）。由于遗传污染形成的亚系应重新命名。例如，由GLaxo保持的A近交系在发生遗传污染后，重新命名为A2G。

②支系：一个品系或亚系内部，由于环境、亲代或细胞质等因素影响而可能或已经引起的遗传差异，从而形成支系。产生支系必须具备如下条件：

品系经过某些处理，如代乳、受精卵移植、人工哺乳、卵巢移植或冷冻贮藏；

动物由一个研究者转移给另一个研究者。

（2）特殊类型的近交系动物

①分离或重组近交系：两个无亲缘关系的近交系动物交配，其后代进行兄妹交配，基因群可能出现分离或重组。如果由两个高度近交系杂交的F2代个体之间随机选择个体配对，经连续20代以上的兄妹交配而育成的近交系列，称为重组近交系（RI）。如果采用特定的交配方法，以迫使其个别基因位点上的基因处于杂合状态，并能分离出在该基因位点上带有不同等位基因的两个近交系亚系，称为分离近交系。

重组近交系对分析作为亲代的近交系性状差异和基因遗传分析很有用。比如用于连锁分析、基因分离分析等。

②同源近交系：目前有两种同源近交系，一是指除了一个指明位点等位基因不同外，其他遗传基因全部与已知近交系相同，称为同源突变近交系；二是指通过杂交一代互交或回交等方式将一个基因导入近交系中，由此形成一个新的近交系与原来的近交系只是在一个很小的染色体片段上的基因不同，称为同源导入近交系，又称同类近交系，简称同源导入系或同类系。

同源突变近交系与同源导入近交系的不同在于，与原来近交系相比较，前者是一个位点上单个基因的差异，后者是一个染色体片段的差异。

同源近交系主要用于同一遗传背景下比较基因位点上不同等位基因的遗传效应或比较不同遗传背景与其他基因的关系等研究。

③遗传工程近交系：通过遗传工程如使用细胞嵌合、雌核发育等遗传工程技术，可以培育出一些有特殊用途的新型品系，被称为遗传工程近交系。比如使两个不同近交系的早期胚胎黏合，形成嵌合胚胎，经胚胎移植产出后代，称为嵌合体小鼠，可广泛用于动物细胞和组织研究。又如，用两个不同的近交系交配，产出的早期受精卵，取出雄性原核，使雌性原核加倍为二倍体，然后用胚胎移植技术产出后代，称为单亲纯合双倍体动物，具有母本的纯合性状。

3. 近交系动物的命名

（1）近交系命名的基本原则：目前对于小鼠的命名，已有国际统一规定。其他近交系动物命名主要参照近交系小鼠。从 1952 年以来，小鼠标准化遗传命名国际委员会每隔 4 年在美国肿瘤研究杂志上对承认的近交品系小鼠公布一次，供全世界参考，在进行新的命名时可避免重复及混乱。

近交系的命名应以简便清晰、能最大量地容纳表达必要的相关信息资料且能被广泛接受为原则。近交系命名一般用大写英文字母或大写英文字母加阿拉伯数字，其符号应尽量简短。如 AKP 系、D57BL 系等。有些品系可在大写英文字母间加入一些阿拉伯数字来表示，如 C3H、C57BL、C57BR、C57L、CC57W、CC57BR 等。非正规的命名，如果已广泛为国际所共知者，则可保留沿用，如“129”“101”“615”等。

一般是在品系符号后括号里写上数字表示近交代数，并在代数前加写“F”（Filial 的缩写），例如 A（F50）。如果是从其他实验室引入的近交系或亚系，又经自己实验室若干代的繁殖，其近交代数的表示方法是在 F 符号后，先标明引入时的子代数，再加上自己实验室繁殖的代数，如 C57BL/J（F25+F26），即表示此亚系是 25 代时引入的，又经自己培育了 26 代。

书写品系不能随便缩写。例如，C57 这个缩写可意味着七八个特征不同的品系（如 C57BL 及其亚系 6 个，C57BR/cdJ，C57L）。只写 C57BL 就包括有几个特征不同的亚系（如 C57BL/1.C57BL/6J、C57BL/6N、C57BL/10J 等）。

（2）亚系的命名：亚系的命名方法是在已知双亲的品系名称后加一条斜线，斜线后标名亚系符号。例如，DBA/1.DBA/2.C57BL/6J 等。

（3）支系的命名：经人为技术处置形成的支系，在原品系后附加 1 个小写英文字母，表明处理方式。如 C57BL/6peCBA 表示 C57BL/6 的受精卵经冻保存后，移植到 CBA 母鼠子宫内，并代乳培育而成。饲养环境改变，如将实验动物引种到另一实验室，技术处理包括卵子移植 e（Egg transfers）、奶母代乳 f（Foster-nursing）、卵巢移植 o（Ovary transplant）、人工喂养 h（Hand-rearing）、胚胎冷冻 p（Freeze preservation）、人工喂养加奶母代乳 fh（Fostered on hand-reared）。

4．近交动物的特点

（1）近交系的优点

①可分辨性：就整个近交系动物而言，每个品系在遗传上都是独特的，表现在相当广泛的特性上，如生化遗传概貌等。大多数近交品系可通过各自的生化遗传概貌相互区别。

②遗传稳定性：由于近亲繁殖增加了在特定部位纯合子互相配合的可能性，因而减少了遗传变异，基因型可长期处于稳定状态，这种相对稳定性来自纯合性。因为基因高度纯合，所以纯合子基因可以极稳定地传给后代。如 DBA 系已维持了 60 多年，C57BL 系已维持了 50 多年，但至今仍与原品系极为相似。在保持正确近交并同时辅以遗传监测的条件下，保持近交系动物遗传稳定性是没有问题的。

③基因纯合性：纯合性是指同源染色体的相对位置上具有相同基因的状态。近交系动物通过连续的近亲交配所有的位点都具有纯合性。一个品系内任何个体间进行交配产生的后代也具有纯合性。

④同基因性：一个近交品系中所有个体在遗传上是同源的，因此在同一品系内任何个体间进行皮肤和肿瘤移植不会被当作异己被排斥。如对近交系动物的基因进行检测，一个品系内不同的基因表现型完全一致。

⑤表现型的均一性：表现型是基因在环境因素作用下表现出来的、可被直接观察到的性状。在相同环境因素的作用下，由于遗传是均质的，所以其表现型是均一的，反应性是一致的。近交品系动物的性状如肿瘤发病率、形态学特点、血型和组织型、对药物的反应甚至行为的类型等都可以高度遗传，均衡一致，因此可用较少量的近交品系动物，以达到统计需要的精确度。

⑥分布的广泛性：近交系动物个体具备品系的全能性，任何个体均可携带该品系全部基因库，引种非常方便，仅需 1 或 2 对动物。目前，大部分近交系动物分布在世界各地，这从理论上意味着不同国家的科学家有可能去验证和比较已取得的数据。

⑦背景资料和数据较为完善：由于近交系动物在培育和保种的过程中都有详细记录，加之这些动物分布广泛，经常使用，已有相当数量的文献记载着各个品系的生物学特征，

这些基本数据对设计新的实验和解释实验结果提供了便利条件。

（2）近交系的缺点

主要表现为近交劣势，长期连续的近亲交配，通常伴随着遗传缺陷的出现。生命早亡较多，动物体质普遍较差，并且较为容易感染疾病，生产能力减退和隐性基因暴露增多，这些现象被称为“近亲衰退”，常被看成是杂种优势的相反现象。这种有害影响是由于若干对不利的隐性基因纯合造成的。

根据 Wsiter 的研究，在大鼠近亲繁殖中，兄妹交配已达 25 代，虽然许多动物个体较弱，特别在较早的几代中有的不育或出现不正常，但是经过精心选育已得到生长、发育正常和体质健壮的纯系动物。从生理观点看，显性基因通常起有利作用，而隐性基因起不利作用。所以，淘汰不满意的动物，就能使群体中的显性基因增加，因而亦增加了有利基因。

任务四　近交系动物应用

近交系动物与封闭群相比，个体之间极为一致，对实验反应也一致，实验数据标准差较小，因此在实验中实验组和对照组都只需少量的动物。由于近交，隐性基因纯合性状得以暴露，可以获得大量先天性畸形及先天性疾病的动物模型，如糖尿病、高血压等。这些动物家系清楚，取材方便，是进行基因连锁分析、遗传学、生理学和胚胎生物学研究的理想实验材料。许多近交系都有一定的自发或诱发肿瘤发生率，并可以使许多肿瘤细胞株在活体动物上传代，因而成为肿瘤病因学和肿瘤药理学的理想实验材料。

随着医学科学研究的飞速发展，近交系动物的培育及应用愈来愈被人们所重视，为适合不同课题研究需要而培育的近交系动物品系也愈来愈多，在医学、生物学、药物学等各个领域内的应用日益广泛。可用于生物制品、药品、食品等产品检定，在疾病诊断、生理、病理、肿瘤、免疫、内分泌等学科的研究工作中也都需要使用近交系动物进行各种实验。常用近交系动物见表 3-2、表 3-3 及表 3-4。

表 3-2　常用近交系豚鼠

品系	毛色	主要特征
近交系 2 号	黑、棕、白三色	体重小于近交系 13 号，但脾脏、肾脏和肾上腺大于近交系 13 号，老年豚鼠胃大弯、直肠、肾脏、腹壁横纹肌、肺脏和主动脉等都有钙质沉着。对结核杆菌抵抗力强，并具有纯合的 GPL-A（豚鼠主要组织相容性复合体）、B1 抗原，血清中缺乏诱发的迟发超敏反应因子，对试验诱发自身免疫的甲状腺炎比近交系 13 号敏感
近交系 13 号	黑、棕、白三色	对结核杆菌抵抗力弱，受孕率比 2 号差，体形较大。GPL-A、B1 抗原与 2 号三色相同，而主要组织相容性复合体 1 区与 2 号不同。对诱发自身免疫甲状腺炎抵抗力比 2 号强。血清中缺乏迟发超敏反应因子。生存期 1 年的豚鼠白血病自发率为 7%，流产率为 21%，死胎率为 45%

表 3-3　常用近交系小鼠

品系	毛色	主要特征
A	白化	雌性经产鼠，乳腺癌发病率为 30%～80%；可的松诱发先天性腭裂发病率高；对麻疹病毒高度敏感；对 X 射线非常敏感
AKR	白化	淋巴细胞白血病发病率为 60%～90%；血液过氧化氢酶活性高；肾上腺类脂质浓度低；对 Graffi 白血病因子敏感
BALB/c	白化	乳腺肿瘤发病率低，为 10%～20%；对放射线非常敏感；老年雄性鼠心脏有某些病变；常见动脉硬化，血压较高；肾上腺和卵巢自发性肿瘤发病率高；几乎全部 20 月龄雄性鼠脾脏均有淀粉样病变；易患慢性肺炎
DBA/1	淡棕色	对 DBA/2 的大部分移植瘤有抗性；2 月龄以上的已产雌鼠和 18 月龄以上的处女鼠乳腺癌的自发率是 75%；对接种结核杆菌敏感；100%的淘汰雌性种鼠均可见心脏钙质沉着
DBA/2	淡棕色	乳腺癌发病率雌性为 66%，育成雄性为 30%；白血病发病率雌性为 6%，雄性为 8%；35 日龄小鼠 100%有听源性癫痫发作，55 日龄以后则为 5%；雄性鼠接触氯仿烟雾和乙二醇的氢化产物，以及维生素 K 缺乏时死亡率高
C57BL	黑色	低发乳腺癌，对放射性耐受性强，但照射的肝癌发生率高；眼畸形、口唇裂的发生率达 20%，淋巴细胞性白血病发病率为 6%，对结核杆菌有耐受性，嗜酒，对化学致癌物诱导作用敏感性低；老年鼠中有垂体腺瘤和网状细胞内肉瘤
C3H	野鼠色	对致肝癌因素敏感；14 月龄自发性肝癌发病率高达 85%；在 9～10 月龄的种鼠与处女鼠中乳腺癌自发率为 97%～100%；雄鼠对松节油、氯仿易感补体活性高；干扰素产量低；在普通环境下易患幼鼠腹泻；老年鼠常见膀胱扩张和自发性成骨肉瘤；对炭疽杆菌有抵抗力
CBA	野鼠色	CBA/Ca 有 18%缺第 3 下臼齿，雄鼠对维生素 K 缺乏敏感；CBA/J 乳腺肿瘤发病率为 33%～65%；雄性鼠肝细胞瘤发病率为 25%～65%；对中剂量放射线有抗性，对麻疹病毒高度敏感；携带视网膜退化基因；CBA/N 带有 B 细胞缺乏的伴性免疫缺陷基因
C58	黑色	高发白血病，淋巴性白血病发生率达 95%；一次性排卵的数量多；10%的鼠肾脏发育不良；对疟原虫感染有一定抵抗力
129	灰色	睾丸畸胎瘤自发率为 30%；适用于卵巢或卵子移植，对雌激素敏感
KK	白色	老年鼠中自发性糖尿病发病率高，葡萄糖耐糖量异常，血清胰岛素含量高，对双胍类降糖药敏感
SWR	白色	乳腺癌发生率低；雄鼠在接触丁醇氧化物或维生素 K 缺乏时死亡率高；常见动脉硬化症
SMMC/C	白化	对疟原虫敏感；乳腺癌发病率高
津白 1	白化	肿瘤自发率低
津白 2	白化	乳腺癌发病率高
NZB	黑色	有自身免疫性溶血性贫血；自发性高血压和高血压心血管病，有抗核抗体；有髓外造血现象和类狼疮性肾炎
NZW	白色	NZB 与 NZW 杂交 F1 代有红斑狼疮（LE 细胞）和抗核抗体阳性

表 3-4 常用近交系大鼠

品系	毛色	主要特征
F344/N	白化	原发性和继发性脾红细胞免疫反应性能低；血清胰岛素含量低，雄鼠乙基吗啡和苯胺的肝代谢率高；可作苯酮尿症动物模型。对高血压蛋白质的产生有抗性。乙烯雌酚吸收快且易引起死亡。肾脏疾病发生率低。可作周边视网膜退化模型。乳腺癌发病率为23%～40%；脑垂体腺瘤发病率为24%～36%；睾丸间质细胞瘤发病率为85%；甲状腺癌发病率为22%；单核细胞白血病发病率为24%
Lou/CN	白化	浆细胞瘤高发系；其同类系 Lou/MN 为低发系。60%合成单克隆 IgG、IgA；8 月龄以上的大鼠自发浆细胞囊肿发病率为 16%～30%；产生单核免疫球蛋白 IgG 占 35%，IgE 或 IgA 占 36%；主要用于单克隆抗体制备
ACI	黑色，腹部和脚白色	有单侧肾缺血或发育不全，或肾囊肿发病率为 20%～28%，雄鼠睾丸肿瘤发病率为 46%，前列腺肿瘤发病率为 17%，肾上腺肿瘤发病率为 16%；雌鼠脑垂体瘤发病率为 21%，子宫瘤发病率为 13%，乳腺瘤发病率为 11%，肾上腺瘤发病率为 6%，血清甲状腺素含量低，繁殖力低，死胎发生率为 11%；先天性泌尿生殖异常，易诱发前列腺癌
M520	白化	收缩血压低；苯胺的肝脏代谢率低，乙基吗啡代谢率高；极易感染肾炎和囊尾蚴病。大于 18 月龄子宫瘤的发病率为 12%～50%；肾上腺髓质瘤发病率为 65%～85%；脑垂体前叶瘤发病率为 20%～40%；未交配雄鼠的间质细胞瘤发病率为 35%
BN	棕色	先天性高血压发病率为 30%；肾盂积水发病率为 30%；可发生抗实验性过敏性脑膜炎，抗自身免疫复合物性肾炎。可用于白血病骨髓移植研究。上皮肿瘤发病率为 20%～28%；膀胱癌发病率为 35%；胰岛腺瘤发病率为 15%；雌鼠脑垂体腺瘤发病率为 26%
AGVS	白化	易感染实验性过敏性脑脊髓炎；对组织内阿米巴有抗性；繁殖力良好
CAS	白化	高发龋齿；生育能力低；产仔少
WF	白化	自发性单核细胞白血病发病率较高，为 28%～36%；雌鼠自发肿瘤发病率为：脑垂体瘤27%，乳腺瘤 21%。血清中生长素含量低
SHR	白化	高血压发生率高，且无明显原发性肾脏或肾上腺损伤，心血管疾病发生率高
GH	白化	为遗传性高血压，可能与肾及前列腺素的分解代谢有关，有心肌肥大和心血管疾病。心率快于正常血压品系的 20%，体脂肪含量较低，心脏比正常品系大 50%，是研究高血压和心血管疾病的良好模型

项目 3.3 封闭群动物

任务五 封闭群动物

1. 封闭群动物概念

封闭群又称远交群，是以非近亲交配方式进行繁殖生产的一个实验动物种群，在不从外部引入新个体的条件下，至少连续繁殖4代以上。封闭群是一个长时期与外界隔离，雌雄个体之间能够随机交配的动物群。其遗传组成比较接近于自然状态下的动物群体结构。从整个群体来看，封闭群状态和随机交配使群体基因频率基本保持稳定不变，从而使群体在一定范围内保持相对稳定的遗传特征。

作为封闭群动物的关键是不从外部引进任何新的基因，同时避免近交，进行随机交配，不让群体内基因丢失，以保持种群一定的杂合性。在封闭群内，个体间的差异程度主要取决于其祖代来源，若祖代来自一般杂种动物，则个体差异较大，若祖代来自同一个品系的近交系动物，差异则较小。

2. 封闭群动物命名

封闭群由2～4个大写英文字母命名，种群名称前标明保持者的英文缩写名称，第一个字母须大写，后面的字母小写，一般不超过4个字母。保持者与种群名称之间用冒号分开。

例如，N: NIH表示由美国国立卫生研究院（N）保持的NIH封闭群小鼠；Lac：LACA表示由英国实验动物中心（Lac）保持的LACA封闭群小鼠。某些命名较早又广为人知的封闭群动物，当名称与上述规则不一致时，仍可沿用其原来的名称。如Wistar大鼠封闭群、日本ddy封闭群小鼠等。

把保持者的缩写名称放在种群名称的前面，而二者之间用冒号分开，是封闭群动物与近交系动物命名中最显著的区别。除此之外，近交系命名中的规则及符号也适用于封闭群动物的命名。

3. 封闭群动物的特点

封闭群动物具有杂合特性并避免了近交，从而避免了近交衰退的出现，所以其生活、生育力都比近交系强，繁殖率高，疾病抵抗力强，故封闭群可以大量生产，供应量充足。封闭群在整体上由于没有引进新的血缘，其遗传特性及其他反应性能保持相对稳定，但就群内个体间而言，个体间的反应性具有差异，某些个体反应性强，某些个体反应性弱。因此，个体间的重复性和一致性不如近交系动物好。根据这些特点，封闭群动物一般适用于药物筛选、毒理安全试验和教学使用。

为了保持遗传异质性以及基因多态性的稳定，封闭群的留种应有一定的有效数量。一般规定，封闭群每代近交系数增量不得超过 1%，据近交系数增量公式$\Delta F=1/2N$计算，有效群体数量一般不少于25对。

任务六　封闭群动物应用

常用封闭群动物及其生物学特性如表3-5所示。

表 3-5 常用封闭群动物及其生物学特性及应用

动物	品系	毛色	主要特点及应用
小鼠	KM	白色	高产、抗病力强、适应性强，乳癌发病率约为 25%，用于药品药理和毒理研究以及生物制品检定
	NIH	白色	繁殖力强，产仔存活率高，雄性好斗易致伤
	ICR	白色	繁殖力强，产仔存活率高，雄性好斗易致伤
大鼠	Wistar	白化	头宽耳长，繁殖力强，生长快，性情温顺，抗病力强，自发肿瘤发生率低
	SD	白化	头长尾长，产仔多，生长发育较 Wistar 快，抗病力强，自发肿瘤发病率较低，常用做营养学、内分泌学和毒理学研究
	Long-Evans	白化或部分黑色	基因型为 hh 时，头部毛斑如包头巾；基因型为 hhaa 时，头、颈、尾基部呈黑色
	Brown-Norway	褐色	用于遗传学研究
兔	日本大耳兔	白色	眼红，耳大、薄，向后方竖立，耳根细，耳端坚，母兔颌下有肉髯；体型中等偏大，被毛浓密，生长快，繁殖力强，抗病力较差，适应性好
	新西兰白兔	白色	头宽圆而粗短，耳较宽厚而直立，臀圆，腰肋部肌肉丰满，四肢粗壮有力；体型中等，性情温顺，便于饲养管理，繁殖力强，产肉率高
	青紫蓝兔	三色	体型中等，体质结实，腰臀丰满；繁殖性能较好，适应性好，生长快，容易饲养，用于生物制品的检验；每根被毛分为三种颜色，毛根灰，中段灰白，毛尖黑色；尾、面部呈黑色，眼圈、尾底、腹部呈白色
豚鼠	英国种	单色、双色、三色	又称荷兰种；毛色有白、黑、棕、灰、淡黄、巧克力等单色，也有白与黑等双色或白、棕、黑等三色；主要特征及应用为生长迅速、生殖力强、性情活泼温顺，母鼠善于哺乳，多用于药物检定、传染病学研究等

项目 3.4 杂交 F1 代动物

任务七 杂交 F1 代动物

1. 杂交 F1 代概念

杂交群（F1 代）动物是由两个无关的近交品系杂交而繁殖的第一代动物，其遗传组成均等地来自两个近交品系，属于遗传均一且表现型相同的动物。确切地说，F1 代动物不是一个品系或品种，因为它不具有育种功能，不能自群繁殖成与 F1 代相同基因型的动物。

两个用于杂交生产杂种一代的近交系为亲本品系，提供雌性的为母系，提供雄性的为父系。杂种一代的遗传组成均等地来自两个亲本品系。如果亲本品系之间某个基因位点上的基因相同，则 F1 代在这个位点就为纯合基因；相反，如果不相同，则为杂合基因。尽管杂种一代携带许多杂合位点，但其个体之间在遗传上是一致的。

选择 F1 代动物时，要求两个亲本必须都是近交品系动物，根据实验要求进行有计划的杂交。杂交的子代只能做实验用，不能做种群用，而且只有杂交后的子一代才有应用价值。

2. 命名

杂交群按以下方式命名：亲代母系符号写在前边，以“×”连接，后边是亲代父系，再写上 F1，例如 C57BL/6×DBA/2F1 表示用 C57BL/6 品系的雌种和 DBA/2 品系的雄种杂交后生育的 F1 代（或简写成 B6D2F1）。亲本品系名称和缩写方法与近交系完全相同（常用 F1 代小鼠及命名见表 3-6）。

表 3-6　常用 F1 代小鼠及命名

F1 代名称	亲代	F1 代名称	亲代
	雌×雄		雌×雄
AKD2F1	AKR×DBA/2	CBA-T6D2F1	CBA-T6×DBA/2
BA2GF1	C57BL×A2G	CB6F1	BALB/C×C57BL/6
BCF1	C57BL×BALB/C	CCBA-T6F1	BALB/C×CBA-T6
BCBAF1	C57BL×CBA	CC3F1	BALB/C×C3H
BC3F1	C57BL×C3H	CD2F1	BALB/C×DBA/2
B6AF1	C57BL/6×A	CLF1	BALB/C×C57BL
B6D1F1	C57BL/6×DBA/1	C3D2F1	C3H×DBA/2
CAF1	BALB/C×AKR	C3LF1	C3H×C57BL
CBAAF1	CBA×A	129B6F1-dy	129×C57BL/6-dy
BDF1	C57BL/6×DBA/2		

任务八　杂交 F1 代动物应用

相对近交系动物而言，F1 由于表现杂交优势，克服了纯系生活力、抗病力以及对慢性实验耐受性差、对环境变异适应力差、难以繁殖和饲养的缺点，对长期实验的耐受性较高，由于环境因素所引起变异的可能性也较纯系为小。与封闭群比较，F1 动物与近交系动物一样，它们具有遗传均一性。综合起来，F1 动物具有以下优点：

（1）遗传和表型的一致性。杂种一代一致性高，不易受环境因素变化的影响，可广泛地适用于营养、药物、病原和激素的生物评价。

（2）杂交优势。杂种一代生命力强，抗病力强，寿命较长，容易饲养，适用于携带保存某些有害基因和长时间的慢性病致死实验，也可作为代乳动物以及卵、胚胎和卵巢移植的受体。

（3）具有同基因性。杂交 F1 虽然具有杂合的遗传组成，但可接受不同个体乃至接受两个亲本品系的细胞、组织、器官和肿瘤的移植，适用于免疫学和发育生物学等领域的研究。

（4）作为某些疾病研究的模型。例如，NZB×NZWF1 是自身免疫缺陷的模型，C3H×IFF1 为肥胖病和糖尿病的模型。此外，还用于干细胞、移植免疫、细胞动力学、单克隆抗体等研究。

项目 3.5　实验动物遗传质量监测

任务九　实验动物遗传质量监测

实验动物的遗传质量控制主要包括两个方面的内容：一是对生产过程进行控制，即如何进行科学的引种、繁育和生产；二是对产品质量进行控制，即建立定期的遗传检测制度并执行。

根据国家《实验动物质量管理办法》规定，实验动物的质量检测机构分国家和省两级管理，国家遗传检测中心设在中国药品生物制品检定所。

实验动物遗传质量监测的意义：随着科学技术的发展，医学、生物学研究领域都广泛运用具有一定特征的实验动物，并要求特征均匀一致，以确保实验中反映出来的差异能够代表实验条件下的差异，而不是因为实验动物遗传背景不同而造成反应性的不同。由于实验动物分散在世界各地饲养，其饲养条件和其本身的遗传变异可能会导致品系的遗传特性发生很大的变化，影响最终试验的可靠性和重复性。因此在实验动物的日常饲养中，需要进行遗传质量的监测。

实验动物进行遗传监测的目的：对近交系是通过测定其基因的纯合性以及表型证实该品系是否保持原来的遗传特性，是否发生基因突变或基因污染。对封闭群则是测定其基因的杂合度以及基因频率以证实该品系是否在既定的范围内波动。

任务十　近交系动物的遗传监测

1. 近交系遗传特性变化的原因

近交使实验动物的基因型差异减少，渐趋一致，在相同的环境因子作用下具有相同的表现型和遗传稳定性。虽然近交系遗传稳定，但是仍有可能发生遗传质量的变化，其原因可能有以下 3 个方面。

(1) 杂合子的存在。近交系即使是近交 20 代之后，其基因型仍残留约 1.4%的杂合子。携带杂合子的个体往往表现出生命力强、选留可能性高、易于在群体中扩散的特点，导致群体的遗传质量发生变化。

（2）自发突变的存在。在长期保种、育种过程中，由于染色体片断的重复、缺失、易位或倒位以及基因位点的突变，近交系可能发生自发突变，如果这些突变被固定下来，就会导致群体遗传特性的变化。

（3）饲养和管理方面原因造成污染。饲养管理不当、记录不完整、缺乏专业人员的监督和管理都有可能造成遗传污染。例如，在无菌动物或SPF动物的剖腹净化时，需要同类雌性动物来代哺剖腹产仔，当代乳的仔鼠和本身仔鼠毛色相同时，就有遗传污染的危险。此外，错误的交配也是引起遗传特性改变的常见原因。因此，在维持品系过程中，遗传监测工作是控制遗传质量的重要环节，必须定期进行监测，以确保近交系小鼠基因纯合性及品系特征的延续，另外，新培育的品系也需要遗传监测来检查纯系动物培育的结果。

2. 近交系遗传监测主要方法

目前用于近交系实验动物遗传监测的方法主要包括形态学标记、细胞遗传学标记、免疫学标记、生化标记和分子生物学标记等。国家标准中规定，近交系动物生产群每年至少进行一次遗传质量检测，常用遗传监测方法为生化标记检测和皮肤移植法。以下是一些常用方法的概述。

（1）形态学标记监测：形态学标记监测主要利用易于监测的外部形态特征进行遗传背景监测。形态学标记简单、直观、容易操作。在近交系小鼠遗传监测中，一般选用下颌骨形态和毛色等标记。

①下颌骨形态学测定。小鼠骨骼形态具有高度遗传性和品系特异性，被认为是比较稳定的遗传性状，该标记已成为实验动物遗传背景监测常规方法之一。选用该标记进行遗传监测时，要求选择50日龄以上、体重25～30 g的小鼠，以保证实验结果排除因骨骼本身发育差异的影响，同时要求样本数不得少于10只，以避免因样本数太少造成结果可信度降低。

基本步骤：(20±1) g小鼠的头骨经煮沸3 min以上，用胰酶于37℃消化24 h后用清水洗净，取下颌骨置于L形直角坐标板上，测量不同骨形标志的长度和高度，将各测量点的值记入表中，计算后与标准置信区做比较，落在置信区内表示检验合格，落到置信区外的表示不合格。共测定下颌骨11个部位的长度。

②毛色基因测试。小鼠的毛色是毛色基因显性遗传、非等位基因互相作用的结果。小鼠的毛色基因位于不同染色体（A、B、C、D、S、P毛色相关基因位点分别位于2号、4号、9号、14号和7号染色体）上，基因之间存在互相作用，因此通过对毛色进行测试就可以对毛色基因位点纯合度进行测试，甚至通过杂交就可以进行初步的品系鉴定。

采用毛色基因测试方法要求被测品系同窝仔鼠数不少于7只，每个品系每次测试时，观察的仔鼠数不少于10只，测试结束后，应将全部仔鼠、母鼠处死，以防止遗传污染。

毛色基因测试法简便、明了，但检测的位点少，只能测出大体状况，且需要较长时间的饲养、观察。主要小鼠和大鼠近交系毛色基因情况见表3-7。

表 3-7 主要小鼠和大鼠毛色及对应基因情况

动物	毛色	基因型					常见品系
		a	b	c	d	s（h）	
小鼠	野鼠色	AA	BB	CC	DD	SS	C3H，CBA
	黑色	aa	BB	CC	DD	SS	C57BL/6，C57BL/10
	巧克力色	aa	bb	CC	DD	SS	RR，NBR，C57BR/cd，615
	肉桂色	AA	bb	CC	DD	SS	NC
	淡褐色	aa	bb	CC	dd	SS	DBA/1，DBA/2
	白化	**	**	cc	**	**	A/J，AKR，BALB/c，ICR
	白斑	**	**	CC	**	ss	KSB，KSA
大鼠	野鼠色	AA	BB	CC	DD	h1 h1	ACI
	巧克力色	aa	bb	CC	DD	—	BN
	白化	aa	BB	cc	—	hh	F344
	鼠灰色	AA	BB	CC	DD	HH	IS
	黑色头巾斑	aa	BB	CC	DD	hh	LE
	白化	AA	BB	cc	DD	hh	W/Hok

注：**：任意等位基因；A：野鼠色，a：非野鼠色；B：黑色，b：褐色；C：有色，c：白化；D：+，d：淡化；H：+，h：有头巾。

（2）细胞遗传学标记监测：采用染色体显带技术对近缘品种品系进行鉴定，即将某种实验对象染色体制片，用不同物理化学手段处理，再用染料染色，染色体臂上显出不同的带数。常见的分带技术有以下数种：Q2 带、G2 带、C2 带、R2 带、F2 带、Cd2 带、N2 带、G2H 带等。其中 C 带在整个分裂间期和分裂期相对稳定，可以用来进行品系鉴定和遗传监测（表 3-8）。该方法作为遗传质量监测具有较高灵敏性，并且覆盖面广。

表 3-8 有代表性的近交系 C 带形态

品系	染色体																				
	1	2	3	4	5	6	7	8	9	10	11	12	13	14	15	16	17	18	19	X	Y
A/J	n	n	n	s	n	n	n	n	n	n	n	n	n	n	n	n	n	n	n	n	o
AKR	n	n	s	n	n	n	n	n	n	n	n	n	n	n	n	n	n	n	s	n	o
BALB/C	s	n	n	n	n	n	s	n	n	n	n	n	n	n	n	n	n	n	s	n	o
CBA/J	s	n	n	n	n	n	n	n	n	n	n	n	n	n	n	n	n	n	s	n	o
C3H/He	s	n	n	n	n	n	n	n	l	n	n	l	n	o	n	l	n	s	n	n	o
C57BL/6	n	n	n	n	n	n	n	n	n	n	s	n	n	n	n	n	n	n	s	n	o
DBA/1	n	n	n	n	n	n	n	n	n	n	n	n	s	n	n	n	n	n	s	n	o
DBA/2	l	n	n	n	n	n	n	n	n	n	n	n	s	n	n	n	n	n	s	n	o

注：n：标准大小；s：小型；l：大型；o：极小或没有。

（3）免疫学标记监测：免疫学标记监测包括红细胞抗原、白细胞抗原、组织相容性抗原、胸腺细胞抗原和淋巴细胞抗原等。使用的方法包括皮肤移植、微量细胞素和血清反应法等。近交系小鼠主要采用尾部皮肤移植方法来检测品系内组织相容性基因（主要为 H-2 组织相容性基因位点）是否一致，该技术现在仍然是监测近交系小鼠遗传背景的基本方法之一。一般实验动物的遗传质量检查是先进行皮肤移植试验，自检成功后再接受生化位点检查。皮肤移植能测定一个近交系是否具有同组织源性。每个品系随机抽取至少 4 只相同性别的成年动物，进行同系异体皮肤移植。移植全部成功者为合格，发生非手术原因引起的移植物的排斥判为不合格。

（4）生化标记监测：生化标记即实验动物内在生物化学性状。在近交系小鼠的遗传监测中，生化标记在大小鼠中多为一些同工酶和异构蛋白，表现出品系特异性。可依据它们在特定电场内携带的电荷不同采用电泳的方法将它们区分，并根据电泳带型即蛋白质的表现型推断其基因型，建立各种近交品系的遗传概貌，定期对它们进行质量监测。

在采用生化标记进行遗传监测时，一般抽样 6%以上，雌雄各半，使用醋酸纤维膜作为电泳介质，尿样（含 Mup21）、血清（Sep21）、唾液（Amy21）、肾（Apk，Got21，Got22，Mpi21）、肝（Es210，Es211）、颌下腺（Tam21）等都可以作为监测的样品和位点。监测时，取样本组织匀浆的上清液，用 4%左右的聚丙烯酰或醋酸纤维膜进行梯度电泳，通过显示剂显示生物化学标记的分离分布情况。近交系小鼠选择位于 10 个染色体上的 13 个生化位点，近交系大鼠选择 9 个生化位点，作为遗传监测的生化标记。生化标记基因的名称及常用近交系动物的生化标记遗传概貌见表 3-9、表 3-10。

生化标记具有敏感度高、准确和监测时间短等特点，目前仍然是国内常用监测方法之一。常见的近交系小鼠和大鼠的生化检测步骤可参见《实验动物近交系小鼠大鼠生化标记检测方法》（GB/T 14927.1—1994）。

表 3-9　常用近交系大鼠的生化标记基因

生化标记		主要近交系大鼠的标记基因					
生化位点	中文名称	AC1	F344	LEW/M	LOU/C	SHR	WKY
Akp1	碱性磷酸酶－1	b	a	a	a	a	b
Cs1	过氧化氢酶	a	a	a	a	b	b
Es1	酯酶－1	b	a	a	a	a	a
Es3	酯酶－3	a	a	d	a	b	d
Es4	酯酶－4	b	b	b	b	a	b
Es6	酯酶－6	b	a	a	b	a	a
Es8	酯酶－8	b	b	b	b	b	a
Es9	酯酶－9	a	a	c	a	a	c
Es10	酯酶－10	a	a	b	a	a	b

表 3-10　常用近交系大鼠和小鼠的生化标记基因

生化标记		主要近交系大鼠的标记基因				
生化位点	中文名称	A	AKR	C3H/He	C57BL/6	CBA/A
Akp1	碱性磷酸酶－1	b	b	b	b	a
Car1	碳酸酐酶－2	b	a	b	a	a
Ce2	过氧化氢酶－2	a	b	b	!	b
Es1	酯酶－1	b	b	b	a	b
Es3	酯酶－3	c	c	c	a	c
Es10	酯酶－10	a	b	b	a	b
Gpa1	葡萄糖-6-磷酸脱氢酶－1	b	b	b	a	b
Gpa1	葡萄糖磷酸异构酶 1	a	a	b	b	b
Hbb	血红蛋白β链	d	d	d	s	d
Idh1	异柠檬酸脱氢酶－1	a	b	a	a	b
Maa1	苹果酸酶－1	a	b	a	b	b
Pgm1	磷酸葡萄糖变位酶－1	a	a	b	a	b
Trf	转铁蛋白	b	b	b	b	a
生化标记		主要近交系小鼠的标记基因					
生化位点	中文名称	BALB/c	DBA/1	DBA/2	TA1	TA2	615
Akp1	碱性磷酸酶－1	b	a	a	b	b	a
Car1	碳酸酐酶－2	b	a	b	b	a	a
Ce2	过氧化氢酶－2	a	b	b	a	a	b
Es1	酯酶－1	b	b	b	a	b	b
Es3	酯酶－3	a	c	c	a	c	c
Es10	酯酶－10	a	b	b	b	a	a
Gpa1	葡萄糖-6-磷酸脱氢酶－1	b	a	b	b	b	b
Gpa1	葡萄糖磷酸异构酶－1	a	a	a	a	b	a
Hbb	血红蛋白β链	d	d	d	s	d	s
Idh1	异柠檬酸脱氢酶－1	a	b	b	a	a	a
Maa1	苹果酸酶－1	a	a	a	a	b	b
Pgm1	磷酸葡萄糖变位酶－1	a	b	b	a	b	b
Trf	转铁蛋白	b	b	b	b	b	b

对生化标记的结果判断可参照表 3-11 进行。

（5）分子生物学标记监测：1980 年以后，随着分子生物学发展，人们对基因结构和功能的了解逐渐深入。在遗传监测方面，分子生物学标记以其稳定遗传、信息直接、信息含量高、准确度高而日益受到重视。分子生物学标记主要包括以下几类：

表 3-11　生化标记监测结果判断

品系类型	不相符的类型	可能发生变异的原因	处理意见
杂合型	多于一个位点	近期发生遗传污染	淘汰、重新引种
	一个位点	近期发生遗传漂变	再次送检
纯合型	多于一个位点	早期发生遗传污染	淘汰、重新引种
	一个位点	一个新的亚系	再次送检
		发生遗传突变已经固定	

①限制性片段长度多态性监测：RFLPs 是指不同的基因组序列中有相应特异性、限制性核酸内切酶切割位点，经酶切、电泳就可以显示出 DNA 序列中与探针同源的酶切片段和长度多态性。真核生物基因中广泛存在限制性核酸内切酶位点，因此可利用任何已经克隆的基因或 DNA 片段作探针去监测该种生物在 DNA 水平的多态性。RFLPs 探针主要来自随机的基因组克隆和 cDNA 克隆。RFLPs 呈孟德尔遗传，共显性传递，遗传稳定，结果准确可靠，重复性较好。RFLPs 研究与 Southern 杂交、PCR 相结合得到飞速发展。

②DNA 指纹监测：Jefferys 等在分析人肌红蛋白基因时，获得了小卫星探针，在低严谨条件下与 DNA 限制性酶切电泳图谱杂交，得到具有多条带的复杂图谱，该图谱具有高度变异性、个体特异性、遵循孟德尔遗传等特点。因其与人的指纹情形类似，所以命名为 DNA 指纹图谱。常用的探针为小卫星探针 33.15 和 33.6。DNA 指纹在品系间高度变异，但品系内较稳定，可以进行品系鉴定。

③随机扩增 DNA 多态性（RAPD）监测：RAPD 是一种 DNA 多态性监测技术，它以无须事先知道基因组 DNA 序列、引物序列随机设定以及可以提供大量遗传标记为特点。如果在低严谨条件下、多次优化具有重复性的 RAPD，可以作为普通实验室监测方法。

④串联重复序列监测：自从 Wyman 和 White 偶然发现高变位点（HMRs）以后，又陆续发现其他 HMRs，根据重复单位大小和次数可以分为卫星、小卫星、微卫星多态性（MS）。卫星序列重复单位较大，可用于染色体鉴定，可作为物种分类工作的依据。由于 MS 重复单位的重复次数不同而产生长度多态性，在某些座位上甚至出现个体特异性。它是共显性标记，独立遗传，信息含量高，更易于鉴定亲缘关系较近的个体，在近交系小鼠遗传背景监测方面，近年来陆续有一些报道。

形态学标记、细胞学标记、免疫学标记和生化标记都是对外在表现型或者遗传物质载体的监测，易受外界因素干扰，并且不能覆盖全部染色体。分子生物学标记虽基于 DNA 水平进行监测，但目前尚无标准遗传背景图可供参考，且操作繁琐，操作成本高。不同检测方法可以相互补充，以获得比较准确的结果。

任务十一　封闭群动物的遗传监测

1．封闭群遗传特性变化的原因

（1）随机的遗传漂变：遗传漂变是指由于群体大小有限造成基因频率的随机波动，群体越小，漂变越明显。封闭群是在一个遗传上封闭的系统内繁殖，根据群体的大小用随机交配法或按一定的模式交配，以最大限度地控制近交系数的上升率，但近交系数增量不可能为零。在实践中所有的子代并非都有可能参与下一代的交配繁殖，对于清洁级以上的群体因微生物污染经常需要由少数孕鼠通过剖腹取胎，然后扩大繁殖成新群体，这就导致随着代次的增加或清洁级群体的建立和更新而发生遗传性状的漂变。随机漂变可以相当程度地改变群体等位基因的频率，从而改变后代的等位基因频率。

（2）基因污染和突变：基因的污染和突变会导致群体的特性发生改变，改变的强度与外来基因或突变基因的数量成正比，而与有效群体大小成反比。如果污染和突变只发生在隐性基因上，则对封闭群的遗传特性影响不大。

2．封闭群动物的遗传监测方法

封闭群动物一般采用对数量性状观察为主的监测，来实现对遗传质量的监控。常用检测性状如表 3-12 所示。为了保持封闭群基因型的原有分布状态，首先要收集封闭群各种特性数据并建立这个封闭群动物的群体正常值，然后以此标准对种群进行检测。选择的特性应该尽可能多样化，并采用方便、快速、较精确的测量方法，费用应尽可能低。

表 3-12　封闭群动物常用检测性状

繁殖性状	胎间隔
	成活新生仔数
	离乳仔数
	幼仔体重（2 周龄）
形态测定数据	体长
	11 个下颌骨测量数据
	尺骨测量数据
	体重
	毛色
血液学数据	红细胞计数
	白细胞计数
	血红蛋白含量
	血细胞比容
	平均细胞容积
生化免疫分析	各种同工酶

有些特殊的品系，如突变系或同源导入近交系等，对其品系特征性状进行检测是最好的方法，如 SHR 大鼠的血压监测、糖尿病小鼠的血糖值测定等。

项目 3.6　实验动物遗传监测技能

任务十二　小鼠尾部皮肤移植法

（1）将待检动物编号、称重。

（2）麻醉。按每千克体重 40 mg 腹腔注射 2%戊巴比妥钠，麻醉后，固定好小鼠。

（3）在距尾根 10 mm 处用碘酒消毒，再用酒精脱碘，用手术刀在尾部背面尾静脉两侧作长 5～6 cm 的两平行切口，两切口相距 3 mm。然后用弯尖剪在两切口下端与尾部呈 15°～20°角剪一横切口，用眼科镊小心地将皮片撕开，在两切口上端剪下皮片，放入消毒平皿中，在该创口的下 5 mm 处，用上述方法再取下 1 片尾部皮肤。皮片的厚度以不造成严重出血为宜。

（4）如此在每只鼠上取下两块皮片，第 1 只鼠皮片编号近端为 1、远端为 2，2～6 只鼠用同样方法编上 3，4，…，11，12 号，在平皿中顺序放好。

（5）远端皮片移入自体鼠尾近端创口（自体移植），即 2-1，4-3，…，近端皮片移入异体鼠尾远端创口（交叉移植）即 1-4，3-6，…，移植时将移植皮片与受体被毛（尾毛）呈相反方向放在创口上、铺平，用消毒纱布轻轻挤压出移植上皮片下的空气和多余的体液，使皮片与受体皮下组织紧密相贴。

（6）在移植皮片外敷以半块创可贴，缠绕两圈。

（7）24 h 后，剪去创可贴，此时皮片已贴在创口上，若皮片错位，应更换创可贴再缠绕 1 次。

（8）结果观察：① 观察 20 d 左右，移植皮片表面将长出新的逆向尾毛，如发生急性排斥反应，则创口处出现无毛瘢痕。② 观察 100 d 以上，存活皮片始终有逆向尾毛，排斥皮片则尾毛逐渐稀疏，直至无毛。

职业技能考核

理论考核

1. 实验动物在遗传学上是怎样分类的？

2. 什么是实验动物的品系与品种？

3. 什么是实验动物的近交与近交系？

4. 近交系动物有哪些优缺点？

5. 常用近交系的命名原则是什么？

6. 近交系的亚系是如何形成的？

7. 如何应用近交系实验动物？

8. 什么是封闭群实验动物？

9. 封闭群实验动物具有哪些特点？

10. 如何应用封闭群实验动物？

11. 什么是杂交 F1 代动物？

12. 杂交 F1 代动物有哪些优势？

13. 如何应用杂交 F1 代实验动物？

实践操作考核

封闭群遗传监测方法；近交系遗传监测方法；近交系动物遗传特点记录；杂交 F1 代遗传特点记录；小鼠尾部皮肤的移植。

模块 4　实验动物的营养与饲料控制技术

<table>
<tr><th colspan="2">岗位</th><th>实验动物营养与饲料室</th></tr>
<tr><th colspan="2">岗位任务</th><th>实验动物的营养与饲料控制技术</th></tr>
<tr><td rowspan="3">岗位目标</td><td>应知</td><td>实验动物营养需要、饲料中营养成分、实验动物饲料质量标准</td></tr>
<tr><td>应会</td><td>常用实验动物营养需要、饲料中营养成分、营养成分对实验动物的影响、饲料种类与营养、饲料的质量标准、饲料样本的采集制备及保存、实验动物饲料的配合</td></tr>
<tr><td>职业素养</td><td>养成爱岗敬业、强烈的责任心；养成认真仔细、实事求是的态度；养成善于思考、科学分析的良好作风；养成注重安全防范意识</td></tr>
</table>

项目 4.1　实验动物营养需要

任务一　常用实验动物营养需要

1. 小鼠的营养需要

小鼠近交系很多，应根据不同品系的特点提供相应的日粮，以维持其生物学特性和保证实验正常进行。饲料中含有 18%的粗蛋白，4%～8%的粗脂肪，KM、ICR、BALB/c、DBA/2 等品系小鼠均获得满意的繁殖效果。日粮中添加 0.47%含硫氨基酸可提高小鼠的生长发育和繁殖性能。小鼠特别需要含亚油酸丰富的日粮。小鼠对钙及维生素 A、维生素 D 需要量较高，但同时又对过量维生素 A 敏感。维生素 A 过量可导致小鼠繁殖紊乱和胚胎畸形。每千克饲料中添加维生素 E 50 mg，可显著提高小鼠受孕率、产仔率。无菌小鼠还应注意补充维生素 K。0.8%～1.8%的钙和 0.6%～1.2%的磷可满足小鼠对钙和磷的需要。

2．大鼠的营养需要

大鼠体型较大，繁殖力强，对各种营养素的缺乏敏感。日粮应满足各种营养物质需要，在饲料中添加 0.4%的蛋氨酸和 0.48%的赖氨酸，可提高大鼠的生长速度，18%～20%的粗蛋白质可满足大鼠的生长、妊娠和泌乳的需要。应特别注意脂肪酸的供给，必需脂肪酸含量占总能量的 1.3%，其中亚油酸在饲料中含量不能低于 0.3%。大鼠不需要补充维生素 K，但要补充维生素 A。大鼠对钙、磷的缺乏耐受力较强，对镁需要量较多，尤其是妊娠、哺乳时的需要量明显增加。每千克饲料中添加 60 mg 的维生素 E，能提高大鼠的繁殖率。无菌大鼠还应注意补充维生素 B_{12}。

3．豚鼠的营养需要

豚鼠对某些必需氨基酸特别是精氨酸的需要量较高。对粗纤维的消化能力强，日粮中要含 12%～14%的粗纤维。如果粗纤维不足，豚鼠会出现排粪障碍和脱毛现象。18%的粗蛋白质能提高繁殖率。豚鼠对维生素 C 缺乏特别敏感，缺乏时可导致坏血病，生殖力降低，甚至造成死亡。每只豚鼠每天需补充 10 mg 维生素 C，繁殖阶段需补充 30 mg。

4．兔的营养需要

兔日粮应补充精氨酸和赖氨酸。兔对缺钙有较强的耐受能力。虽然其肠道微生物可以合成维生素 K 和大部分 B 族维生素，但繁殖时仍需额外补充维生素 K。饲料中需要有一定量的粗纤维以维持其正常的消化生理功能，日粮中粗纤维含量为 10%～15%，但无菌兔需要补充所有的维生素。

5．地鼠的营养需要

地鼠对蛋白质的营养需要较高，18%～24%的粗蛋白质可满足地鼠的需要。如蛋白质不能满足其营养需要，成年地鼠将会出现性机能减退，幼鼠则生长发育迟缓。饲料中粗脂肪、粗纤维、钙、磷的含量分别以 3.5%、5%、1.06%和 0.36%为宜。

6．犬的营养需要

犬必须供给足够的脂肪和蛋白质，饲料中动物性蛋白应占全部蛋白质的 1/3。22%的粗蛋白质能满足犬的生长和繁殖需要。犬能耐受高脂肪日粮，要求日粮含有一定量的不饱和脂肪酸。维生素 A 的需要量较大，同时也需补充维生素 B_{12}。

7．猫的营养需要

猫，特别是小猫，要求高脂肪酸日粮，生长期猫的日粮要求含有较高数量的蛋白质，亚油酸含量不能低于 1%。猫不能利用β-胡萝卜素转化为维生素 A，因此，应在饲料中补充维生素 A，对维生素 E 的需求量也较高。猫的饲料中还必须含有一定量的牛磺酸。

8．猴的营养需要

日粮能量的 50%以上来自糖代谢。体内不能合成维生素 C，必须由日粮提供。16%～25%的粗蛋白质能满足猴生长和繁殖的需要，脂肪含量以 3%～6%为宜。除主食外，每天应供给一定量的新鲜水果和蔬菜，同时要注意日粮的适口性。

实验动物饲料营养标准详见国家标准 GB 14924.1～7。表 4-1、表 4-2 为常用实验动物的饲料配方，仅供参考。

表 4-1　常用实验动物饲料配方 1　　单位：%

原料	大鼠	小鼠	地鼠	豚鼠	家兔
大麦粉（黄豆粉）	—	—	12	—	12
小麦粉	20	20	21	—	—
玉米粉	38	30	15	20	10
高粱粉	—	7	—	—	—
豆饼粉	20.2	25	13	25	12
麸皮	10	5	8	12	14
苜蓿草粉	—	—	—	35	30
脱水蔬菜	—	—	—	—	16
鱼粉（进口）	5	6	8	2	4.5
酵母粉	1	3	5	2	
骨粉	1	2	5	2.5	1
食盐	0.5	0.5	0.5	0.5	0.5
鱼肝油	1	—	1	—	—
植物油	2	—	11	—	—
矿物质添加剂	1	0.8	—	0.8	—
维生素添加剂	0.1	0.2	—	0.2	—

表 4-2　常用实验动物饲料配方 2　　单位：%

原料	大、小鼠	豚鼠	家兔	近交系动物	地鼠
玉米	31.5	5.5	10.5	21	19
小麦	20	—	—	25	18
麸皮	10	10	10	10	10
豆粕	22	25	25	25	30
鱼粉	8	3	3	10	10
骨粉	2.5	2	2	2.5	2.5

原料	大、小鼠	豚鼠	家兔	近交系动物	地鼠
酵母粉	2	—	—	2	2
大麦	—	10	10	—	—
食盐	—	0.5	0.5	—	—
苜蓿粉	—	40	35	—	3
赖氨酸	0.08	—	—	0.08	0.1
蛋氨酸	0.04	—	—	0.04	0.05
预混料	4	4	4	4.5	4.5

注：预混料的配比为小麦粉 40 kg，酵母粉 25 kg，石粉 12.5 kg，食盐 12.5 kg，微量元素混合物 3 kg，多种维生素混合物 0.3 kg，赖氨酸 2.5 kg，胆碱 2 kg，蛋氨酸 1.5 kg，AD 粉 0.7 kg，合计 100 kg。

项目 4.2 饲料中营养成分

任务二 饲料中营养成分

饲料是指能被动物采食且能被消化利用的一切无毒害的物质。饲料中凡能被动物用以维持生命、生产产品，具有类似化学成分的物质统称为营养物质或营养素，也称为营养成分，简称养分。

养分可以是简单的化学元素，如钙、磷、镁、钠、钾、氯、硫、铁、锌、锰、铜、碘、硒等；也可以是复杂的有机化合物，如蛋白质、脂肪、碳水化合物和各种维生素等。

实验动物的日粮主要由植物和动物产品构成，化学元素组成主要以碳、氢、氧、氮含量最多，约占干重的 90%以上。其他元素含量甚少，总量不超过 10%。按照常规饲料分析，构成动植物体的化合物分为：水分、粗灰分、粗蛋白质、粗脂肪或乙醚浸出物、粗纤维和无氮浸出物 6 种成分。

1. 蛋白质

（1）粗蛋白质为饲料含氮物质的总称。粗蛋白质中除了纯蛋白质外，还包括一些氨化物，氨化物是一类非蛋白质含氮物。蛋白质主要由碳、氢、氧、氮 4 种元素构成。多数蛋白质含有硫，有的蛋白质还含有磷、铁、铜、碘等元素。氨基酸是组成蛋白质的基本单位，蛋白质是由约 20 种不同的氨基酸构成的。

（2）蛋白质功能：蛋白质是机体组织的结构物质，如构成机体组织的主要蛋白质是球蛋白，构成体液的蛋白质主要是白蛋白，构成骨骼、筋腱、韧带、毛发的主要蛋白质是硬蛋白；蛋白质是机体组织的更新物质，成年动物体内的蛋白质含量处于基本稳定的动态平衡状态。机体在新陈代谢过程中，组织蛋白质始终处于一种不断的分解、合成过程。分解的蛋白质并非全部能够用于组织蛋白质的再合成，部分分解产物以尿素、尿酸等代谢产物的形式排出体外。

蛋白质是机体的调节物质，为机体提供了多种具有特殊生物学功能的物质，如催化和调节代谢过程的酶和激素、增强防御机能和提高抗病的免疫力、运输脂溶性维生素和其他脂肪代谢产物的脂蛋白、运载氧的血红蛋白、遗传信息的传递物质、维持机体内环境酸碱平衡的缓冲物质等。

蛋白质是机体的能源物质，在分解代谢过程中，部分蛋白质可以氧化供能，尤其当食入蛋白质过量或食入的蛋白质品质不佳时就氧化释能。蛋白质脱氨基之后的碳架可转化为能源贮备物质（脂肪）。

2．碳水化合物

（1）碳水化合物是植物以二氧化碳和水为原料，通过光合作用所形成的，由碳、氢、氧 3 种元素组成，是多羟基醛或多羟基酮以及能水解产生多羟基醛或多羟基酮的一类化合物。在自然界中分布极广，其中包括单糖、双糖、淀粉、纤维素、半纤维素、木质素、果胶及黏多糖等，是动物不可缺少的一种重要营养物质。

（2）营养功能：碳水化合物是形成动物体组织的必需物质，普遍存在于动物体内各种组织中，如核糖及脱氧核糖是细胞核酸的组成成分，黏多糖参与形成结缔组织基质，糖脂是神经细胞的组成成分，也是动物体内某些氨基酸的合成物质。

碳水化合物是动物体内能量的主要来源，在正常情况下，碳水化合物的主要功用是在动物体内氧化供能，因植物性饲料含碳水化合物丰富，动物主要依靠它氧化供能以满足生理上的需要，为动物体内的营养贮备物质，除供给动物所需的养分外，多余养分可转变为糖元和脂肪贮备起来。糖元在动物体内经常处于合成贮备与分解消耗的动态平衡。动物采食的碳水化合物在合成糖元后有剩余时，将用以合成脂肪贮备于体内。

碳水化合物是合成乳脂和乳糖的重要原料，动物主要利用葡萄糖合成乳脂。

3．脂肪

（1）根据脂肪的结构，可分为真脂肪和类脂肪两大类。除少数比较复杂的脂类外，均由碳、氢、氧 3 种元素组成。真脂肪由脂肪酸和甘油组成，类脂肪由脂肪酸、甘油与其他含氮物质等结合而成。脂肪不溶于水，而易溶于乙醚、氯仿、苯等非极性溶剂中，用乙醚浸泡饲料测定脂肪含量所得的醚浸出物中，除真脂肪外，尚有叶绿素、胡萝卜素、有机酸、树脂等化合物，统称为粗脂肪或乙醚浸出物。

（2）营养功能：脂肪是动物热能来源的重要原料，由于脂肪可以以较小的体积贮备较多能量，所以它是供给动物能量的重要原料，也是动物体内贮备能量的最佳形式。

脂肪是构成动物体组织的重要原料，动物体各种器官和组织细胞，如神经、肌肉、骨骼、皮肤及血液的组成中均含有脂肪，主要为磷脂和固醇等。各种组织的细胞膜并非完全由蛋白质所组成，而是由蛋白质和脂肪按一定比例所组成的。脑和外周神经组织都含有鞘磷脂，磷脂对动物的生长发育非常重要，固醇是体内合成固醇类激素的重要物质，同时也具有隔热保温和支持保护体内各种脏器和关节等作用。

脂肪是脂溶性维生素的溶剂，脂溶性维生素 A、脂溶性维生素 D、脂溶性维生素 E、脂溶性维生素 K 等，均须溶于脂肪后，才能被动物体消化、吸收和利用；可为幼小动物提供必需脂肪酸，构成脂肪的脂肪酸中，18 碳二烯酸（亚油酸）、18 碳三烯酸（亚麻酸）及 20 碳四烯酸（花生油酸）对小动物具有重要作用，称为必需脂肪酸。由于实验动物体内不能合成，所以必须由饲料中供给。

4．矿物质

（1）饲料在 550～600℃高温燃烧完全后的残余物中含有多种矿物质元素，其中动物所必需的有：Ca、P、Na、K、Cl、S、Mg、Fe、Zn、Cu、Mn、Mo、F、Ni、Si、Sn、Se、Co、I、As、Br、Al、B、Va、Sr、Cd 等 20 多种。其中前 7 种元素在体内的浓度占体重的 0.01%以上，称为常量元素，其余称为微量元素。矿物质虽然不是动物体能量的来源，但它是动物体组织器官的组成成分，并在物质代谢中起着重要的调节作用。

（2）营养功能：矿物质是构成动物体组织的重要成分，如有 5/6 的矿物质存在于骨骼中。矿物质在维持体液渗透压恒定和酸碱平衡上起着重要作用，如可用 $NaHCO_3$ 来缓冲动物代谢过程中产生的酸性物质。

矿物质是维持神经和肌肉正常功能所必需的物质，如钠离子、钾离子可使神经、肌肉兴奋，钙离子、镁离子可降低神经、肌肉的兴奋。

矿物质是机体内多种酶的成分或激活剂，也是乳产品的成分。

5．维生素

（1）维生素是一类化学结构互不相同且生理功能和营养作用各异的有机化合物，它们大多是体内的辅酶或辅基的组成部分，起着调节和控制新陈代谢的作用，缺乏则产生相应的缺乏症。维生素按其溶解性分为脂溶性维生素 A、脂溶性维生素 D、脂溶性维生素 E、脂溶性维生素 K 和水溶性维生素 B 族、维生素 C。

（2）营养功能：维生素能调节营养物质的消化、吸收、代谢和有抗应激作用。维生素 A、维生素 D、维生素 E、维生素 C 及烟酸等，均是影响动物免疫和抗应激能力的重要因素，尤其是维生素 C。由于应激因素的不良影响，动物食欲下降，维生素的摄入量相对减少，而此时机体内代谢增强，尤其是骨组织和肌肉分解代谢加剧，引起动物生长速度减慢和生产性能降低。因此，在应激状态下，必须增加维生素的供给量，激发和强化机体的免疫机能，提高动物繁殖性能。与动物繁殖性能有关的维生素有维生素 A、维生素 E、维生素 B_2、泛酸、维生素 B_{12}、叶酸及生物素等，其需要量高于同等体重的商品动物。

6. 水

（1）水分是由氢、氧两种元素组成的，广泛存在于动植物体内，在动物生产中具有重要意义。

（2）营养功能：水是动物体内重要的溶剂，各种营养物质的消化吸收、运输与利用及其代谢废物的排出均需溶解在水中后方可进行。水是各种生化反应的媒介，体内的生化反应大都是在水溶液中进行的，水也是多种生化反应的参与者，它参与动物体内的水解反应、氧化还原反应、有机物质的合成等；水的比热大，导热性好，蒸发散热，所以水能参与体温调节，吸收动物体内产生的热能，并迅速传递热能和蒸发散失热能。

动物可通过排汗和呼气，蒸发体内水分，排出多余体热，以维持体温的恒定；起润滑作用，泪液可防止眼球干燥，唾液可湿润饲料和咽部，便于吞咽，关节囊液润滑关节，使之活动自如并减少活动时的摩擦，体腔内和各器官间的组织液可减少器官间的摩擦力，起到润滑作用。水能维持组织器官的形态，直接参与活细胞和组织器官的构成，从而使各种组织器官有一定的形态、硬度及弹性，以利于完成各自的机能。

任务三　营养成分对实验动物的影响

1. 蛋白质缺乏或过剩对实验动物的影响

饲粮蛋白质缺乏，会影响胃肠黏膜及其分泌消化液的腺体组织蛋白的更新，从而影响消化液的正常分泌，导致消化功能紊乱，动物体内蛋白质变为负平衡，体重减轻，生长速率明显减缓，甚至停止生长。成年动物肌肉和脏器的蛋白质合成和更新不足时，会使体重大幅度减轻，造成很难恢复的损害。对于雄性动物表现为睾丸的精子生成作用异常、精子数量减少和品质降低；对于雌性动物，则表现为发情及性周期异常，不易受孕，即使受孕，胎儿也大都发育不良，甚至产生怪胎、死胎及弱胎；抗病力减弱；组织器官结构与功能异常。

当蛋白质大量过剩以致超过了机体的调节能力时，则会造成有害的后果。不仅造成浪费，而且长期饲喂将引起机体代谢机能紊乱，肝脏结构和功能损伤，最终导致机体中毒。

2. 碳水化合物缺乏或过剩对实验动物的影响

碳水化合物的含量过低，机体就会动用体内贮备物质，首先是糖元，其次是脂肪，最后是蛋白质，来满足动物体内的能量需求。碳水化合物过低，动物会出现消瘦、体重减轻等现象，严重时将会引起代谢功能紊乱。若过量将转化为脂肪。

3. 脂肪缺乏或过剩对实验动物的影响

脂肪缺乏，不利于各种营养元素的有效吸收和合理利用，尤其是对脂溶性维生素更为重要。脂肪过量，易导致肥胖、胆结石和高血压等病症。

4. 矿物质缺乏或过量对实验动物的影响

钙：血钙高于正常水平时，抑制神经、肌肉兴奋性，反之增强。当钙缺乏或钙、磷比例失调时，主要症状为骨骼病变、跛行，幼龄动物患佝偻病。钙过量时会引起钙、磷比例失调，阻碍 Fe、Mn、I 等元素的吸引。一般日粮中需要添加钙才能满足动物需要，Ca、P 比例以 2∶1 为宜。另外饲料中要有足量的维生素 D。

磷：磷不足会引起佝偻病、骨软症、骨质疏松症、食欲不振、废食。

镁：低镁时神经、肌肉兴奋性提高，高镁时抑制。动物镁不足，可引起神经过敏、震抖、痉挛、惊厥。饲料中镁过高时，降低食欲并引起腹泻。

钾、钠、氯：缺乏时食欲减退、生长受阻，钠过量可引起中毒和高血压。

硫：动物对硫的需要一般由饲料中的粗蛋白供应即可满足，但在动物换毛季节需补充硫，苜蓿、鱼粉中含有较丰富的硫。

铁：动物在胃肿胀、寄生虫病、长期腹泻以及饲料中锌过量等异常状态时发生铁的不足，出现贫血、食欲不振、精神萎靡。母乳中的铁量一般不能保证幼龄动物生长需要，因此，补铁对幼龄动物及妊娠动物尤为重要。铁过量则引起铁中毒，表现为食欲减退、生长停止等。

铜：缺铜可引起实验动物胚胎死亡。生长的幼小动物对铜不足最敏感，铜对生长发育有良好作用。贫血为哺乳动物所特有的症状，原因在于铜影响了铁的吸收。铜过量可发生中毒，甚至引起溶血和黄疸死亡。

锌：缺锌会因采食量降低而使生长受阻，皮肤损坏，被毛脱落，影响繁殖机能。锌过量会使动物厌食，对铁、铜吸收不利，造成贫血。一般常用饲料即能满足动物的实际需要量，但高钙不利于锌的吸收。

锰：锰缺乏可引起雌性动物生殖力的降低，高钙磷能加速锰缺乏症，过量则影响钙、磷、铁的代谢障碍，一般日粮不需补锰。

钴：缺钴会影响动物体内微生物对维生素 B_{12} 的合成，引起恶性贫血及嗜异癖。

硒：不足或过量都会影响动物的生长发育和繁殖机能。缺乏硒可使动物生长缓慢，出现营养性肌肉萎缩、心肌损伤，严重时甚至死亡。硒过量会引起中毒，使动物消瘦、脱毛、心肌萎缩，肝脏硬变，胚胎畸形。

碘：缺碘时动物甲状腺肿大，幼龄动物生长迟缓，骨架短小，严重时影响胚胎发育，分娩弱小仔，雄性动物精液品质下降，繁殖力降低。

钼：一般不缺乏，过量时引起中毒，并引起缺铜贫血。

铬：动物缺铬时，胆固醇和血糖升高，易发生动脉粥样硬化，生长不良。

5. 维生素缺乏或过量对实验动物的影响

维生素 A 缺乏时，动物生长停止，发生干眼病或夜盲症，易患肺炎，雌性动物不孕，雄性精液品质下降，厌食、兴奋、共济失调、毛干等。过量时发生骨骼严重脱钙。

维生素 D 缺乏时，生长动物表现佝偻病，妊娠和哺乳动物则引起骨软症。

维生素 E 缺乏时，雄性动物睾丸萎缩，不能产生精子；雌性动物胎盘及胎盘血管受损，因营养不良而引起胚胎死亡。也会与缺硒症一样表现为肌肉营养不良（白肌肉），渗出性特异素质，皮下水肿，肝脏坏死。

维生素 K 动物一般不会缺乏，但无菌动物或其他因素可引起缺乏。维生素 K 缺乏，轻者使凝血时间延长，对刺激敏感，重者可有显著出血。

维生素 B_1 缺乏时，将影响动物生长，引起食欲不佳，消化不良，严重便秘，继续缺乏会造成神经炎，甚至导致瘫痪和肌肉萎缩。无菌动物由于没有肠道菌群合成，因此，需要量较高。

维生素 B_2 缺乏时，碳水化合物和蛋白质代谢紊乱，表现为生长受阻、眼结膜炎症、皮肤炎、腹泻、繁殖和泌乳性能下降，长期缺乏将发生白内障。

维生素 B_3 缺乏时，代谢过程产生多方紊乱，表现为增重缓慢，长期不足时食欲丧失、掉毛、腹泻并影响繁殖。

维生素 B_4 缺乏时，引起脂肪代谢障碍，长期不足会造成食欲丧失、掉毛、腹泻并影响繁殖。

维生素 B_5 缺乏时，引起皮肤出现红斑、疱疹、溃疡、脱屑、粗糙、脱毛等症，称为癞皮病。

维生素 B_6 缺乏时，最常见的是中枢神经系统的紊乱，动物产生惊厥，运动失调，食欲不佳，生长缓慢，甚至死亡。

维生素 B_7 缺乏时，动物生长减缓，食欲不佳，易患皮炎，出现脱毛、脱皮及皮脂分泌多。动物一般不缺乏。

维生素 B_{11} 缺乏时，大白鼠生长停止，头部脱毛，面部皮肤发红，眼周围脱毛等。

维生素 B_{12} 缺乏时，症状与缺钴相同。

维生素 C 缺乏时，发生坏血病，其典型症状为：齿龈浮肿、变红、牙齿松动或脱落。一般情况下动物自身合成即能满足需要，但猴、豚鼠体内不能合成，必须由饲料中供给。

6. 水缺乏或过量对实验动物的影响

缺水或长期饮水不足，常对动物健康造成严重危害。当动物体失去占体重 1%～2%的水分时，即出现干渴感，动物缺水初期食欲明显减退，尤其是不愿进食干饲料。失水 8%，干渴感觉日益严重，可导致食欲减退，消化机能迟缓乃至完全丧失，机体免疫力和抗病力显著减弱，生长发育迟缓，生产力下降。体内损失 20%以上水分即可致死。当动物绝食时，可以消耗全身几乎全部脂肪尚可维持生命。缺乏有机养分的动物，可维持生命 10 d 以上，如同时缺水，仅能维持 5～10 d。

项目 4.3 实验动物饲料质量标准

任务四 饲料种类与营养

1. 饲料的种类

（1）饲料的分类：根据我国传统的饲料分类法，并结合国际饲料分类的原则，按照饲料的营养特性，把饲料分为八大类。分别为粗饲料、青饲料、青贮饲料、能量饲料、蛋白质饲料、矿物质饲料、维生素饲料、添加剂饲料。

（2）实验动物的常用饲料种类：因为实验动物是为实验研究需要专门培育的一些动物群体，所以在实验动物的饲料利用上，有与其他动物相同的地方，但在可利用的饲料的种类及数量上，有一定的局限性，而且对饲料原料和配合的成料要求都很严格。

常用的饲料种类有谷实类的玉米、高粱、小麦、大麦、燕麦等，豆类的大豆等，饼粕类的大豆饼粕、花生饼粕、菜籽饼粕等，动物性蛋白质饲料类的鱼粉、肉粉、肉骨粉、血粉、乳制品（全脂奶粉、脱脂奶粉、乳清粉）等，谷物加工副产品类的小麦麸、次粉、玉米加工副产物（玉米蛋白粉、玉米胚芽饼粕）等，块根、块茎类的马铃薯、甘薯、胡萝卜等，青绿饲料类的叶菜、青刈牧草等，矿物质类的贝壳粉、骨粉、食盐等，草粉类的苜蓿粉等，单细胞类的饲料酵母等，添加剂饲料类的维生素、矿物质、氨基酸添加剂等，其他营养成分等。

（3）实验动物的饲料分类：广义的饲料是指能被实验动物采食，且能消化、利用的无毒害物质。狭义的饲料是指由部分不同种类的饲料原料经过配合加工而成的成品饲料。

按饲料所含营养成分可将饲料分为全价配合饲料、混合饲料、浓缩饲料、添加剂预混料和代乳料；按饲料加工后的形状可分为粉状饲料、颗粒饲料、膨化饲料、液体饲料和罐装饲料等；按实验动物的种类可将饲料分为大小鼠饲料、豚鼠饲料、兔饲料和犬饲料等，按生理阶段可分为维持料和生长、繁殖料等。

2. 饲料的营养特点

实验动物的饲料质量要求很严格，高质量的配合饲料要有质量好的合格原料作保证，实验动物配合饲料的原料主要使用谷实籽实和豆类籽实及饼粕类等几类饲料。

（1）谷实籽实类饲料

①营养特点：富含无氮浸出物，占干物质的 71.6%～80.3%，消化率较高；粗纤维含量低，一般在 5%以内；蛋白质和必需氨基酸含量不足，蛋白质为 8%～11%；在矿物质营养方面表现为缺钙而多植酸磷，对单胃动物来讲磷的利用率很低，但大麦含锌多，小麦含锰多，玉米含钴多；维生素方面，黄色玉米维生素 A 原较为丰富，其他谷实饲料（含白玉米）含量极少。

②饲用价值：谷实籽实类饲料是动物主要的能量来源，易消化，价值高，但应注意粉碎后玉米易酸败，易被霉菌污染，而产生黄曲霉毒素。高粱中含有较多的单宁，这是一种抗营养因子，高粱比例过大容易引起动物便秘。

（2）豆类籽实及饼粕类饲料

①营养特点：豆类籽实的营养特点是蛋白质含量高，占 20%～40%，蛋白质的氨基酸组成较好，其中赖氨酸丰富，而蛋氨酸等含硫氨基酸相对不足。无氮浸出物明显低于能量饲料。钙的含量稍高，但仍低于磷。大豆和花生的粗脂肪含量很高，超过 15%；大豆饼粕的蛋白质含量为 40%～45%，去皮大豆可高达 49%，蛋白质消化率超过 80%以上。大豆饼粕的代谢能也很高，达 10.5 MJ/kg 以上。大豆饼粕含赖氨酸 2.5%～2.9%，蛋氨酸 0.50%～0.70%，色氨酸 0.60%～0.70%，苏氨酸 1.70%～1.90%，氨基酸平衡较好。

②饲用价值：日粮或配合饲料中有大豆籽实可提高其有效能值，但未经加工的豆类籽实中含有多种抗营养因子，生喂豆类籽实不利于动物对营养物质的吸收。大豆经膨化之后，所含的抗胰蛋白酶等抗营养因子大部分被灭活，可消除大豆对幼龄动物的抗原性，适口性及蛋白质消化率明显改善。大豆饼粕是我国最常用的一种植物性蛋白质饲料，饲喂大豆饼粕时，需注意补加蛋氨酸。适当的热处理（110℃，3 min）即可灭活生大豆饼粕含有的抗营养物质，适口性好，各种动物都喜欢采食，猫、犬等全价日粮中也常使用。

（3）动物性蛋白质饲料

①营养特点：不含粗纤维，无氮浸出物的含量较低，蛋白质含量高且氨基酸平衡。含钙、磷丰富且比例适当，磷为有效磷，富含微量元素，可利用能量也较高，除含各种维生素以外，还含有植物性饲料中没有的维生素 B_{12}。鱼粉是最常用的动物性蛋白质饲料，其蛋白质含量高，进口鱼粉粗蛋白在 60%以上，最高可达 72%，赖氨酸和蛋氨酸含量很高。

②饲用价值：鱼粉是优质蛋白质饲料，价格昂贵，在使用中要严把质量关，防止鱼粉的掺杂使假。鱼粉中的食盐也易导致动物中毒，一般优质鱼粉含盐为 2%左右，而劣质鱼粉的含盐量能达到 30%。

（4）青绿饲料

①营养特点：青绿饲料含水量高，陆生植物的水分含量为 75%～90%，水生植物在 95%左右。青绿饲料含有酶、激素、有机酸，有助于消化；蛋白质含量较高，青绿饲料

中蛋白质含量丰富，按干物质计算，禾本科牧草和蔬菜类饲料的粗蛋白质含量为 13%～15%，豆科青绿饲料为 18%～24%。粗纤维含量较低，青绿饲料含粗纤维较少，木质素低，无氮浸出物较高。钙、磷比例适宜，青绿饲料中矿物质占鲜重的 1.5%～2.5%，是矿物质的良好来源。维生素含量丰富，特别是胡萝卜素含量较高，每千克饲料中含 50～80 mg。维生素 B 族、维生素 E、维生素 C、维生素 K、尼克酸含量较多，但维生素 B_6 很少，缺乏维生素 D。

②饲用价值：对兔来说是一类较好的青鲜饲料，饲喂时青绿饲料应新鲜、干净，不能饲喂不新鲜及受污染的青绿饲料，否则易引起消化系统疾病或中毒。

任务五　饲料的质量标准

1. 饲料质量标准

我国对实验动物饲料生产和销售实行许可证制度，要求生产企业必须具备一定的生产条件，取得省一级实验动物管委会核发的《实验动物全价营养饲料质量合格证》后，才有资格生产销售实验动物饲料。市售的饲料质量必须符合国家颁发的《实验动物　配合饲料通用质量标准》（GB 14924.1—2001）和《实验动物　配合饲料卫生标准》（GB 14924.2—2001），主要的质量指标包括：

（1）感官指标。饲料应混合均匀、新鲜、无杂质、无异味、无霉变、无发酵、无虫蛀及鼠咬。不得掺入抗生素、驱虫剂、防腐剂、色素、促生长剂以及激素等添加剂。颗料饲料应光洁、硬度适中。

（2）营养成分指标。包括营养成分常规检测指标、维生素指标、氨基酸指标、微量元素指标。

（3）重金属及污染物质控制指标见表 4-3。

（4）微生物控制指标见表 4-4。

表 4-3　重金属及污染物质控制指标　　单位：mg/kg

项目	指标	项目	指标
马拉硫磷	＜8	汞	＜0.02
磷化物（以 PH_3 计）	＜0.05	铅	＜1.0
氰化物（以 HCN 计）	＜5	六六六	＜0.3
二硫化碳	＜10	滴滴涕	＜0.2
砷	＜0.7	黄曲霉素/（μg/kg）	＜20
铬	＜0.2		

引自《实验动物　配合饲料卫生标准》（GB 14924.2—2001）。

表 4-4　微生物控制指标　　单位：个/g

项目	指标						
	大小鼠料	家兔料	豚鼠料	仓鼠料	犬料	猫料	猕猴料
菌落总个数	＜5×10^4	＜1×10^5	＜1×10^5	＜1×10^4	＜5×10^4	＜5×10^4	＜5×10^4
大肠菌群	＜40	＜40	＜40	＜40	＜40	＜40	＜40
霉菌数	＜100	＜100	＜100	＜100	＜100	＜100	＜100
致病菌（沙门氏菌）	无	无	无	无	无	无	无

引自《实验动物　配合饲料卫生标准》（GB 14924.2—2001）。

2. 实验动物饲料的质量控制

（1）饲料的质量管理：包括饲料的配方设计、优选，原料的选择、采购与贮存，饲料的配合加工与制粒，成品的贮运与饲喂等。各个环节均应严格管理把关，才能确保饲料的质量。

饲料的原料要精心选择，保证新鲜、无生物性、化学性污染物质，如细菌毒素、微生物毒素、杀虫剂、虫害、植物性有毒物质、营养成分分解物质、亚硝酸盐类和重金属等。不使用异味、霉变、虫蛀、菜籽饼、棉籽饼和亚麻仁饼等作为饲料原料。

饲料加工的环境条件、生产设备、生产工艺、生产人员和操作规程都应按实验动物管理机构的规定和要求去执行，避免意外污染的发生。

饲料生产过程中要有专门的质量管理人员进行监督，从饲料原料的粉碎、配合饲料的准确称量、混合、制粒直至分装，均要严格执行操作和工艺要求。

配合饲料中不得掺入抗生素、驱虫剂、防腐剂、色素、促生长剂以及激素等添加剂。

（2）质量监测：加工形成的成品饲料应进行抽样检测，检测饲料是否达到国家规定的营养标准、化学污染物控制标准和微生物控制标准，质检合格的饲料方可出厂。

（3）商品化饲料的标签要求：商品化的饲料必须附有标签，以确保使用单位了解所购饲料的有关内容。内容包括：配合饲料名称，饲料营养成分分析保证值和卫生指标，主要原料名称，使用说明，净重，生产日期，保质期（注明贮存条件及贮存方法），生产企业名称、地址及联系电话等。还需要标注商标、生产许可证、质量认证标志等内容。标签不得与饲料的包装物分离。

3. 饲料的消毒及贮存

（1）饲料的消毒：饲料消毒的目的主要是考虑到原料来源比较复杂，在收获、贮存和运输过程中都有可能被病菌污染，因此通过消毒的方法以达到灭菌，供给实验动物完全合乎营养和灭菌的饲料。饲养无特殊病原动物以及普通常规动物的各种饲料，都需要经过消毒，以除去病菌的污染。至于无菌动物的饲料更需彻底灭菌。饲料消毒的方法有干热或湿热、γ射线照射等，也可使用化学药物熏蒸。

①高温高压灭菌：为将细菌全部杀死，要在121℃的温度条件下加热15 min，需要使用1.0 kg/cm^{2}的高压蒸汽锅。如果在干燥状态下加热（烘箱），细菌的抵抗力较强，至少需要在160℃下处理30 min。用高压锅灭菌必须使蒸汽渗透固型饲料内部，操作时预先将锅内减压至-60 mmHg以下，然后导入120℃的高压蒸汽。在115℃下消毒30 min或121℃下消毒20 min、125℃下消毒15 min。饲料灭菌时要尽量控制因温度过高而造成的养分损失。绝大多数维生素，尤其是维生素C、维生素B_1、维生素B_6、维生素A遇热会受到破坏。纯化学性饲料比天然饲料更不稳定。损失部分应予补充，配合饲料时维生素的剂量可加倍。

②熏蒸：熏蒸是利用化学药品的气雾对饲料进行消毒。如用氧化乙烯（ethylene oxide）进行饲料灭菌，但灭菌后必须在不低于20℃的自然空气中将残余气体挥发掉。

③射线：通常在对谷物饲料的消毒中，采用 50 kGy 剂量进行照射，对饲料营养成分损失较小。射线对维生素 B_1 和吡哆醇仅有微小的破坏，而在纯化学饲料中损失则较大，通常采用30～50 kGy剂量60Co照射。

（2）饲料的贮存：购入的各种饲料均应严格检查，按照饲料质量标准验收、入库。饲料贮存包括原料贮存和成品贮存两部分内容。

①原料贮存：按原料种类、进货日期分开保管，并贴上标签。保管过程中要注意温湿度变化，防止鸟类、鼠类、昆虫和爬虫的污染。做到先进先出，账目清楚。

②成品贮存：成品饲料同样要分类存放，标志清楚，注明生产日期，不得与原料混贮。要定期清理成品饲料仓库，清扫存贮罐。严格执行先进先出制度。注意饲料的温湿度变化，防止成品饲料霉变，防止野鼠、昆虫及有毒物质的污染，检测合格的产品方可入库，成品饲料的发放手续要完备。一般饲料存放量不要过多，贮存时间不宜过长。原料贮存 3～6个月，粉状饲料1～2个月，动物性饲料1～3个月，成品颗粒料以不超过1个月为宜。具体存放期要根据饲料的含水量、贮存的季节、饲料仓库的温湿度等条件而定。成品料最好贮存于16℃以下的环境中，饲料存放需利用隔板，避免与地面直接接触。高脂肪饲料应添加抗氧化剂，使用期不宜超过48 h。在有空调设备的环境内，用天然原料加工的饲料保存期为70 d，提纯饲料为40 d。

项目 4.4　实验动物饲料质量控制技能

任务六　饲料样本的采集、制备及保存

1. 饲料样本的采集

采样是饲料检测的第一步。样本包括原始样本和化验样本，原始样本来自饲料总体，化验样本来自原始样本。样本代表总体接受检验，再根据样本的检验结果，评价总体质量。

因此，样本必须在总体性质、外观和特征上具有充分的代表性和足够的典型性。

粉料和颗粒饲料的采样：这类饲料包括磨成粉末的各种谷物和糠麸以及配合饲料或混合饲料、浓缩饲料、预混合饲料等。一般采用谷物取样器取样。这类饲料样本的采集由于贮存的地方不同，又分为散装、袋装、生产过程中采样三种。

（1）包装散料。根据饲料堆所占面积大小进行分区，每小区面积小于 50 m^2，然后按“几何法”采样。所谓“几何法”，是将一堆饲料看成规则的立体（棱柱、圆台、圆锥等），它由若干个体积相等的部分均匀堆砌在整体中，应对每一部分设点进行采样。操作时，在料堆的各侧面上按不同层次和间隔，分小区设采样点。用适当的取样器在各点取样，各点插样应达足够的深度，取样器规格应根据饲料粒径和料堆的大小选择。每个取样点取出的样本作为支样，各支样数量应一致。然后将支样混合，即得到原始样本。最后将原始样本按“四分法”缩减至 500～1 000 g，即为化验样本，化验样本一分为二，一份送检，一份复检备份。一般原始样本数量较大，不适于直接作为化验样本，需缩小数量后作为化验样本。

“四分法”的具体做法是：将原始样本置于一张方形纸或塑料布上（大小视原始样本的多少而定），提起纸的一角，使饲料反复移动混合均匀，然后将饲料展平，用分样板或药铲从中画一“十”字或对角线，将样本分成四份，除去对角的两份，将剩余的两份如前所述混合均匀后，再分成四份，重复上述过程，直到剩余样本数量与测定所需要的用量相接近时为止（一般为 500～1 000 g）。对大量的原始样本也可在洁净的地板上进行缩减。

对于运货汽车或列车车厢等装载工具中的散料，一般使用取样器，根据装载数量的多少按五点交叉法取样。具体做法是：15 t 以下从距离边缘 0.5 m 处选 4 点，再在相距较远两点间等距离处各取一点，然后相邻 4 点对角相连交叉处取点，共 8 点，在每点按不同深度取样；30～50 t 选 11 点取样；以此类推。然后以“四分法”缩减样品。

（2）袋装。根据包装袋数量，首先确定取样包数，一般 10 包以下每包都取样；100 包以下随机选取 10 包；100 包以上从 10 包取样开始，每增加 100 包需补采 3 包。

方法：按随机原则取出事先确定的数量的样包，然后用取样器对每包分别取样。取样时对编织袋包装的散料或颗粒饲料，用口袋取样器从口袋上下两个部位选取，或将料袋放平，从料袋的头到底，斜对角地插入取样器。取样前用软刷刷净选定的位置，然后将取样器槽口向下按规定插入料袋，再将取样器转 180°，取出，取完后封存好袋口；再取下一袋，直到全部取完，即得支样，将各支样均匀混合即得原始样本。将取得的原始样本按“四分法”缩样至适当数量。

（3）配合饲料生产过程中采样。在确定饲料充分混合均匀后，样本的采取可以从混合机的出口处定期（或定时）取样，取样的间隔也应该是随机的。

2. 饲料样本的制备

将采集的原始样本经粉碎、干燥等处理，制成易于保存、符合化验要求的化验样本的过程称为样本的制备。具体方法是：

（1）风干样本的制备。饲料中的水分有3种存在形式：游离水、吸附水（吸附在蛋白质、淀粉及细胞膜上的水）、结合水（与糖和盐类结合的水）。风干样本是指饲料或饲料原料中不含有游离水，仅有少量的吸附水（10%以下）的样本，主要有籽实类、糠麸类、干草类、秸秆类、乳粉、血粉、鱼粉、肉骨粉及配合饲料等。这类饲料样本制备的方法是：

① 缩减样本。将原始样本按“四分法”进行缩减取得化验样本。

② 粉碎。将所得的化验样本经一定处理（如剪碎、捶碎等）后，用样本粉碎机粉碎。

③ 过筛。按照检验要求，将粉碎后的化验样本全部过筛。用于常规营养成分分析时要求全部通过0.44 mm（40目）标准分析筛；用于微量矿物质元素、氨基酸分析时要求全部通过0.172～0.30 mm（60～100目）标准分析筛，使其具备均质性，便于溶样。对于不易粉碎过筛的渣屑类也应剪碎，混入样本中，不可抛弃，避免引起误差。粉碎完毕的样本为200～500 g，装入磨口广口瓶内保存。

（2）新鲜样本的制备。对于新鲜样本，如果直接用于分析可将其匀质化，用匀浆机或超声破碎仪破碎、混匀，再取样，装入塑料袋或瓶内密闭，冷冻保存后测定。若需干燥处理的新鲜样本，则应先测定样本的初水分(所谓初水分，是指首先将新鲜样本置于60～65℃的恒温干燥箱中烘 8～12 h，除去部分水分，然后回潮使其与周围环境的空气湿度保持平衡，在这种条件下所失去的水分称为初水分)，制成半干样本（测定初水分之后的样本称为半干样本），再粉碎装瓶保存。

3. 饲料样本的登记与保存

制备好的样本应置于干燥的磨口广口瓶内，作为化验样本，并在样本瓶上登记如下内容：

（1）样本名称（一般名称、学名和俗名）和种类（必要时注明品种、质量等级）。

（2）生长期（成熟程度）、收获期、茬次。

（3）调制和加工方法及贮存条件。

（4）外观性状及混杂度。

（5）采样地点和采集部位。

（6）生产厂家和出厂日期。

（7）重量。

（8）采样人、制样人的姓名。

饲料样本要专人采取、登记、粉碎与保管。如需测氨基酸和矿物质等项目的原料（样本），应用高速粉碎机，粉碎粒度为 0.172 mm（100 目），其他样本可用圆环式或自制链片式粉碎机，粒度为 0.30～0.44 mm（40～60 目），样本量一般在 500～1 000 g。

样本保存时间的长短应有严格规定，一般情况下原料样本应保留 2 周，成品样本应保留 1 个月。

样本保存或送检过程中，须保持样本原有的状态和性质，减少样本离开总体后发生的各种可能变化，如污染、损失、变质等。接触样本的器具应洁净，容器密闭，防止水分蒸发。风干样本应置于避光、通风、干燥处，避免高温。新鲜饲料样本需低温冷藏，抑制微生物作用及生物酶作用，减少高温和氧化损失。

任务七　实验动物饲料的配合

1. 配合饲料的原则

首先应满足所饲喂实验动物的营养需要，尽量选用营养丰富、来源充足和价格合理的原料进行配合；选用多种饲料原料，使各种营养成分互补，还要充分考虑不同种类实验动物的消化特点、日粮的适口性、饲料是否需要经灭菌处理、是否需要添加其他营养成分以及饲料的贮存时间。

2. 配合步骤

（1）选定实验动物的营养需要或营养标准。

（2）确定配合饲料的原料种类。

（3）初步确定一个配方比例。

（4）按其比例计算饲料配方中所含有的主要营养物质含量。

（5）与营养需要标准进行对比。

（6）调整配方、补充不足。

（7）抽样、分析。

3. 以小白鼠日粮配合为例

（1）检查小白鼠生长繁殖营养需要标准：粗蛋白质≥20%，粗脂肪≥4%，矿物质≤8%，其中钙 1.0%～1.8%、磷 0.6%～1.2%，纤维素≤5%。钙磷比为 1.2∶1～1.7∶1。

（2）根据当地饲料来源确定参与配合饲料的原料种类。

（3）初步确定其比例，常见饲料中养分的含量见表 4-5。

（4）按初步确定的饲料原料比例，参照原料营养成分表，计算饲料中所含的主要营养物质。

（5）对照标准检查是否符合小鼠的营养需要，结果配方中的粗蛋白、粗脂肪尚未达标，而钙、磷远远超过了标准。

表 4-5　常见饲料中养分的含量　　单位：%

饲料原料		原料中养分含量						折算后饲料中养分含量					
		总能	粗蛋白	粗脂肪	粗纤维	钙	磷	总能	粗蛋白	粗脂肪	粗纤维	钙	磷
小麦	30	3.85	11.0	2.4	1.8	0.03	0.44	1.16	3.3	0.72	0.54	0.01	0.03
碎米	20	3.84	8.3	2.3	1.7		0.30	0.77	1.66	0.46	0.34		0.06
大麦	15	3.77	10.2	2.1	6.2	0.06	0.15	0.57	1.53	0.32	0.93	0.01	0.02
玉米	15	4.02	10.2	4.3	1.8	0.05	0.21	0.60	1.53	0.65	0.27	0.01	0.03
豆饼	10	4.06	35.9	6.9	4.8	0.19	0.51	0.45	3.59	0.69	0.08	0.02	0.05
鱼粉	5	4.80	65	5.3		4.8	3.10	0.24	3.25	0.29		0.24	0.16
骨粉	5					48.79	14.06					2.44	0.70
合计	100							3.79	14.86	3.11	2.56	2.73	1.15

（6）调整、补充、增加蛋白质饲料，减少骨粉（表 4-6）。

表 4-6　饲料原料按调整后的比例计算饲料中养分含量　　单位：%

饲料原料	比例	总能	粗蛋白	粗脂肪	粗纤维	钙	磷
小麦	35	1.35	3.85	0.84		0.01	0.15
碎米	20	0.77	1.66	0.46			0.06
豆饼	15	0.67	5.39	1.04	0.63	0.03	0.08
大麦	10	0.38	1.02	0.21	0.34	0.01	0.02
玉米	10	0.40	1.02	0.43	0.72	0.01	0.02
鱼粉	5	0.24	3.25	0.27	0.62	0.24	0.16
骨粉	2				0.18	0.98	0.29
血粉	2	0.09	1.54	0.05		0.03	
奶粉	1	0.06	0.24	0.27		0.02	0.01
合计	100	3.96	17.97	3.57	2.49	1.33	0.79

（7）抽样分析。饲料样本经实际检测，结果为：水分 7.6%，灰分 5.6%，其中钙 1.14%、磷 0.77%，钙磷比为 1.48∶1，基本达到要求。

在配方中，也可以用等量鱼粉来代替血粉和奶粉，将鱼粉增至 8%。同时在配合饲料时，添加适量的微量元素和维生素。

职业技能考核

理论考核

1. 常用实验动物的营养需要是怎样的？
2. 饲料中包括哪些营养成分？
3. 蛋白质缺乏对实验动物的影响有哪些？
4. 维生素缺乏对实验动物的影响有哪些？
5. 我国对实验动物饲料要求的主要指标是什么？
6. 常用饲料消毒方法有哪些？

实践操作考核

实验动物饲料样本的采集方法；实验动物化验样本的制备方法；实验动物饲料样本的登记与保存方法；实验动物饲料的配合方法。

模块 5　实验动物病原体控制技术

<table>
<tr><th colspan="2">岗位</th><th>实验动物检疫室、实验动物实验室</th></tr>
<tr><th colspan="2">岗位任务</th><th>实验动物病原体控制技术</th></tr>
<tr><td rowspan="3">岗位目标</td><td>应知</td><td>实验动物级别与病原体监测、实验动物疫病控制技术</td></tr>
<tr><td>应会</td><td>实验动物级别、不同等级实验动物微生物学检测、不同等级实验动物寄生虫检测、实验动物疫病危害与兽医师职责、实验动物人兽共患病防控技术、实验动物的传染病与控制技术、平时预防实验动物疫病措施、实验动物发生疫病时的扑灭措施、实验动物的健康监护、实验动物粪便的寄生虫检验</td></tr>
<tr><td>职业素养</td><td>养成检疫室、实验室检验认真仔细习惯；实事求是的态度；善于思考、科学分析的习惯；养成注重安全防范意识；养成不怕苦和脏、敢于操作作风；养成善于思考、科学分析问题解决问题能力</td></tr>
</table>

项目 5.1　实验动物级别与病原体监测

任务一　实验动物级别

1. 普通级动物［conventional（CV）animal］

普通级动物是不携带所规定的人兽共患病动物传染病和寄生虫病病原。普通级动物饲养于开放环境中，如普通级豚鼠只排除淋巴细胞脉络丛脑膜炎病毒、沙门氏菌、皮肤真菌、弓形体及体外寄生虫等对人类和动物危害较大的病原体。为了预防人兽共患病及烈性传染病的发生，普通动物在饲养管理中必须采取必要的防护措施。如垫料要杀灭寄生虫和虫卵，并防止野鼠的污染；饮水要符合城市饮水卫生标准；青饲料应洗净后再喂；外来动物必须严格隔离检疫；房屋要有防野鼠、昆虫的设备；要坚持经常性的环境卫生及笼器具的清洗消毒，严格处理淘汰发病及死亡动物；严禁无关人员进入实验室。

2. 清洁级动物［clean（CL）animal］

清洁级动物是除普通动物应排除的病原外，不携带对动物危害大和对科学研究干扰大的病原的动物。清洁级是我国特有的一种微生物及寄生虫控制级别。

3. 无特定病原体动物［specific pathogen free（SPF）animal］

无特定病原体动物是除清洁动物应排除的病原外，不携带主要潜在感染或条件致病和对科学实验干扰大的病原。清洁动物和SPF动物的差别仅仅在于SPF动物需控制或排除的微生物和寄生虫的种类更多，两者都要求饲养于温湿度恒定的屏障环境中，其所用的饲料、垫料、笼器具等都要经过消毒灭菌处理，饮用水除用高压灭菌外，也可用pH值为2.5～2.8的酸化水，工作人员需经淋浴后，更换灭菌工作服、鞋、帽、口罩和手套等进入动物室进行操作。动物种群来源于SPF动物或剖腹产动物，尸体解剖时，主要脏器无论是眼观还是微观组织切片均无病变。

4. 无菌动物［germ free（GF）animal］

无菌动物是指用现有的检测技术在动物体内外的任何部位均检不出任何微生物和寄生虫的动物。无菌动物来源于剖腹产或无菌卵的孵化，饲养于隔离器中，进行人工无菌哺育或其与无菌动物代乳。

5. 悉生动物［gnotobiotic（GN）animal］

悉生动物又称知菌动物或已知菌丛动物，是指在无菌动物体内植入一种或几种微生物的动物。按我国微生物学控制分类，同无菌动物一样，属于同一级别的动物。悉生动物来源于无菌动物，也必须饲养于隔离器中。根据植入无菌动物体内细菌数目的不同，悉生动物可分为单菌、双菌、三菌和多菌动物。与无菌动物相比，悉生动物的生活力、繁殖能力和抵抗力明显增强。

任务二　不同等级实验动物微生物学检测

实验动物的微生物学质量监测应按中华人民共和国标准《实验动物　微生物学等级及监测》（GB 14922.2—2001）。标准中规定了实验动物微生物学的等级及监测，包括实验动物微生物学的等级分类、检测要求、检测程序、检测规则、结果判定和报告等，适用于地鼠、豚鼠、兔、犬、猴和清洁级以上的小鼠、大鼠。

（1）不同等级实验动物病原菌指标见表5-1、表5-2和表5-3。

（2）不同等级实验动物病毒指标见表5-4、表5-5和表5-6。

（3）检测频率：普通动物每3个月至少检测1次；清洁动物每3个月至少检测1次；

无特定病原体动物每 3 个月至少检测 1 次；无菌动物每年检测动物 1 次，每 4 周检查 1 次动物的生活环境标本和粪便标本。

（4）取样、送检：选择成年动物用于检测。每个小鼠、大鼠、地鼠、豚鼠和兔生产繁殖单元以及每个犬、猴生产繁殖群体，根据动物多少，取样数量见表 5-7。

表 5-1 小鼠、大鼠病原菌检测项目

动物等级			病原菌	动物种类	
				小鼠	大鼠
无菌动物	无特定病原体动物	清洁动物	沙门菌 *Salmonella* spp.	●	●
			单核细胞增生性李斯特杆菌 *Listeria monocytogenes*	○	○
			假结核耶尔森菌 *Yersinia pseudotuberculosis*	○	○
			小肠结肠炎耶尔森菌 *Yesinia enterocolitica*	○	○
			皮肤病原真菌 *Pathogenic dermal fungi*	○	○
			念珠状链杆菌 *Streptobacillus moniliformis*	○	○
			支气管鲍特杆菌 *Bordetella bronchiseptica*		●
			支原体 *Mycoplasma* spp.	●	●
			鼠棒状杆菌 *Corynebacterium kutscheri*	●	●
			泰泽病原体 *Tyzzer's organism*	●	●
			大肠 埃希菌 0115a,C,K(B) *Escherichia coli* 0115a,C,K(B)	○	
			嗜肺巴斯德杆菌 *Pasteurella pneumotropica*	●	●
			肺炎克雷伯杆菌 *Klebsiella pneumoniae*	●	●
			金黄色葡萄球菌 *Staphylococcus aureus*	●	●
			肺炎链球菌 *Streptococcus pnemoniae*	○	○
			乙型溶血性链球菌 *β-hemolyticstreptococcus*	○	○
			绿脓杆菌 *Pseudomonas aeruginoss*	●	●
			无任何可查到的细菌	●	●
注：●必须检测项目，要求阴性；○必要时检测项目，要求阴性。					

表 5-2 豚鼠、地鼠和兔寄生虫学检测指标

动物等级				病原菌	动物种类		
					豚鼠	地鼠	兔
无菌动物	无特定病原体动物	清洁动物	普通级动物	沙门菌 *Salmonella* spp.	●	●	●
				单核细胞增生性李斯特杆菌 *Listeria monocytogenes*	○	○	○
				假结核耶尔森菌 *Yersinia pseudotuberculosis*	○	○	○
				小肠结肠炎耶尔森菌 *Yesinia enterocolitica*	○	○	○
				皮肤病原真菌 *Pathogenic dermal fungi*	○	○	○
				念珠状链杆菌 *Streptobacillus moniliformis*	○	○	
				多杀巴斯德杆菌 *Pasteurella multocida*	●	●	●
				支气管鲍特杆菌 *Bordetella bronchiseptica*	●	●	●
				泰泽病原体 *Tyzzer's organism*	●	●	●
				嗜肺巴斯德杆菌 *Pasteurella pneumotropica*		●	●
				肺炎克雷伯杆菌 *Klebsiella pneumoniae*		●	●
				金黄色葡萄球菌 *Staphylococcus aureus*		●	●
				肺炎链球菌 *Streptococcus pnemoniae*		○	○
				乙型溶血性链球菌 *β-hemolyticstreptococcus*		○	○
				绿脓杆菌 *Pseudomonas aeruginoss*		●	●
				无任何可查到的细菌		●	●
注：●必须检测项目，要求阴性；○必要时检测项目，要求阴性。							

表5-3 犬、猴寄生虫学检测指标

动物等级		病原菌	动物种类	
			犬	猴
无特定病原体动物	普通级动物	沙门菌 *Salmonella* spp.	●	●
		皮肤病原真菌 *Pathogenic dermal fimgi*	●	●
		布鲁杆菌 *Brucella* spp.	●	
		钩端螺旋体[1] *Leptospira* spp.	△	
		志贺菌 *Shigella* spp.		●
		结核分枝杆菌 *Mycobacterium tuberculosis*		●
		钩端螺旋体 *Leptospira* spp.	●	
		小肠结肠炎耶尔森菌 *Yesinia enterocolitica*	○	○
		空肠弯曲杆菌 *Campylobaceter jejuni*	○	○

注：●必须检测项目，要求阴性；○必要时检测项目，要求阴性；△必要时检测项目，可以免疫。

1）不能免疫，要求阴性。

表 5-4 犬、猴病原菌项目

动物等级			病毒	动物种类	
				小鼠	大鼠
无菌动物	无特定原体动物	清洁动物	淋巴细胞、脉络丛脑膜炎病毒 Lymphocytic Choriomeningitis Virus（LCMV）	○	
			汉坦病毒 Hantavirus（HV）	○	●
			鼠痘病毒 Ectromelia Virus（Ect.）	●	
			小鼠肝炎病毒 Mouse Hepatitis Virus（MHV）	●	
			仙台病毒 Sendai Virus（SV）	●	●
			小鼠肺炎病毒 Pneumonia Virus of Mice（PVM）	●	●
			呼肠孤病毒 III 型 Reovirus type III（Reo-3）	●	●
			小鼠细小病毒 Minute Virus of Mice（MVM）	●	
			小鼠脑脊髓炎病毒 Theiler's Mouse Encephalomyelitis Virus（TMEV）		
			小鼠腺病毒 Mouse Adenovirus（Mad）	○	
			多瘤病毒 Polyoma Virus（POLY）	○	
			大鼠细小病毒 RV 株 Rat Parvovirus（KRV）	○	●
			大鼠细小病毒 H-1 株 Rat Parvovirus（H-1）		●
			大鼠冠状病毒/大鼠涎泪腺炎病毒 Rat Coronavirus（RCV）/ Sialodacryoadenitis Virus（SDAV）		●
			无任何可查到的病毒	●	●

注：●必须检测项目，要求阴性；○必要时检测项目，要求阴性。

表 5-5　豚鼠、地鼠、兔病毒检测项目

动物等级	病原菌	动物种类		
		豚鼠	地鼠	兔
无菌动物 / 无特定病原体动物 / 清洁动物 / 普通动物级	淋巴细胞、脉络丛脑膜炎病毒 Lymphocytic Choriomeningitis Virus（LCMV）	●	●	
	兔出血症病毒 Rabbit Hemonhagic Disease Virus（RHDV）			▲
无菌动物 / 无特定病原体动物 / 清洁动物	仙台病毒 Sendai Virus（SV）	●	●	
	兔出血症病毒 Rabbit Hemonhagic Disease Virus（RHDV）			●
无菌动物 / 无特定病原体动物	仙台病毒 Sendai Virus（SV）			●
	小鼠肺炎病毒 Pneumonia Virus of Mice（PVM）	●	●	
	呼肠孤病毒 III 型 Reovirus type III（Reo-3）	●	●	
	轮状病毒 Rotavirus（RRV）			●
无菌动物	无任何可查到的病毒		●	●

注：●必须检测项目，要求阴性；▲必须检测项目，可以免疫。

1）不能免疫，要求阴性。

表 5-6　犬、猴病毒检测项目

动物等级	病毒	动物种类	
		犬	猴
无特定病原体动物 / 普通级动物	狂犬病毒 Rabies Virus（RV）	▲	
	犬细小病毒 Canine Parvovirus（CPV）	▲	
	犬瘟热病毒 Canine Distermper Virus（CDV）	▲	
	传染性犬肝炎病毒 Infectious Canire Hepatitis Virus （ICHV）	▲	
	猕猴疱疹病毒 I（B 型） Cercopithecine heerpesvirus Type I（BV）		●
无特定病原体动物	猴逆 D 型病毒 Simian Retrovirus D（SRV）		●
	猴免疫缺陷病毒 Simian Immunodeficitency Virus（SIY）		●
	猴 T 细胞趋向性病毒I 型 Simian Tlymphotropic Virus Type I（STLV-I）		●
	猴痘病毒 Simian Pox Virus（SPV）		●
	上述四种病犬病毒不免疫	●	

注：●必须检测项目，要求阴性；▲必须检测项目，可以免疫。

表 5-7　实验动物不同生产繁殖单元取样数量

群体大小/只	取样数量/只
＜100	≥5
100～500	≥10
＞500	≥20

注：每个隔离器检测 2 只。

取样应在每一生产繁殖单元的不同方位（如四角和中央）选取动物。动物送检容器级别要求编号和标志，包装好，安全送达实验室，并附送检单，写明动物品种品系、级别、数量和检测项目。无特殊要求时，兔、犬和猴的活体取样，可在生产繁殖单元进行。

任务三　不同等级实验动物寄生虫学检测

实验动物的寄生虫学质量监测应按中华人民共和国标准《实验动物　寄生虫学等级及监测》（GB 14922.1—2001）进行。标准中规定了实验动物寄生虫学的等级及监测，包括寄生虫学的等级分类、检测要求、检测程序、检测规则、结果判定和报告等，适用于地鼠、豚鼠、兔、犬、猴和清洁级以上的小鼠、大鼠。

（1）不同等级实验动物寄生虫学检测指标见表 5-8、表 5-9 和表 5-10。

表 5-8　小鼠、大鼠寄生虫学检测指标

动物等级			应排除寄生虫项目	动物种类	
				小鼠	大鼠
无菌动物	无特定病原体动物	清洁动物	体外寄生虫（节肢动物） Ectoparasites	●	●
			弓形虫 *Toxoplasma gondii*	●	●
			兔脑原虫 *Encephahtozoon cuniculi*	○	○
			卡氏肺孢子虫 *Pneumocyahis carinii*	○	○
			全部蠕虫 All Helminths	●	●
			鞭毛虫 Flagellates	●	●
			纤毛虫 Ciliates	●	●
			无任何可检测到的寄生虫	●	●
注：●必须检测项目，要求阴性；○必要时检测项目，要求阴性。					

表 5-9　豚鼠、地鼠和兔寄生虫学检测指标

动物等级				应排除寄生虫项目	动物种类		
					豚鼠	地鼠	兔
无菌动物	无特定病原体	清洁动物	普通动物	体外寄生虫（节肢动物）Ectoparasites	●	●	●
				弓形虫 *Toxoplasma gondii*	●	●	●
				兔脑原虫 *Encephalitozoon cuniculi*	○		○
				爱美尔球虫 *Eimaria* spp.		○	○
				卡氏肺孢子虫 *Pneumocyshris carinii*			●
				全部毛虫 All Hellates	●	●	●
				鞭毛虫 Flagellates	●	●	●
				纤毛虫 Ciliates	●		
				无任何可检测到的寄生虫			
注：●必须检测项目，要求阴性；○必要时检测项目，要求阴性。							

表 5-10 犬、猴寄生虫学检测指标

动物等级		应排除寄生虫项目	动物种类	
			犬	猴
无特定病原体	普通动物	体外寄生虫（节肢动物）Ectoparasites	●	●
		弓形虫 *Toxoplasma gondii*	●	●
		全部毛虫 All Hilminths	●	●
		溶组织内阿米巴 Entamoeba spp	○	●
		疟原虫 Plasmodium spp		●
		鞭毛虫 Flagellates	●	●

注：●必须检测项目，要求阴性；○必要时检测项目，要求阴性。

（2）检测频率：普通动物每 3 个月至少检测 1 次；清洁动物每 3 个月至少检测 1 次；无特定病原体动物每 3 个月至少检测 1 次；无菌动物每年至少检测 1 次，每 2～4 周检测 1 次动物粪便标本。

（3）取样、送检：选择成年动物用于检测。取样数量为每个小鼠、大鼠、地鼠、豚鼠和兔生产繁殖单元以及每个犬、猴生产繁殖群体，根据动物多少，取样数量见表 5-11。

表 5-11 实验动物不同生产繁殖单元取样数量

群体大小/只	取样数量/只
＜100	＞5
100～500	＞10
＞500	＞20

注：每个隔离器检测 2 只。

取样应在每一生产繁殖单元的不同方位（如四角和中央）选取动物。动物送检容器应按动物级别要求编号和标记，包装好，安全送达检测实验室，并附送检单，写明送检动物的品种品系、级别、数量和检测项目。无特殊要求时，兔、犬和猴的活体取样可在生产繁殖单元进行。

项目 5.2 实验动物疫病控制技术

任务四 实验动物疫病危害与兽医师职责

1. 实验动物疫病的危害性

实验动物的疫病包括实验动物的传染性疾病和寄生虫病，是危害实验动物健康的主要疾病。一般而言，除犬、猫和灵长类外，实验动物疾病很少治疗，主要原因是：药物治疗可能会影响实验结果；治疗康复后的动物可能长期带毒，成为群体中的感染源；若对小鼠、大鼠等小动物进行治疗，有时还需要特殊设备，经济上不值得。因此，在实验动物微生物疾病方面，主要强调以预防为主。

（1）疾病的暴发流行造成巨大损失

一旦病原体侵入实验动物群体，造成动物自身传染病的暴发流行，不但导致繁殖性能的下降，还可招致全群覆灭或被迫淘汰，设施封闭，教学与科研被终止，以动物器官、组织为原料的生物制品生产、检定被迫停止，造成严重的经济损失。如：鼠痘病毒引起的脱脚病是饲养小鼠的最大威胁，有时一次流行就可以造成数百万元的经济损失；一次购入带有病毒性疾病的犬、兔，可蔓延威胁原有的生产繁殖群，造成多年的持续发生，使局面难以控制。

（2）污染生物制剂

许多动物的脏器或组织作为人兽预防、诊断、治疗用生物制品的原材料，如有潜伏或隐性感染造成的原材料的污染，可导致整批生物制剂的废弃。例如，自然感染 SV40 病毒、猴疱疹病毒、结核杆菌、肝炎病毒的猴不能用于麻疹、脊髓灰质炎疫苗的生产与检定；用于麻疹、流感疫苗生产的鸡胚必须来自无沙门氏菌、禽痘、禽白血病、支原体、禽分枝杆菌等外源性因子感染的 SPF 鸡群。

（3）干扰动物实验结果

①由于实验动物受实验环境和处理（麻醉、固定、注射、免疫、攻毒、投药、手术等）影响产生应激反应，使动物痛苦与不安，降低对实验的耐受，诱发隐性感染疾病的暴发，造成动物的发病和死亡，引起统计结果的误差。

②在某些长期动物实验如药物致癌致畸变、营养学、计划生育、老年病等研究中，隐形感染科室动物生存期缩短，妨碍长期实验观察，使实验中断或宣告失败。

③由于病原体的单一或相互作用，影响动物的新陈代谢和免疫应答功能。如：仙台病毒感染会显著促进豚鼠肺炎链球菌的增殖和传播，仙台病毒、小鼠肝炎病毒、淋巴细胞脉络丛脑膜炎病毒、细小病毒、呼肠孤病毒、乳酸脱氢酶病毒、支原体、鞭毛虫、线虫等病原体的隐性感染可增强或抑制癌肿的诱发或移植，或者影响新陈代谢和免疫应答，不能用于核放射、营养学或免疫学等实验。

2. 兽医师在实验动物疫病防控中的职责

（1）各种实验动物实验室设施应由合格的兽医师去管理，合格的兽医师在学历上应不低于兽医专业大学本科，且必须取得国家实验动物从业人员岗位证书。

（2）兽医师负责监督动物设施的卫生条件、动物的饲养管理、营养需求及对人兽共患病的预防，管理危害物品和污染物品。

（3）采用适当的方法预防疾病的发生，做好动物健康的监控、疾病诊断和治疗。负责动物进出设备的检疫和动物运输。

（4）重视动物福利。在国外常配合主管部门按动物保护法对研究计划进行审查，具体审查内容包括：

① 使用动物从事研究的目的、依据，使用动物的数目，研究方法是否合理，是否一定要用动物做实验等；

② 检查实验操作人员的相关训练及经验，饲养方法及管理；

③ 给予适当的建议包括防止实验动物惊恐、紧张、疼痛；提供正确的操作方法如保镇静、止痛、麻醉、安乐死和尸体处理等；

④ 参与外科手术计划的研究、术前准备和术后护理；

⑤ 管理好各种免疫、治疗、麻醉、消毒药品，保证工作环境的安全性。

任务五　实验动物人兽共患病防控技术

哺乳类实验动物与人类基因结构、功能高度相似，某些疾病容易互相传染，这些能够传染给人的疾病称为人兽共患病。从事与实验动物相关的人员，包括饲养管理人员、兽医以及动物使用、研究、运送人员，因经常接触实验动物，就有更多的机会或有可能感染人兽共患传染病。另外，与实验动物接触的所有工作人员，也应避免作为传染源或传递媒介而将其他饲养场动物的疾病传染给自己所管理的实验动物。

人类和脊椎动物之间自然传播的疾病和感染，其病原包括病毒、细菌、霉形体、螺旋体、立克次氏体、衣原体、真菌、原生动物和内外寄生虫等。传播途径可通过人与患病动物的直接接触，或经动物媒介（如节肢动物、啮齿动物等）和污染病原的空气、水和食品传播。历史上人兽共患病的多次流行，曾给人类造成巨大损失。

1．流行性出血热

由流行性出血热病毒引起的主要发生在大鼠身上的烈性传染病，也是一种人兽共患的自然疫源性传染病，主要以高热、出血性肾脏损伤为主要特征。

（1）病原体。流行性出血热病毒在分类上属布尼亚病毒科、汉坦病毒属，可在人肺细胞、绿猴肾细胞上培养。56℃下消毒 30 min 可使 90%病毒失活，60℃下消毒 1 h 可将其全部杀死。本病毒对紫外线敏感。

（2）流行病学。带毒野鼠和实验大鼠是主要的传染源，该病为动物源性传播，人类主要是由于接触带病毒的宿主动物及排泄物而受感染。污染尘埃飞扬形成气溶胶吸入感染被认为是主要传播途径。

（3）临床症状。大鼠、小鼠无临床症状，也不发生死亡，人感染后典型表现有发热、出血和肾脏损害 3 类主要症状，严重的可导致死亡。

（4）诊断。根据临床症状可做出初步诊断，确诊需进行病毒分离鉴定和血清学检查。一般用间接免疫荧光试验查抗原，酶联免疫吸附试验查抗体，中和试验查中和抗体。

（5）防治。

①开展灭野鼠运动，从根本上消除传染源；②实验大鼠、小鼠群定期检查，发现感染鼠及时处理；③加强实验室管理，防止饲料、垫料等被野鼠排泄物污染，杜绝外来传染源，特别是在冬、春季节，野鼠繁殖活动高峰期，更应该加强管理；④加强防护，实验人员进入或接触动物设施应戴口罩，同时也要防止被鼠咬伤。⑤必要时接种疫苗。

2．淋巴细胞性脉络丛脑膜炎

由淋巴细胞脉络丛脑膜炎病毒引起的一种急性传染病，也是人兽共患的地方性传染病。主要侵害中枢神经系统，呈现脑脊髓炎症状。

（1）病原体。淋巴细胞脉络丛脑膜炎病毒属于砂粒病毒科、砂粒病毒属。呈圆形或多形性，该病毒可在小鼠、地鼠、猴、牛等多种动物和人的细胞培养中生长。

（2）流行病学。淋巴细胞脉络丛脑膜炎是人和多种动物共患的传染病，小鼠、大鼠、豚鼠、仓鼠、犬、猴、鸡、马、兔和棉鼠都易感，经唾液、鼻分泌物和尿液向外排毒，也可经子宫和乳汁传给后代。

（3）临床症状。其表现有三种情况：

①大脑型。病鼠呆滞、昏睡、不愿动、被毛粗乱、闭眼、弓背、消瘦、面部水肿、结膜炎。肢体痉挛性收缩，头部震颤，后肢强直，1～3 d 死亡。人感染发病主要表现脑脊髓炎症状。

②内脏型。主要是被毛粗乱、结膜炎、消瘦、腹水、昏睡而死亡。

③迟发型。主要感染 9～12 月龄鼠，被毛粗乱、行动异常、蛋白尿、发育不良。

（4）诊断。根据临床症状可做出初步诊断。确诊需进行病毒分离鉴定和血清学检查。动物实验取病鼠肝、脑、脾、肺等病料制成悬液，对实验鼠进行脑内注射，6～10 d 出现症状，全身和四肢抽搐痉挛。血清学诊断采用免疫荧光试验、玻片免疫酶法、酶联免疫吸附试验等方法检测抗体，其中以酶联免疫吸附试验检测效果最好。

（5）防治。彻底消灭饲养室周围的野鼠、家鼠和吸血昆虫，坚持卫生消毒制度，加强饲养管理，定期检疫、监测、净化，注意工作人员的自身防护。这种病目前没有特异的治疗方法。

3．猴疱疹病毒病

由猴疱疹病毒引起的人和猴共患的一种传染病。猴是疱疹病毒的自然宿主，感染率可达 10%～60%。人类感染主要表现脑脊髓炎症状，多数病人发生死亡。

（1）病原体。猴疱疹病毒属疱疹病毒科、甲型疱疹病毒亚科。疱疹病毒只有一个血清型，抗原性稳定，不易发生变异，它与人单纯疱疹病毒和非洲绿猴疱疹病毒具有密切的抗原关系。

（2）流行病学。疱疹病毒的自然宿主为恒河猴，帽猴、食蟹猴、台湾猴、日本猕猴等有自然发病的报道。不同年龄、性别的猴均可感染疱疹病毒，性交是病毒传播的主要途径。在实验动物中，家兔对疱疹病毒最易感，任何途径接种均可感染发病。

（3）临床症状。猴子感染疱疹病毒后，初期在舌表面和口腔黏膜与皮肤交界的唇缘有小疱疹，最后形成溃疡，表面有纤维性坏死痂皮，7～14 d 自愈。感染猴外观无全身不适，饮食正常。患病猴鼻内常有少量黏液或脓性分泌物，常并发结膜炎和腹泻。

（4）诊断。根据临床症状可做出初步诊断，确诊需进行病毒分离鉴定和血清学检查。

①病毒分离与鉴定。用棉拭子取急性发病期猴口腔黏膜与皮肤交界的口唇部位的渗出液，无菌处理后接种兔肾细胞 37℃培养 3～4 d，电镜观察细胞培养物中的病毒形态，可采用免疫荧光技术检查病毒抗原。

②血清学试验。中和试验是检查疱疹病毒相关抗体最常用的方法。

（5）防治。被猴抓伤后要立即用肥皂洗净伤口，再用碘酒消毒，病人观察 3 周；如发现有可疑的疱疹病毒患病猴出现，要立即扑杀。

4．狂犬病

由狂犬病病毒引起的急性直接接触性为主的人兽共患病。主要特征：侵害中枢神经系统，呈现狂躁不安，意识紊乱，最后麻痹死亡。

（1）病原体。狂犬病病毒属弹状病毒科、弹状病毒属，可被日光、紫外线、超声波、1%～2%肥皂水、70%酒精、1%碘液、丙酮、乙醚等灭活。对酸、碱、石碳酸、新洁尔灭、甲醛、升汞等消毒药敏感。

（2）流行病学。几乎所有温血动物都对狂犬病病毒敏感，本病一年四季均可发生，春、夏季发病率稍高，可能与犬的性活动以及温暖季节人兽移动频繁有关。本病流行的连锁性特别明显。

（3）临床症状。潜伏期 2～8 周，最短 4 d，最长可达数年。分 3 期：①前驱期或沉郁期：举止异常，瞳孔散大，反射功能亢进，咬伤处发痒；②兴奋期或狂暴期：感染 1～2 d 后，病犬狂躁不安，攻击性强、无目的奔走、流涎、声音嘶哑、下颌下垂；③麻痹期：3～4 d 后精神高度迟钝，四肢麻痹，最后中枢衰竭死亡。

（4）诊断。

①典型病例，根据临床症状结合咬伤史，可做出初步诊断。

②不典型病例，或潜伏期内，进行实验室检查、病理诊断、生物学实验、免疫荧光试验。

（5）防治。对犬接种狂犬疫苗。加强管理，不散养，控制数量，引进犬要检疫，易感动物和人定期注射狂犬疫苗，发现病犬，马上扑杀，可疑犬也应被处死、焚烧或深埋，对有感染可能性的家畜及伴侣动物，应采取紧急预防接种。

5. 沙门氏菌病

沙门氏菌于1880年发现，至今已发现沙门氏菌属的细菌有2 000多种血清型，是一种重要的人兽共患疾病病原体。

（1）病原体。沙门氏菌属革兰氏阴性杆菌，为两端钝圆的中等大杆菌，有鞭毛，无荚膜，无芽孢，在一般培养基上均能生长。

（2）流行病学。豚鼠、小鼠、大鼠、兔、猴、猪和犬等均易感染，主要通过消化道传播。

（3）临床症状。实验动物感染沙门氏菌后，常呈暴发型发病，没有前驱症状而在4～5 d内大批死亡。亚急性型的患病动物呈现行动呆滞、被毛蓬松、食欲不振、结膜炎、眼睑黏合，出现腹泻、颤抖、摇晃，病程延续7～10 d死亡。慢性型的动物除出现上述类似症状外，还出现消瘦，延续较长时间后逐渐康复或死亡。

（4）诊断。可根据临床症状进行初步诊断，将病原菌进行分离培养，通过细菌学检查可以确诊。

（5）防治。本病无治疗价值。主要以预防为主，采取综合措施预防本病。一旦发现应全群淘汰。

饲料应妥善保管，严防野鼠、苍蝇和粪便的污染。食具、环境定期消毒。增加饲料中的蛋白质含量。发现患病动物及时隔离或淘汰。实验动物分类隔离饲养，密度适中，以便控制和减少相互交叉感染的机会。对实验动物群定期进行检测。

6. 弓形虫病

本病是由孢子虫纲的弓形虫引发的，能够在人和动物之间传染的重要人兽共患病。小鼠、大鼠、地鼠、豚鼠、犬和猴为中间宿主，猫为终末宿主。

（1）临床症状。自然感染的小鼠、大鼠和地鼠基本不表现临床症状，但组织切片上可见灶性脑炎。豚鼠主要表现肝、脾肿大，幼龄鼠可出现角弓反张，排粪、排尿紊乱。猫急性发病时出现体温升高、嗜睡、呼吸困难，有时出现呕吐和腹泻；慢性病例主要表现消瘦与贫血，有时出现神经症状，孕猫也可发生流产和死胎。

（2）诊断。

①采用血清学方法（ELISA、间接血凝等）检测特异性抗体；②取感染组织作涂片检查，发现虫体即可诊断。

（3）防治。加强饲养管理，防止猫类对饲料、饮水的污染。淘汰动物应进行焚烧处理，严防被猫吞食。

任务六　实验动物的传染病与控制技术

1. 鼠痘

鼠痘是小鼠的一种毁灭性、高度传染性疾病。在世界各地广为流行，常造成小鼠大批死亡，有的呈隐性感染，但在实验条件下，病毒可转化为显性感染，从而严重影响和干扰实验研究的顺利进行。

（1）病原体。鼠痘病毒属于痘病毒科，该病毒对干燥、低温抵抗力较强，2%火碱、0.5%福尔马林、3%石碳酸可杀死该病毒。

（2）流行病学。本病的自然感染宿主是小鼠，传染源主要是病鼠和隐性带毒鼠，经皮肤病灶和粪、尿向外排毒，污染周围环境，可经呼吸道、消化道、皮肤伤口感染。饲养人员、蚊子、苍蝇、体外寄生虫、蟑螂等可能是本病的机械传播者。

（3）临床症状。分 3 种感染类型：

①急性型。小鼠绝食、昏睡、被毛逆立、松乱、头颈肿胀、结膜炎，很快死亡，死亡率 60%～90%。

②亚急性型。小鼠皮肤出现皮疹，发生溃烂、坏死，形成坏疽，最后四肢和尾部断裂。病程较长。

③慢性型。见于本病流行后期，死亡率和发病率下降，偶有皮肤病鼠出现，育成鼠生长发育缓慢，生产率下降，胎次减少。

（4）诊断。根据临床可作初步诊断，然后根据动物学实验、病毒分离、血清学诊断等进行确诊。

（5）预防。进行定期检测，对死亡小鼠进行无害化处理，自繁自养净化种群。

2. 兔出血症

由兔出血症病毒引起兔的一种烈性传染病，又称“兔瘟”。主要特征是病兔突然死亡，临死兴奋、挣扎、抽搐、惨叫。

（1）病原体。该病毒为单股 RNA 病毒、呈球形、20 面体，立体对称。

（2）流行病学。本病只发生于家兔，不同品种兔均易感染，主要发生于青年兔和成年兔，病兔和带毒兔是主要的传染来源，健康兔与其直接接触而感染，也可通过排泄物、分泌物及污染的饲料、饮水、用具等间接传播。

（3）临床症状。

①超急性型。感染兔迅速死亡，无任何症状。

②急性型。病兔食欲骤减，精神很差，蜷缩不动，皮毛无光，体温高达 41℃以上，喜饮水，迅速消瘦，一般病程为 12～48 h。死亡前突然兴奋挣扎，在笼内狂奔、嘴咬笼具，

然后两前肢伏地，后肢支起，全身颤抖，仰卧，四肢抽搐，死前惨叫。

③慢性型。多见于3月龄小兔，病兔精神欠佳，食欲减少或废食，喜欢水，被毛无光，消瘦，体温41℃左右。病程较长。多数病兔可逐渐康复。

（4）诊断。根据临床症状可作出初步诊断。确诊需进行病毒分离鉴定和动物试验辅以电镜病毒学检查。

（5）防治。发现病兔及时淘汰，定期进行免疫监测，引进种兔要检疫，加强饲养管理，搞好卫生消毒。

3．泰泽氏病

泰泽氏病为毛发状芽孢杆菌引起的多种动物感染的一种传染病。其特征是肝脏多发性灶样坏死和出血性坏死性肠炎，在肝脏病灶处细胞内可见到菌体。小鼠和兔泰泽氏病主要以出血性肠炎和盲肠炎为特征。本病首次见于日本华尔兹小鼠，许多实验动物和家畜以及野生动物里也发现有泰泽氏病。

（1）病原体。为毛样芽孢杆菌，革兰氏染色阴性，具有多形性。

（2）流行病学。实验动物重点小鼠、大鼠、仓鼠、兔、猫和猕猴等均可患本病。本病对幼龄实验动物特别是初断乳的实验动物感染较严重，而且死亡率很高。患病动物和带菌动物均可成为传染源，通过排泄物、分泌物等传播病菌，病源污染饲料、饮水、笼具及周围环境，再由消化道、呼吸道等途径传给动物。本病多发生于秋末至初春季节，与气候、青饲料等因素及饲养管理和卫生条件不良有关。

（3）临床症状。本病所致疾病有肠型和肝型两种。肠型患病动物临床表现为精神萎顿，食欲减退乃至废绝，剧烈腹泻，粪便呈褐色糊状乃至水样，肛门周围、尾巴及后肢污秽，又称“湿尾病”，腹部膨大，多数经1～3 d死亡，少数病例经5～8 d或更长时间死亡，也有极少数患病动物表现为经一过性下痢后逐渐恢复。肝型患病动物一般无腹泻症状而突然死亡。

自然病例特征性病理变化是盲肠广泛性充血和出血，盲肠及回盲瓣固有层和黏膜下水肿，盲肠内充满含有气体的褐色水样或糊状内容物。

（4）诊断。根据流行病学，临床症状可做出初步诊断。肝脏的冰冻切片、坏死灶内找到毛样芽孢菌可确诊。

（5）防治。

①加强饲养管理，搞好综合卫生，防止各种不良因素对幼龄动物产生影响。

②环境中芽孢在适宜的温湿度下可以萌发。饲料、垫料里的毛样芽孢杆菌的繁殖体侵入幼龄动物的消化道可引起疫病，所以要加强对饲料、垫料的管理。

③发病群投予四环素，可避免本病的大流行。抗生素并不能将本病消除，因此应考虑将感染的小鼠全群淘汰。

4. 仙台病毒感染

小鼠仙台病毒是最难控制的病毒之一。临床表现有两种病型。急性型多见于断乳小鼠，主要表现呼吸道症状；多数情况下呈隐性感染，可对实验研究产生严重干扰。

（1）病原体。仙台病毒属副黏病毒科副黏病毒属，为单股链 RNA 病毒。该病毒在鸡胚中繁殖较快，以羊膜腔途径接种最为敏感，尿囊腔传代接种生长良好。

（2）流行病学。在自然条件下，仙台病毒可感染小鼠、大鼠、仓鼠和豚鼠，直接接触和空气传播是仙台病毒主要的传播和扩散方式。

（3）临床症状。类似感冒症状，患病鼠打“呼噜”，被毛粗乱，发育迟缓，体重下降，易继发支原体感染。

（4）诊断。根据临床症状可作出初步诊断。确诊需进行鸡胚尿囊腔培养、病毒分离鉴定和血清学诊断。动物实验用患病鼠鼻腔、支气管分泌物悬液 12～14 支接种健康小白鼠。血清学诊断方法中酶联免疫吸附试验和免疫荧光试验敏感性和特异性较好。

（5）预防。定期进行免疫监测，发现病鼠及时淘汰。

5. 小鼠肝炎

由小鼠肝炎病毒引起的一种高度传染性疾病，随毒株、品种和年龄不同，而呈现出肝炎、脑炎、乳鼠肠炎和进行性消耗综合征为特征的疾病。小鼠肝炎病毒被列为影响科学研究实验的主要病原体之一。

（1）病原体。小鼠肝炎病毒属于冠状病毒科、冠状病毒属，通常在 56℃经 5～10 min 可被灭活，37℃经几天，4℃经几个月也会失去活性。可很好地保存于−70℃环境中。病毒对乙醚和氯仿敏感。

（2）流行病学。小鼠肝炎病毒只感染小鼠。通常是隐性或亚临床感染，但具有高度的传染性。本病呈世界性分布，在中国的小鼠群中广泛流行。口腔和呼吸道是自然感染的主要途径。

（3）临床症状。

①急性型。乳鼠表现精神沉郁，食欲废绝、被毛粗乱、腹泻、消瘦、脱水。

②神经型。发病鼠两后肢松弛性麻痹，结膜炎，全身抽搐，转圈运动，2～4 d 死亡。

（4）诊断。根据临床症状可作出初步诊断。确诊需进行病毒分离鉴定、电镜检查和血清学诊断。酶联免疫吸附试验（ELISA）方法相当敏感，为常用方法。

（5）预防。定期进行监测，搞好环境卫生。一旦感染，淘汰整个群体。

6. 犬瘟热

犬瘟热是由犬瘟热病毒引起的传染性疾病。感染肉食动物中的犬科及一部分浣熊科动物，具有高度接触传染性、致死性。早期表现双相热型、急性鼻卡他，随后以支气管炎、卡他性肺炎、严重的胃肠炎和神经症状为特征。

（1）病原体。犬瘟热病毒属副黏病毒科、麻疹病毒属，对热和干燥敏感，50～60℃即可灭活。

（2）流行病学。主要的自然宿主为犬科动物，本病一年四季均可发生，以冬、春季多发。不同年龄、性别和品种的犬均可感染，以不满 1 岁的幼犬最为易感。病犬是最重要的传染源，病毒大量存在于鼻分泌物和唾液中，也见于泪液、血液、脑脊髓液、淋巴结、肝、脾中，并能通过尿液长期排毒，污染周围环境。主要传播途径是病犬与健康犬直接接触，通过空气飞沫经呼吸道感染。

（3）临床症状。

①超急性型。突发高热 40℃以上，2～3 d 死亡。

②急性型。潜伏期 7 d，高热 40℃以上，被毛粗乱，食欲减少。眼屎多，流脓性鼻涕，结膜炎，角膜混浊。

③消化道症状。食欲减少或废绝，出现急性胃肠卡他炎、呕吐、吐出有胆汁的黄色黏液块。大便恶臭、呈稀液状，混有黏液或血液。

④神经症状。全身有阵发性癫痫样痉挛发作，有时呈现强直性痉挛，口吐白沫。

⑤皮肤症状。发生皮疹，在腹壁和腹内侧少毛处可见小的红色斑点，最后变成小脓疱，结痂脱落。

（4）诊断。根据临床症状、病毒分离鉴定等作出诊断。

（5）防治。健康犬隔离饲养，引进犬进行 2 周检疫，幼犬注射血清预防，也可进行疫苗注射。

7. 犬细小病毒感染

犬细小病毒感染是犬的一种烈性传染病。临床表现以急性出血性肠炎和非化脓性心肌炎为特征。

（1）病原体。犬细小病毒属细小病毒科、细小病毒属，对多种理化因素和常用的消毒剂具有较强的抵抗力。在 4～10℃存活 180 d，37℃存活 14 d，56℃存活 24 h，80℃存活 15 min。可在多种细胞培养物中生长。

（2）流行病学。犬是主要的自然宿主，其他犬科动物也可感染，不同年龄、性别和品种的犬均可感染，但以刚断乳至 90 日龄的犬多发，本病一年四季均可发生，但以冬、春季多发。天气寒冷，气温骤变，饲养密度过高，有并发感染等均可加重病情和提高死亡率。

（3）临床症状。犬细小病毒感染在临床上表现各异，但主要可见肠炎和心肌炎两种病型。

①肠炎型。自然感染潜伏期 7～14 d，人工感染 3～4 d。病初 48 h，病犬抑郁、厌食、发热（40～41℃）和呕吐，呕吐物清亮、胆汁样或带血。随后 6～24 h 开始腹泻，起初粪

便呈灰色或灰黄色，随后呈血色或含有血块。胃肠道症状出现后 1～2 d 表现脱水和体重减轻等症状。

②心肌炎型。多见于 28～42 d 龄幼犬，常无先兆性症候，或仅表现轻度腹泻，继而突然衰弱，呼吸困难，脉搏快而弱，心脏听诊出现杂音，短时间内出现死亡。

（4）诊断。根据流行特点，结合临床症状可以作出初步诊断。确诊需病毒分离与鉴定、电镜和免疫电镜观察、血凝和血凝抑制试验。

（5）预防。本病发生迅猛，应及时采取综合性防疫措施，及时隔离病犬，对犬舍及时用 2%～4%火碱水或 10%～20%漂白粉反复消毒，定期预防接种。

任务七　平时预防实验动物疫病的措施

为了杜绝疫病的传播，要增强“防疫第一”的观念，建立一整套严格的卫生防疫制度，是保证实验动物健康、提高生产性能的一项重要工作。

（1）制定具体的卫生防疫制度，明文张贴，作为全体人员的行动准则，遵照执行。

（2）实验动物房舍四周必须建筑围墙，搞好环境卫生，消灭各种传播媒介，防止鼠害。

（3）实验动物房舍门口或生产区入口处，要设置消毒池，池内的消毒液应及时更换，并保持一定浓度和深度。场内外运输车辆和工具要严格分开，不得混用。生产区大门设专职门卫，负责来往人员、车辆的消毒。车辆进场时需经消毒池，并对车身和车底盘进行喷雾消毒。

（4）生产区入口要设有消毒更衣室，并装有紫外线灯。实验动物从业人员进入生产区，要在消毒室洗澡后，更换消毒工作服和靴帽，经消毒池消毒后方可进入。

（5）场区每年至少进行春、秋两次大扫除和消毒，每月进行一次一般性消毒。动物舍每周至少进行一次消毒，采取“全进全出”的饲养方式，空舍后彻底消毒。

（6）饲养人员要坚守岗位，自觉遵守防疫制度，严禁串舍，所有用具和设备必须固定在本舍使用。

（7）坚持自繁自养，如需引进畜禽时，为确保安全，防止疫病传播，必须从非疫区购入，并经当地防疫检疫机构检疫后取得产地检疫证明和防疫注射证明，再经本场兽医验证、检疫，进场前隔离观察 15～30 d，确诊无病后才能混群饲养。

（8）拟订和执行定期预防接种和补种计划，降低动物的易感性。

（9）认真贯彻执行检疫制度，及时发现并消灭传染源。

（10）生产区谢绝参观，非生产人员不得进入生产区，维修人员也需消毒后才能进入。

任务八　实验动物发生疫病时的扑灭措施

养殖场一旦发生疫情，应立即组织有关人员，对动物群进行全面检查，力争做到早发现、早诊断，并通知临近单位做好预防工作。发生疫情后，立即向当地县以上动物防疫机构报告，接受防疫机构的指导，尽快控制、扑灭疫情。若发生危害性大的疫病如口蹄疫、炭疽、禽流感等时，应立即采取封锁措施。场内有关人员不得离开场区，无关人员不得进入，场内物品不得向外搬移。加强和紧急进行严格消毒，场区出入口要强化消毒设施，并加强监督，切断传播途径。对与病畜有密切接触的假定健康动物和受威胁的动物，立即投药或进行紧急免疫接种，保护易感畜（禽），对患病动物进行及时和合理的治疗。组织人力物力对患病动物进行及时治疗，合理处理病死动物和淘汰患病动物，加强检疫，消灭传染源。疫区内最后一头患病动物处理完毕，经过一个发病周期后，进行检疫监测、观察，再未出现新的患病动物，经过彻底消毒后，方能恢复正常生产。

（1）合理的环境设施是养好动物、预防疾病的必备条件，设施的饲养繁殖区和动物实验区要严格分开。

（2）制定并严格执行科学的饲养管理制度和标准操作程序（Standard Operating Procedure，SOP），如隔离检疫制度，人员、物料进出动物设施的 SOP，从国家种子中心或合格的动物生产单位引种制度，动物运输的 SOP，饲养人员的教育与定期健康检查制度等。

（3）防止野生动物和昆虫进入实验动物室，定期灭菌和消毒。

（4）按国家实验动物微生物质量标准定期采样、检测。

（5）建立并保持健康的动物种群。大型饲养场建议采用悉生动物技术，定期通过剖腹产、人工哺乳，周期性重建核心种群。小型饲养场应采用全进全出制，定期从国家动物种子中心引入健康种群。

（6）严格动物健康状况的监护，及时采取封锁、扑杀、销毁、隔离治疗（仅大动物而言）或降级使用（如 SPF 级动物降为清洁级动物），以保证实验动物的饲养环境与动物质量。

（7）除啮齿类动物不注射传染病疫苗外，应定时给大动物注射传染病疫苗。如兔应及时接种兔瘟疫苗，犬应接种狂犬病、犬瘟热、犬传染性肝炎和犬细小病毒肠炎疫苗，以增强对传染病的抵抗力。

任务九　实验动物的健康监护

实验动物健康状况的监护职责是由值班兽医师来承担的，内容包括每天巡视动物房，观察动物的行为，进行个体检查、进行采食和饮水观察，实施传染病的预防、患病动物的处理、卫生监督和动物房照相监视的检查。

1. 每天巡视

（1）观察动物的行为、外貌。每天定时进入动物房，观察安静状态下的动物有无以下异常表现或症状：如精神萎靡不振、敏感性增高、运动失调、被毛粗乱、被毛如油污涂布，皮肤有无创伤、丘疹、水疱、溃疡、脱水皱缩，头部、颈部、背部有无肿块、四肢关节有无肿胀，尾部有无肿胀、溃疡、坏疽、无毛斑痕，鼻孔有无渗出物阻塞、喷嚏、呼吸困难，眼部有无渗出物、结膜炎，口部有无流涎、张口困难，排出粪便的含水量、颜色、排粪次数、粪便数量、粪便中有无未消化谷粒、黏液、血液、寄生虫虫体，排尿的次数、每次尿量及颜色。

（2）个体检查。对可疑动物应进行个体检查。首先用镊子、捕网或捕笼捉住动物，进行徒手或药物保定，然后详细检查。

通过触摸背部、臀部、腿部肌肉，判定动物的营养状况；仔细检查皮肤的弹性，有无缺毛斑痕和外寄生虫；兔子要检查有无耳螨；肛门皮肤及被毛有无被稀粪污染；眼部有无角膜炎、晶状体浑浊、瞳孔形状变化和色素沉着等。用开口器具打开口腔，观察黏膜有无出血、糜烂、溃疡、假膜、炎症；轻轻压迫喉头与气管能否引起咳嗽；触诊腹腔有无疼痛反射和较大肿块；应用体温表检查动物的体温。

（3）采食和饮水观察。在大群实验动物中发现患病动物最好的时机就是投放饲料的瞬间，健康动物常踊跃抢食，而患病动物往往独立于一侧，厌食甚至拒食。饮水时健康动物一般适度喝水，但腹泻动物常饮水量大增；食欲和饮欲剧增应怀疑是否有疾病。发现拒食的动物立即剔除，作进一步的检查。

2．哨兵动物策略

哨兵动物通常为隔离器中饲养的悉生小鼠或SPF小鼠，利用其对传染病的高度敏感性而设置。放置在屏障设施内动物饲养房间的中央与四角，哨兵动物的饲养盒不用过滤帽，每次换盒时向哨兵动物鼠盒内加入其他鼠盒换下的垫料，每月从哨兵动物鼠盒中取出1只动物用于微生物和病理学检测，并补充新的哨兵动物。

3．患病动物的处理

对疑似患病动物应及时隔离，一方面向有关领导报告，另一方面将动物放在生产区外的隔离检疫区内，以作进一步的检查。对动物尸体、废物、污水除按规定作进一步检查外，应按废物处理办法给予及时处理，进一步检查内容包括：

（1）尸体检查。病死的或急宰、捕杀的动物应立即进行检查，除肉眼观察内脏器官的病变外，还应取材作病理学和微生物学检查。

（2）病理学检查。取出病变器官，用10%福尔马林固定，交检验室切片染色检查。

（3）微生物学检查。用无菌手术取出病变器官，置于灭菌平皿内，进行涂片染色镜检，必要时做分离培养、动物试验、变态反应诊断和血清学诊断。

（4）血液学检查。采取血样，检查血液有形成分的数量和形态。

（5）生物化学检查法。测定血清酶的含量。

（6）确定是否存在物质代谢障碍。

4．卫生监督

监督人员、物料、设备进出实验动物设施清洁卫生管理规章的实施。按国家标准，定期对实验动物环境设施实施检测。

5. 电视摄像监控

对动物房用电视摄像系统实施 24 h 检查，加强对动物的临床观察与监督，确保实验动物设施管理规章制度的执行。

项目 5.3　实验动物疫病检测技能

任务十　实验动物粪便的寄生虫检验

1. 方法

采取饱和盐水漂浮法检查寄生虫虫卵。

2. 材料

食盐、待检粪便、平皿、纱布、载玻片、显微镜等。

3. 操作步骤

（1）饱和盐水的制备：把食盐加入沸水锅内，直到食盐不再溶解而出现沉淀为止（1 000 mL 沸水中加入约 400 g 食盐），溶液用纱布过滤，待冷却后使用。

（2）漂浮检验方法：取新鲜粪便 2 g 放在平皿中用镊子压碎，加入 10 倍量的饱和盐水，搅拌混合，用粪筛过滤到平底管中，使管内粪汁平于管口并稍隆起为好，但不要溢出，静置 30 min 后，用载玻片蘸取液面，盖片镜检（见图 5-1）。

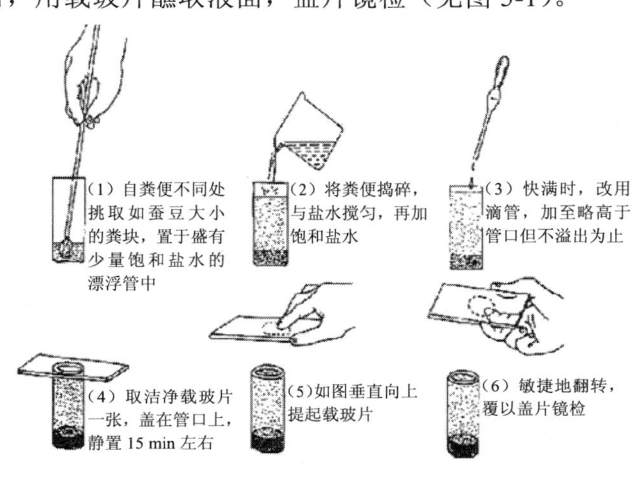

图 5-1　饱和盐水漂浮法检验的操作

职业技能考核

理论考核

1. 我国根据微生物和寄生虫控制要求把实验动物分为哪几个等级?
2. 不同等级实验动物微生物学检测项目有哪些?
3. 不同等级实验动物寄生虫学检测项目有哪些?
4. 实验动物疫病危害性有哪些?
5. 实验动物兽医师的职责是怎样的?
6. 如何防控实验动物的人兽共患病?
7. 如何防控实验动物的传染病?
8. 平时预防实验动物疫病的措施有哪些?
9. 实验动物发生疫病时的扑灭措施有哪些?
10. 如何对实验动物进行健康监护?

实践操作考核

预防实验动物疫病的措施;实验动物粪便的寄生虫检验。

模块 6　实验动物繁殖与繁育技术

岗位		实验动物繁殖室、实验动物实验室
岗位任务		实验动物繁殖与繁育技术
岗位目标	应知	实验动物繁殖技术、实验动物随机交配繁育体系、实验动物近交系繁育体系
	应会	实验动物性成熟与生殖年龄、实验动物繁殖技术、实验动物随机交配、封闭群的维持与生产、近交系繁育方法、实验动物的性别鉴定与性周期以及交配情况观察、实验动物性周期以及交配情况观察
	职业素养	养成爱岗敬业、强烈的责任心；养成认真仔细、实事求是的态度；养成规范的操作、准确的结果判读、善于思考、科学分析的良好作风；养成注重安全防范意识

项目 6.1　实验动物繁殖技术

任务一　实验动物性成熟与生殖年龄

1．性成熟与生殖年龄

（1）初情期与性成熟

①初情期。初情期是指雄性动物第一次能够排出精子或雌性动物初次发情和排卵的时期，标志着动物开始具备生殖能力，此时期机体的发育最为迅速。初情期动物虽有发情表现，但不完全，发情周期也往往不正常，其生殖器官仍在继续生长发育中。一般小鼠的初情期为 30 日龄，大鼠为 50 日龄，豚鼠为 45 日龄，兔 3～4 月龄，犬为 180 日龄。

②性成熟。性成熟是指雄性动物性器官、性机能发育成熟，并具有受精能力，雌性动物生殖器官发育完全，发情周期和排卵已趋正常，具备正常繁殖后代能力的时期。到达性

成熟时期的动物，由于此时身体的生长发育尚未完成，故一般不宜配种。否则过早怀孕，一方面会妨碍雌性动物本身的发育，另一方面也会影响胎儿的生长发育，导致后代体重减轻、体质衰弱或发育不良。初配的实际时间通常选在两个性周期后。

（2）适配年龄

适配年龄是指性成熟后，雄性或雌性动物基本上达到生长完成的时期，各种器官组织基本发育完善，适宜配种。小鼠的繁殖适龄期约为 8 周，大鼠为 3 个月，豚鼠为 4 个月，兔为 3 个月。动物达到繁殖适配年龄时，小鼠体重在 20 g 以上，大鼠雄性在 250 g 以上，雌性在 150 g 以上。

（3）繁殖机能停止期

雌性动物的繁殖能力有一定的年限，年限的长短因品种、饲养管理以及健康情况而异。雌性动物到达老年时，卵巢生理机能逐渐停止，不再出现发情和排卵。一般实验动物在此之前就予以淘汰。比如，小鼠性活动可维持 1 年左右，作为种鼠使用时间一般为 6～8 个月，之后其繁殖能力下降，仔鼠质量越来越差，因此应予以淘汰。近交系小鼠一般连续生产 5～6 胎即可淘汰。

2．生殖生理

常见实验动物生殖生理指标参见表 6-1。

（1）雄性生殖生理

雄性动物的作用是生产精子细胞，并通过交配把它们贮藏于雌性动物的生殖道里。交配后雄性动物就完成了生殖任务，在以后的生殖过程中雄性动物不再起作用，但在幼仔护理期有些雄性动物也担负监护任务。在具有受精能力以前，精子必须在雌性生殖道里经历进一步的变化，称之为精子的获能。

阉割可使雄性动物失去生育能力，阉割的方法有去除睾丸或结扎输精管。去除睾丸后雄性激素的来源也同时被清除，雄性特征基本丧失；输精管结扎能保留激素的来源，保留动物雄性的特征，保留动物交配的能力，但不能使雌性动物怀孕。在胚胎操作中常用结扎输精管的公鼠使受体母鼠假孕。

①精液的组成。精液由精子和精清两部分组成。精清是由睾丸液、附睾液、副性腺分泌物组成的混合液体。精液中 90%～98%是水分，干物质 2%～10%。其化学成分主要为 K^+和 Na^+等无机成分、糖类、蛋白质和氨基酸、脂类、酶以及其他有机物，此外还含有几种维生素，主要为维生素 B_1、维生素 B_2、维生素 C 等。

表 6-1　常见实验动物生殖生理指标

动物种类	始发情期（生后）/d	繁殖适龄期（生后）	成熟体重	性周期/d	发情持续时间/h	发情性质	由发情开始至排卵/h	妊娠期/d	产仔数	新生体重/g	哺乳时间/d	离乳体重/g	成年体重/g
小鼠	30～40	8 周	20 g 以上	5（4～7）	12（8～20）	全年	2～3	19（18～20）	6（1～18）	1.5	21	10～12	25～30
大鼠	50～60	3 月	♂250 g 以上 ♀150 g 以上	4（4～5）	13.5（8～20）	全年	8～10	20（19～22）	8（1～12）	5～6	21	35～40	250～400
豚鼠	45～60	4 月	500 g 以上	16.5（14～17）	8（1～18）	全年	10	68（62～72）	3.5（1～6）	85～90	21	160～250	500～800
家兔	150～240	4 月	2.5 kg 以上			全年	交配后 10.5	30（29～35）	6（1～10）	70～100	45	1 000	（1 000～7 000） 2 900
金黄地鼠	20～35	8 周	♂70 g ♀70 g 以上	4（4～5）	4（4～5） 6（12）	全年	8～12	16（15～19）	7（3～14）	1.3～3.2	21	37～42	110～125
犬	180～240	12 月	5～20 kg	180（126～240）	9（4～13）d	春秋 2 次	1～3 d	60（58～63）	7（1～20）	200～500	60		10～30 kg
猫	180～240	12 月	2～3 kg	4（3～21）	4（3～10）d	每年两季发情，每季数次	交配后 24	63（60～68）	4	90～130	60		
猕猴	36～40 月	48 月	♂5 kg 以上 ♀4 kg 以上	28（23～33）	4～6 d	11～3 月发情一次	月经开始后第 11～15 d	164（149～180）	1	300～600	6～8 月		
绵羊	180～240	12 月	♂80 kg ♀55 kg	16（14～20）	1.5（1～3）d	秋	12～18	150（140～160）	1～2		4 月		
山羊	180～240		♂75 kg ♀45 kg	21（15～24）	2.5（2～3）d	秋	9～19	151（140～160）	1～3		3 月		

引自卢宗藩《家畜及实验动物生理生化参数》。

②精子的运动。精子也和一般生物相似，在其生活期间通常并不中断它的生理机能，尤其是新陈代谢和活力的保存，只是在不同的条件下，由于外界因素的影响，如缺氧、低温等，能加速或抑制其新陈代谢机能和活力，在无氧情况下，精子一般通过果糖酵解成为乳酸而获得能量，在有氧时，精子即消耗氧进行呼吸。精子主要在尾部进行呼吸，机理和大多数组织细胞进行的呼吸代谢过程相似。精子能通过呼吸代谢基质的中间产物进行氧化而取得大量能量，呼吸消耗了大量的氧和代谢基质，使精子在较短时间内死亡，因此在精液保存时常采用降温、隔绝空气和充入 CO_2 等办法，减少能量消耗，延长存活时间。

精子的运动类型包括：a. 直线前进运动：精子按直线方向前进运动，属于正常运动；b. 旋转运动：精子按圆形作转圈运动，属于异常运动；c. 摆动：精子在原地作微弱摆动。

③影响精子活力的因素

a. 温度。低温时（0～5℃）精子往往停止运动，在这个温度精子的代谢、活动力都受到抑制；当温度升高以后，精子又可以恢复运动，37℃时精子活动相当活泼，但只能维持几个小时；高于体温时，精子运动异常强烈，但很快死亡；55℃时精子很快失去活力，精子蛋白质凝固而死亡。在低温保存精液时，要防止温度下降太突然，否则，精子受到冷的刺激，产生温度性冷休克，精子很快就会失去活动力，且不能复苏，导致精子死亡。

b. 光照和辐射。光线的有害作用主要是对精子产生光化学反应，产生过氧化氢引起精子中毒，造成精子死亡，尤其是直射光线。往往在精液中加入过氧化氢酶，以破坏形成的过氧化氢。紫外线不仅降低精子受精能力，而且可以杀死精子，所以实验室的日光灯对精子仍有不良影响。X 射线也有破坏、杀死精子的作用。

c. 溶液的酸碱度。精子在生存过程中，要有一定的酸碱度范围，过高过低对精子的活动都有影响。pH 偏低，精子活动受到抑制，呼吸作用、糖酵解作用降低，此时精子呈假死状态，暂时不活动；pH 偏高，精子的呼吸作用、代谢活动都增强，容易耗费能量，存活时间不能持久。在精液保存时，常加入一些缓冲剂，如柠檬酸盐、磷酸盐以调整 pH，防止 pH 改变。

d. 溶液渗透压。精子与其周围的液体基本上是等渗透压，如果精清部分盐类浓度升高，则渗透压升高，容易引起精子本身水分的脱出，致使尾部呈锯齿状，头部缩小；反之，低渗透压则使精子头部膨大，尾部圆形弯曲。一般来说，低渗比高渗危害更大。

e. 离子浓度。离子浓度影响精子的代谢和运动。一般阴离子对精子的损害力大于阳离子。少量的离子浓度能促进呼吸、糖酵解和运动，大量的离子对精子代谢和运动有抑制作用。

f. 稀释和浓度。在精液中加入糖类或缓冲剂使渗透压与精子相等，对精液保存有利，适当的稀释对精子保存有利，但高倍稀释时对精子活力有损害。高倍稀释可破坏精子细胞膜的磷脂物质，另外可改变渗透压。

g. 化学物质。一些消毒剂、防腐剂对精子都有破坏作用。

（2）雌性生殖生理

①发情行为。雌性动物生长发育到一定年龄后，在垂体促性腺激素的作用下，卵巢上的卵泡发育并分泌雌激素，引起生殖器官和性行为的一系列变化，并产生性欲，雌性动物的这种生理状态称为发情。

正常的发情具有明显的性欲，以及生殖器官形态与机能的内部变化。卵巢上的卵泡发育、成熟和雌激素产生是发情的本质，而外部生殖器官变化和性行为变化是发情的外部现象。正常的发情主要有三方面的症状，即：卵巢变化、生殖道变化和行为变化。

a. 卵巢变化。雌性动物发情开始之前，卵巢上的卵泡已开始生长，至发情前 2～3 d 卵泡发育迅速，卵泡内膜增生，至发情时卵泡已发育成熟，卵泡液分泌增多，此时，卵泡壁变薄而突出表面。在激素的作用下，促使卵泡壁破裂，卵子被挤压而排出。

大多数哺乳动物排卵都是周期性的，根据卵巢排卵特点和黄体的功能，哺乳动物的排卵可分为两种类型，即自发性排卵和诱发性排卵。卵泡发育成熟后自行破裂排卵并自动形成黄体，称为自发性排卵，但这种排卵类型所形成的黄体存在有功能性与无功能性之分。一是在发情周期中黄体的功能可以维持一定时间，如家畜；二是除非交配（交配刺激），否则所形成的黄体是没有功能的，即不具有分泌孕酮的功能，如鼠类中的大鼠、小鼠和仓鼠等未交配时发情期很短，约 5 d，若交配未孕发情周期可维持 12～14 d。通过交配使子宫颈受到机械性刺激后才能排卵，并形成功能性黄体的为诱发性排卵。骆驼、兔、猫等属于诱发性排卵。

b. 生殖道变化。发情时卵泡迅速发育、成熟，雌激素分泌量增多，强烈地刺激生殖道，使血流量增加，外阴部表现充血、水肿、松软、阴蒂充血且有勃起；阴道黏膜充血、潮红；子宫和输卵管平滑肌的蠕动加强，子宫颈松弛，子宫黏膜上皮细胞和子宫颈黏膜上皮杯状细胞增生，腺体增大，分泌机能增强，有黏液分泌。发情前期黏液量少，发情盛期黏液量多，且稀薄透明，而发情末期黏液量少且浓稠。

c. 行为变化。发情时由于发育的卵泡分泌雌激素，并在少量孕酮作用下，刺激神经系统性中枢，引起性兴奋，使雌性动物常表现兴奋不安、对外界的变化刺激十分敏感。

②发情周期。雌性动物初情期以后，卵巢出现周期性的卵泡发育和排卵，并伴随着生殖器官及整个有机体发生一系列周期性生理变化，这种变化周而复始（非发情季节和怀孕期间除外），一直到性机能停止活动的年龄为止，这种周期性的性活动称为发情周期。发情周期的计算，一般是指从一次发情的开始到下一次发情开始的间隔时间，也有人按从一次发情的排卵期到下一次排卵期的间隔时间作为一个周期。各种动物发情周期的时间因动物种类不同而异，大鼠、小鼠和仓鼠未交配发情周期约为 5 d，若交配未孕发情周期可维持 12～14 d，猪为 21 d，绵羊为 16～17 d，兔为 8～15 d。

a. 发情周期的类型

实验动物的发情周期可分为两种类型。

季节性发情周期。这一类型的动物，只有在发情季节期间才能发情排卵。在非发情季节期间，卵巢机能处于静止状态，不会发情排卵，称为乏情期。在发情季节期间，有的动物有多次发情周期，称为季节性多次发情，如绵羊及山羊等；有的在发情季节期间，只有一个发情周期，称为季节性单次发情，如犬的发情季节有两个，即春、秋两季，每季只有一个发情周期，每次发情持续 14～21 d，每次发情的间隔期约 7 个月。猫的繁殖季节，北半球是 3—8 月，南半球是 9 月到次年的 2 月。欧洲田鼠的繁殖季节是 4—8 月。

无季节性发情周期。这一类型的动物，全年均可发情（妊娠时除外），无发情季节之分，配种没有明显的季节性。这类动物称为常年多次发情动物（或常年发情动物），其繁殖力很强。如大鼠、小鼠、豚鼠、猪等。

b. 发情周期的划分

在实验动物发情周期中，根据机体所发生的一系列生理变化，可分为发情前期、发情期、发情后期和间情期 4 个阶段。实验动物的发情周期参见表 6-2。

表 6-2　实验动物的发情周期

阶段	特点	行为
发情前期	上一个发情周期所形成的黄体退化萎缩，卵巢上开始有新卵泡生长发育；雌激素开始分泌，使整个生殖道血管供应量开始增加，引起毛细血管扩张伸展，渗透性逐渐增强，阴道和阴门黏膜有轻度充血、肿胀；子宫颈略为松弛，子宫腺体略有生长，腺体分泌活动逐渐增加，分泌少量稀薄黏液，阴道黏膜上皮细胞增生，但尚无性欲表现	不接受雄性动物交配
发情期	是雌性动物性欲达到高潮时期。卵巢上的卵泡迅速发育，雌激素分泌增多，强烈刺激生殖道，阴道及阴门黏膜充血肿胀明显，子宫黏膜显著增生，子宫颈充血，子宫颈口开张，蠕动加强，腺体分泌增多，有大量透明稀薄黏液排出。多在发情期末期排卵	接受雄性动物交配
发情后期	是排卵后黄体开始形成的时期。卵泡破裂排卵后雌激素分泌显著减少，黄体开始形成并分泌孕酮作用于生殖道，充血肿胀逐渐消退，子宫肌层蠕动逐渐减弱，腺体活动减少，黏液量少而稠，子宫颈管逐渐封闭，子宫内膜逐渐增厚	接受雄性动物交配
间情期	又称休情期，是黄体活动时期。雌性动物性欲已完全停止，精神状态恢复正常。前期黄体继续发育增大，分泌大量孕酮。如果卵子受精，这一阶段将延续下去，动物不再发情。如未孕，则增厚子宫内膜回缩，腺体缩小，腺体分泌活动停止，又进入到下一次发情周期的前期	不接受雄性动物交配

啮齿类动物在发情周期不同阶段，阴道黏膜发生比较典型的变化。因此，根据阴道涂片法的细胞学变化，可以推断发情周期的变化情况。方法是用圆头滴管吸少许生理盐水冲洗阴道，收集冲洗的液滴并作涂片，待涂片干燥后，用 10%福尔马林或 95%酒精固定，经苏木精—伊红染色后作镜检。大鼠和小鼠 4 个阶段阴道涂片的特征见表 6-3、图 6-1。

表 6-3　发情周期阴道涂片的细胞变化特点

阶段	经过时间/h		卵巢变化	细胞变化特点
	小鼠	大鼠		
发情前期	10	17～21	卵泡加速生长	全部是有核上皮细胞，偶有少量角化细胞
发情期	42	9～15	卵胞成熟排卵	全部是无核角化细胞或间有少量上皮细胞
发情后期	12	10～14	黄体生成	白细胞、角化细胞、有核上皮细胞均有
间情期	48～72	60～70	黄体退化	大量白细胞及少量上皮细胞和黏膜

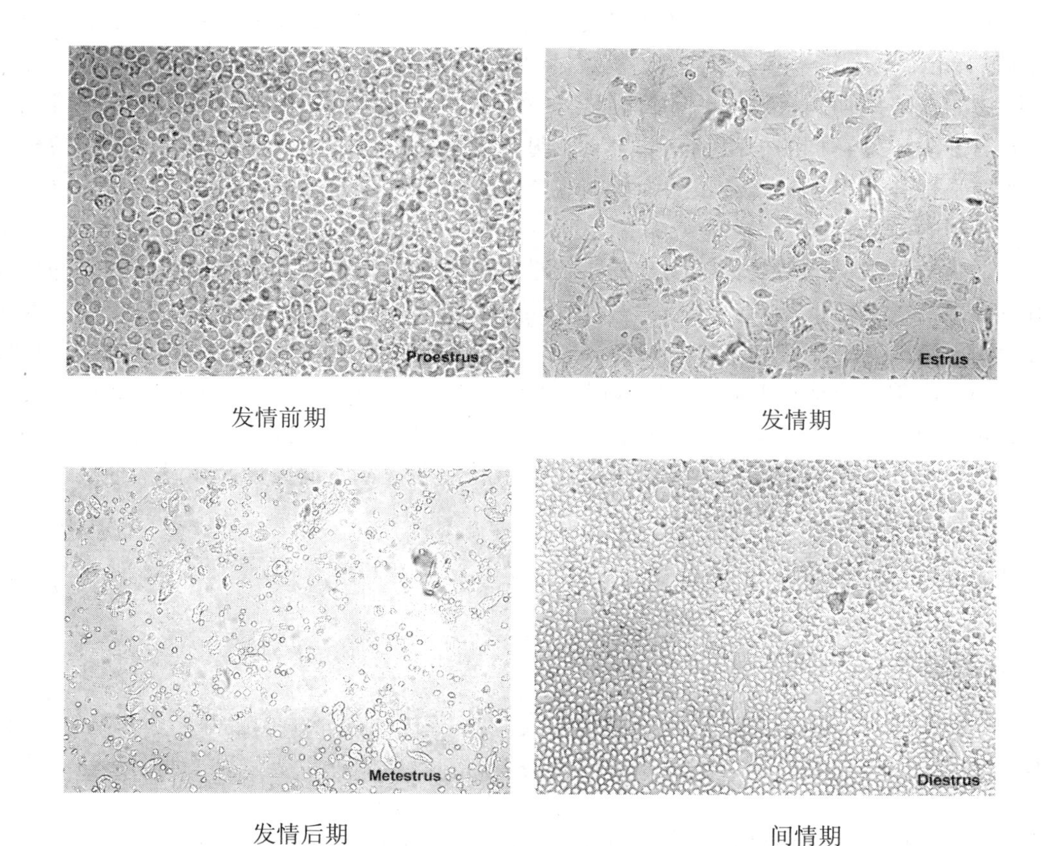

发情前期　　发情期

发情后期　　间情期

图 6-1　发情各周期阴道涂片

③发情鉴定。发情鉴定是动物繁殖工作中一项重要技术环节。通过发情鉴定，可以判断动物的发情阶段，预测排卵时间，以便确定配种适期，及时进行配种或人工授精，从而达到提高受胎率的目的。此外，还可以发现动物发情是否正常，以便发现问题，及时解决。

各种动物的发情特征，有其共性，也有特异性。因此，在发情鉴定时，既要注意共性方面，还要注意各种动物的自身特点。

一般发情的大鼠和小鼠有3个特点：发红、胀肿、阴道张开。未发情雌鼠阴道形状拉长，阴道未张开，不出现肿胀；而发情雌鼠阴道上部肿胀，张开并呈现亮红色。

雌豚鼠为全年多发情期动物，发情的雌鼠有典型的性行为，即用鼻嗅同笼其他豚鼠，爬跨同笼其他雌鼠。与雄鼠放置一起，则表现为典型的拱腰反应，即四条腿伸开，拱腰直背，阴部抬高。将一只手的拇指和食指，放在雌鼠的两条后腿之间，生殖器两侧，髂骨突起前部，很快有节奏地紧捏，发情的雌鼠会采取交配姿势。检查雌鼠是否发情也可取阴道涂片，通过观察其角化上皮细胞是否积聚来确定。雌豚鼠性周期为15～16 d，发情时间可持续1～18 h，平均6～8 h，多在下午5点到第二天早晨，排卵是在发情结束后。

地鼠的发情周期为有规则的4日循环，发情阶段通常在晚上，发情期后的早晨可见厚厚的突出于阴道外黏稠的分泌物，如果看不见，微微施加一点压力即可显现，用手指轻压能黏附于手指并拉出3～4 cm长的细丝，这个特异的有规律的排泄物对鉴定地鼠的发情阶段是很有用的。

犬是季节性发情的动物，除阴户肿胀、微微发红外，犬进入发情前期的最明显的特征是阴道排出红色带血的物质，阴道涂片中出现大量的红细胞，这一时间约持续 9 d。犬进入发情期，排泄物由红逐渐变淡，变得清亮，雌犬也乐于接受雄犬的爬胯。犬的发情期可持续11 d。通常在发情期开始后2～3 d排卵（见红后11～12 d）。犬排卵后，卵母细胞才开始走向成熟，通常需经历35 h卵母细胞才到达成熟的中期。犬的发情后期约持续2个月，不接受雄性动物的爬胯，阴户肿胀、阴道涂片中的红细胞逐渐消失。犬在发情期后有一个较长的不发情期，长达4个月左右。

任务二　实验动物繁殖技术

1. 实验动物配种方式

实际的配种系统除了考虑动物的遗传模式之外，常常依据品种、品系特性、生产管理、成本、饲养空间以及需要量的因素和研究目的而定。一般配种系统分为长期同居法和定期同居法两类。

（1）长期同居法。雌雄动物在性成熟后配种，此后在一起饲养至淘汰，即使雌性动物在分娩或哺育时也不将雄性动物分开。该法可分为两类。

①一公一母。一对雌雄个体同居配对终生，此种配对常用于有产后发情或雄鼠参与照顾幼仔的动物，这样可充分利用鼠类的繁殖能力（特别是利用雌鼠产后发情）。常用此法的有小鼠、大鼠和豚鼠等，此外近交系核心群的育种应该采用此配种系统。它又称频密繁殖法，管理简单，可减少疾病传染机会。由于雌鼠边怀孕边哺乳负担过重，应注意加强营养。

②一公多母与多公多母。一只或一只以上的雄性个体与多只雌性个体配种，这种方法也可以用于产后发情配种，且可生产大量子代，缺点是无法作精确的生产记录。同时，必须有较大空间的饲育笼。

（2）定期同居法。雌、雄动物在配种时才放置在一起，配种的时间由数分钟至数天，一旦确认雌性动物已经接受交配或确定已经怀孕，则移至待产笼中。此方法也分为两类。

①一公多母。一只雄性动物与两只以上的雌性动物关在一起的繁殖方式，这是一种以最少的种用动物生产最多数量后代的配种系统。雌性动物确认怀孕后，移至另外一笼待产。该系统又称非频密繁殖法。但便于有计划供应和生产，而哺乳仔鼠又得到充分的营养，仔鼠发育好，离乳时平均体重较前法重 1～2 g。一个生产周期 6 个组共计 42 d。适用于小鼠、大鼠等。

②人工配种。雌、雄动物分开饲养，仅配种时才置于同一饲育笼中，配种时间较短。该方法可减少配种动物的饲养量，并提供准确的记录，但是需要较多的人工。该系统适用于兔子、灵长类和犬等。表 6-4 列出了常见动物配种时的公母比。

表 6-4　多配偶繁殖体系的公母比

动物	公母比	配种体系
大鼠和小鼠	1 公，8～10 母	群居的繁殖群或配种对
地鼠	1 公，4～6 母	通常人工辅助配种
长爪沙鼠	1 公，1 母	单配偶对
豚鼠	1 公，8～10 母	群居的繁殖群或配种对
兔	1 公，8～10 母	一对一人工辅助配种
猫	1 公，8～10 母	群居的繁殖群或一对一配种
犬	1公，6～8 母	通常人工辅助配种
猴	1 公，10 母	群居的繁殖群或配种对

2. 配种鉴别

除了人工辅助交配的实验动物以外，要观察小动物的交配不仅耗费时间，也很困难。因为正常交配均发生于夜晚，但在动物的实验与研究中，管理人员必须知道什么时候雌性动物已经交配过了，从而才能掌握怀孕阶段与分娩的时间。证明已交配过的方法有阴道涂片法和阴道栓检查法。

（1）阴道涂片法。通过阴道涂片检查阴道中是否存在精子，如有即证明动物已交配过。涂片的方法与探测发情周期的方法一样。

（2）阴道栓检查法。大鼠、小鼠经常使用阴道栓检查是否交配。雌鼠交配后，在阴道口形成一个白色的阴道栓，是公鼠的精液、母鼠的阴道分泌物和阴道上皮混合遇空气后变硬的结果，可防止精子倒流，提高受孕率。阴道栓常视为交配成功的标志。阴道栓在交配后 12～24 h 自动脱落。大鼠配种不久，阴道栓塞会收缩，易于丢失，可将大鼠放入带有盛粪盘的鼠盒里，配种后第二天在纸上找到一块或碎裂成数块的栓塞，说明大鼠已于夜晚发生了交配。

3．妊娠诊断

妊娠的判断，特别是早期的判断具有一定的生产和科研意义。诊断妊娠的方法包括外部检查法、阴道检查法、直肠检查法和实验室法等。在绝大多数实验动物包括较小的非人类灵长类，腹部触诊子宫是一个可靠的探测妊娠的方法。检查时动物取正常的直立体位，检查腹部的两侧，如妊娠按规定的时间发展的话，在子宫的两角可查到胎儿。对较大的非人类灵长类可作直肠检查，食指通过肛门插入直肠，如果是在怀孕的中、后期，有经验的人可探测到胎儿。

（1）豚鼠妊娠检查。豚鼠的妊娠检查可以一只手交叉抓住豚鼠肩以上的颈部、前腿和肋骨外廓，轻轻地提起豚鼠，另一只手放于后腿之下，不要过紧地压迫豚鼠，然后托起豚鼠的整个身体，轻轻触摸下腹部子宫角部位，如发现有坚实卵圆形小体即为妊娠。妊娠 15 d 时，这些小体直径约为 5 mm，25 d 时为 10～15 mm，35 d 时为 25 mm，超过 35 d 可摸到胎体的一些部位。妊娠后期腹部明显隆起，胎儿、羊水等液体和组织可占体重的一半，最后一周耻骨联合分离。耻骨联合分离与否是判断剖腹产手术时机的主要标准。

（2）母兔妊娠检查。

①复配检查。把交配一周左右的母兔放到公兔笼中，如果母兔不亲近或逃避公兔，臀部下卧，尾巴不举等则表示已妊娠；如果母兔表现亲近公兔，并频频举尾，愿意接受交配时，一般没有妊娠。

②称重检查。母兔在配种前要称好体重，配种后 10～15 d 再称一次，如果体重显著增加，说明已经妊娠；如果体重没有增加，则没有妊娠。

③摸胎检查。配种后 10 d 左右，可对母兔进行检查，检查时一只手先抓住兔耳及后颈皮肤，使兔头朝向检查者，另一只手放在母兔腹下，自前向后，沿腹部来回轻轻仔细摸寻腹腔子宫。如果摸到一个接一个如串珠似的或像花生米大小的肉球，感觉柔软，在指间滑来滑去，这就是胎儿，可确认母兔已妊娠。初摸者要注意将胎儿与粪球区分开，胎儿柔软而且有弹性；粪球粗糙质硬，没有滑动感，无弹性。该法较为准确可靠，但检查时要小心，严防粗暴按压或拍打母兔，以防造成流产。

4．怀孕与分娩的护理

小动物的孕期护理较少。一般要求喂给含有高蛋白的饲料，且要保持安静的环境。

（1）代乳。由于雌性动物产仔过多，产后雌性动物死亡或不具有哺乳能力时，必须将幼仔转交给另一个雌性动物哺育，称之为代乳。在周期性地采用核心种群剖腹产时，常把幼仔给无菌动物或悉生动物代乳并隔离饲养，代乳是重建健康种群的基本手段。雌性动物依靠气味辨别是否是自己的幼仔，因此必须设法混淆气味使乳母无法辨别，可选择一些无毒的、气味持久的材料涂在窝内各幼仔身上，也可用乳母的粪尿或湿的垫料涂在刚移入的代乳动物身上。

（2）均窝。实验动物各窝产仔数是不等的，把产仔多的给产仔少的代乳称为“均窝”。均窝不仅能生产更多的实验动物，更重要的是各乳母带仔数相等，断奶时能得到更多均一的动物，从而大大提高了配种动物的繁殖利用率。

（3）断奶。断奶方法比较简单，只要把乳母和她哺育的幼仔分开即可。在哺乳期就应给幼仔吃干饲料，这样幼仔一旦断奶就能适应干的日粮，并有利于生长发育，如果因实验需要幼仔必须提前断奶，断奶前就应给这些幼仔更好的哺育条件，以确保断奶期的提前。

5．选种与淘汰

（1）选种。选种在繁殖效率上起着重要的作用，留种动物必须是健康、年轻、不具有攻击性的，雌性动物应该具有良好的母性。

种用动物必须具有本品种、品系特征，并在微生物质量上达到相应等级的质量标准。

（2）淘汰。对有疾病或子代遗传性能不良的种用动物，应该进行淘汰。淘汰种用动物时，一般以饲养室为单位进行。如果第1胎产仔太小或太弱，应及早淘汰。

6．繁殖记录

翔实的记录是科学管理配种的关键之一，实验动物生产繁殖中的记录工作非常重要，应随时记录生产情况，并及时总结，以发现和解决生产中出现的任何问题。

种群记录和生产记录包括系谱记录、品系记录、个体记录、繁殖记录和工作记录。繁殖群体一般应该记录如下数据：

①繁殖卡。包括品种、编号、父母鼠号、出生日期、同窝个数、配种比例及繁殖情况等。繁殖卡应长期保存。

②留种卡。包括品种、编号、父母鼠号、出生日期、同窝个数等。

③生产记录和工作日志。如离乳日及离乳数，离乳动物性别，兽医师相关资料等。

7．繁殖技术

（1）性别鉴定

不同性别动物对许多实验处理的反应是有差别的，如对药物敏感性、对各种刺激的反应性等。因此，动物性别往往是动物选择中的一个重要环节。动物性别判断主要是根据生殖器和第二性征。

对小鼠、大鼠，幼年鼠可根据生殖器判断，即比较生殖突起的大小和肛门生殖突起之间的距离。雄性仔鼠的生殖突起较大，肛门与生殖突起之间的距离也较长，成年鼠则主要根据睾丸进行判断，雄鼠的阴囊明显；雌鼠可见阴道开口和五对乳头（大鼠为六对）。豚鼠是观察外阴部，母豚鼠外阴部呈Y形的皱褶，公豚鼠的外阴部有一条狭长而直的缝隙，15日龄后在压迫会阴部时雄性的阴茎很明显。

家兔和犬等较大动物则主要根据乳腺和睾丸进行判断。比如，对成年兔，可用手指轻压生殖孔后皮肤，母兔呈窄缝样开口，将两侧皮肤推开，可看到阴门黏膜的表面，如是公兔则阴茎伸出。在检查初生仔兔时，也用手指轻压生殖孔周围的皮肤，公兔伸出阴茎，而母兔仅将阴门翻出，靠近肛门的阴门后端却不翻出。

非人类灵长类幼年动物也是检查泌尿生殖突起，雄性有突出的阴茎，而雌性则看到阴门黏膜。

（2）人工授精

人工授精是利用器械采集雄性动物的精液，经检查和处理后，再用器械将精液输入到发情雌性动物的生殖道内，以代替自然交配而繁殖后代的一种技术。人工授精的重要步骤如下。

①采精。雄性动物的采精方法很多，主要有假阴道法、手握法、电刺激法、按摩法、海绵法等。大型实验动物多采用假阴道法，小型实验动物一般直接从附睾部采精，手握法是当前公猪采精普遍应用的方法，按摩法主要用于禽类和犬类，电刺激法主要用于野生动物的采精。

②精液品质检查。精液品质检查的目的是鉴定精液品质的优劣，反映生殖机能状态、技术操作水平，并以此作为检验精液稀释、保存和运输效果的依据。精液品质检查的项目很多，一般分为常规检查项目和定期检查项目两大类：①常规检查项目包括射精量、色泽、气味、pH 值、精子活力、精子密度等；②定期检查项目包括精子计数、精子形态、精子存活率、精子存活时间等。

③精液稀释。精液稀释是向精液中加入适宜精子存活的稀释液，其目的是为了扩大精液容量，从而增加输精头数，同时延长精子的保存时间及受精能力，便于精液的运输，使精液得以充分利用。

一般精液稀释液的主要成分包括：营养物质，如葡萄糖、果糖、乳糖、奶和卵黄等；保护性物质，如柠檬酸钠、酒石酸钾钠、磷酸二氢钾等缓冲剂；防冷抗冻物质，如甘油、二甲亚砜、三羟甲基氨基甲烷、卵黄和奶类等；抗菌物质，如青霉素、链霉素和氨苯磺胺等；稀释剂，如等渗氯化钠、葡萄糖、果糖、蔗糖等。

有时还添加改善精子外在环境的理化特性、提高受精机会、促进受精卵发育的其他添加剂，如过氧化氢酶、催产素、PGE 以及一些维生素，如维生素 B_1、维生素 B_2、维生素 B_{12}、维生素 C、维生素 E 等。

④精液保存。精液保存的目的是延长精子的存活时间，便于运输，扩大精液的使用范围。现行精液保存的方法，按保存的温度分为常温保存（15～25℃），低温保存（0～5℃）和冷冻保存（−196～−79℃）三种。前两者保存温度都在0℃以上，以液态形式短期保存，故称液态精液保存，后者以冻结形式长期保存，故称冷冻精液保存。以冷冻保存最为理想。

⑤输精。输精是人工授精的最后一个技术环节。利用器械将精液输送到雌性动物的生殖器官内，一般有阴道受精、子宫颈受精和子宫受精三种。

小鼠可用 9～10 号针头，弯成直角，针头焊上球头并磨圆，安上注射器，将 0.04～0.05 mL 精液直接注入子宫。

兔输精时需仰卧保定，将输精管沿背线慢慢插入阴道内 7～10 cm，即可达子宫颈口位置，轻缓注入精液，输精后将母兔后躯抬高片刻，以防精液倒流。

母犬可放在适当高度的台上站立保定，输精管插入阴门，以水平方向前行至子宫颈口附近，经产母犬可继续伸至子宫体内，即可缓缓注入精液。输精后抬高母犬后躯，以防精液倒流。

（3）胚胎移植

把一只雌性动物生殖器官内正在发育的胚胎取出并转移到另一只雌性动物的生殖器官内，称为胚胎移植。这种技术已广泛用于各种胚胎工程、引种和重建健康种群的研究。胚胎移植也是生产遗传工程小鼠的关键技术。胚胎移植中，提供胚胎的个体为供体，接受胚胎的个体为受体。以小鼠为例，胚胎移植的基本技术程序包括：

①供、受体母畜的选择。

应该选择具备遗传优势，在育种上有价值且具有良好的繁殖能力、健康无病的供体，受体应具有良好的繁殖性能和健康体况。

②人工催情和超数排卵。

成年小鼠在非妊娠和非哺乳期间，任何时间都可发情，性周期为 4～5 d。超数排卵一般选用体重在 20～30 g 的雌鼠，注射孕马血清（PMSG）促使超排。每头雌鼠注射 PMSG 5～10 IU，注射时间可在第 1 天下午 4 时左右，注射部位为腹腔。在第 3 天的下午 4 时左右腹腔再注射绒毛膜促性腺激素（HCG）5 IU，并和雄鼠合笼饲养让其自然交配。第 4 天上午 8 时左右检查雌鼠，如有阴道栓形成者，即可供采卵。出现阴道栓即可认为是妊娠的第 1 天，即胚龄的第 1 天。

③受精卵及囊胚的获得。

受精卵的获得。将检查有阴道栓的小鼠用脊椎脱臼法处死，消毒腹部后，剪开暴露腹部器官；用剪刀和镊子除去卵巢、输卵管和子宫周围的脂肪组织，把输卵管取出，置于盛有培养液的表面皿中。在解剖镜下找到输卵管膨胀的壶腹部，用镊子撕开一个小口，卵子即自然流出。收集到的受精卵带有卵丘细胞，必须在含有透明质酸酶（1 mg/mL）的培养液中溶去卵丘细胞，再将受精卵换到新鲜的培养液内洗涤 3～4 次才可用于移植。冲卵液要保持 37℃。

囊胚的获得。取妊娠第 4 天的供胚鼠，同法取出子宫，放在消毒滤纸上，吸净子宫周围的血液。用装有冲卵液的注射器针头从上端（即靠近卵巢一端）插入子宫，将胚胎冲入培养皿中。用移卵吸管吸取胚胎放入新的培养液中清洗一下，用于移植。

④假孕鼠的制作。

不育雄鼠。选性成熟且健壮的雄鼠，结扎输精管，恢复 2～3 周后，与性成熟的雌鼠交配，检查雌鼠有阴道栓但不怀孕产仔。证明结扎手术成功，可作为不育雄鼠或称阉割鼠。

供胚鼠。选择性成熟且处于发情期的雌鼠，在下午 4 时左右与雄鼠合笼，第 2 天早晨挑出有阴道栓者为供胚鼠或称孕鼠。

假孕鼠。假孕鼠是胚胎移植时的受体。其生殖系统生理状态与移入卵的发育阶段同步，从而为移植的胚胎提供继续发育的条件。一般选择生过一胎、母性较好的雌鼠和阉割鼠合笼，次日上午挑选有阴道栓者为假孕鼠。

⑤胚胎移植。

从受精卵到囊胚（受精 0.5～3.5 d），都可以转移至假孕鼠的生殖管道以完成发育。胚胎移植有输卵管移植和子宫移植两种。单细胞到桑椹期的卵可转移至受孕 0.5 d 的假孕鼠的输卵管。输卵管移植仅适用于被透明带包裹的卵；3.5 d 的囊胚转移至假孕鼠的子宫。

项目 6.2　实验动物随机交配繁育体系

任务三　实验动物随机交配

1. 随机交配

随机交配是指群体内每个个体与异性个体交配机会均等的交配方式。随机交配的动物群能够贮藏原始动物群中的遗传差异，保持各代间群体中等位基因频率稳定不变。由于基因处于杂合状态，随机交配的繁育群生活力强、发情早、产仔率高、胚胎间隔短、初生仔鼠死亡率低、生长迅速、抗病力强且易于饲养，在实验动物生产上合理利用，可以减少投资、简化操作，获得均一性好、生命力强的实验动物。

2. 随机交配制度

根据封闭群遗传学要求，封闭群中不应产生小群体，也不应改变封闭群特有的杂合性，应保持其遗传基因的稳定及其异质性和多态性，留种时应尽可能多地保留繁殖个体。因此，维持和生产应该采用随机交配制度，使近交系数的上升率不超过 1%。根据封闭群的大小，可选用如下繁殖方式：

（1）随选交配法。当封闭群的数量很多时，一般选用该法。即从整个种群中随机选取种用动物，然后任选雌性动物交配繁殖。

（2）最佳避免近交法。留种时，每只雄种动物和每只雌种动物分别从子代各留一只雄性动物和雌性动物，作为繁殖下一代的种动物。动物交配时，尽量使亲缘关系较近的动物不配对繁殖。某些动物品种，如犬、猫、家兔等，生殖周期较长，难以按上述方式编排交配。只要保持种群规模不低于 10 只雄种、20 只雌种的水平，留种时每只雌、雄种各留一只子代雌、雄动物作种，交配时尽量避免近亲交配，则可以把群体中每代近交系数的上升控制在较低的程度。

（3）循环交配。将封闭群划分成若干个组，每组包含多个繁殖单位（一雄一雌单位，一雄二雌单位，一雄多雌单位等），安排各组之间以系统方法进行交配。循环交配法广泛适用于中等规模以上的实验动物封闭群。其优点：一是可以避免近亲交配；二是可以保证制种动物对整个封闭群有比较广泛的代表性。

任务四　封闭群的维持与生产

1．封闭群的引种、选种与留种

（1）基本要求

应尽量保持群内基因频率的分布平衡，以非近亲随机交配方法进行繁殖，每代近交系数上升度不得超过 1%。一般而言，随繁殖代数的增加，近亲交配的几率也随之增加。所以封闭群在繁殖过程中，应避免种鼠仅生育 1～2 胎即淘汰，以减少种群代数的快速增加。

（2）封闭群动物的引种原则

①作为繁殖用原种的封闭群动物必须遗传背景明确，来源清楚，有较完整的资料（包括品系名称、近交代数、遗传基因特点及主要生物学特征等）。

②为保持封闭群动物的遗传异质性及基因多态性，引种动物数量要足够多，小型啮齿类封闭群动物引种数目一般不能少于 25 对。

③选种、留种原则。对小鼠、大鼠、地鼠等一般要求体型符合品系标准，被毛光泽，生长发育良好。亲代繁育生产记录完整，受孕率高，母鼠产仔数多，断奶成活率高，离乳仔鼠健康，胚胎间隔短；雄鼠两侧睾丸发育良好且匀称。尽量选择第 2 或第 3 胎实验动物留种。适配日龄：大鼠 90 日龄左右，小鼠 70 日龄左右。根据种鼠生产能力及时更新换种，一般种鼠生产 5～6 胎次应淘汰。兔、犬的选留种要求公兔和雄犬雄性强，母兔和母犬母性要好，并且要体质健壮，发育正常，行动活泼，繁殖力、抗病力和遗传力都强。

各实验动物应详细记录育种卡片。

④繁殖方法选择。封闭群的种群大小、选种方法及交配方法是影响封闭群在繁殖过程中近交系数上升的主要因素，应根据种群的大小来选择适宜的繁殖交配方法。

当封闭群中每代交配的雄种动物数目为 10～25 只时，一般采用最佳避免近交法，也可采用循环交配法。

当封闭群中每代交配的雄种动物数目为 26～100 只时，一般采用循环交配法，也可采用最佳避免近交法。

当封闭群中每代交配的雄种动物数目多于 100 只时，一般采用随选交配法，也可采用循环交配法。

2. 封闭群的生产

可根据实际情况，选择长期同居法或定期同居法。

3. 繁殖计划

根据使用计划确定配种日期非常重要，医学实验通常对大鼠和小鼠体重或日龄要求较为严格，如不按使用计划配种，可能造成延误实验或造成小鼠和大鼠超重而被迫淘汰。

配种计划一般按以下公式进行计算：

配种日期=使用日期－（性周期+怀孕期+要求日龄）

配种数量=计划总数÷8（1∶1 配种）

例如：明年 2 月 9 日需要 60 日龄的大鼠 400 只，那么，配种日期为使用日期明年 2 月 9 日倒推（4+21+60=85 d），即是今年 11 月 16 日。

配种数量为 400 只÷8=50 只雌鼠。

项目 6.3　实验动物近交系繁育体系

任务五　近交系繁育方法

1. 近交系育种方式

近亲繁殖是将亲缘关系比较近的个体进行交配，如兄妹、母子和父女之间的交配等。近亲繁殖的目的为增强纯合性，其结果是纯合子的数量增加，而杂合子数量减少。这种近亲程度常用近交系数表示。

近交系小鼠和大鼠，一般采用以下 3 种方法进行繁殖（见图 6-2）。

（1）单线法。从近交系原种选出 3～5 对兄妹进行交配，从中选出生产能力最好的一对进行繁殖。从子代中再选出 3～5 对进行繁殖。然后从中选出一对作为下一代的双亲，依此类推。此法个体均一性好，缺点是选择范围太小，易发生断代的危险，在实践中一般不予采用。

（2）平行线法。从原种选出 3～5 对兄妹进行交配，每对生产的子代中都要选留下一代种鼠，平行向下延续。此法优点是选择范围大，有利于种的维持。其缺点是个体不太均一，易发生分化，长期下去可使动物分成不同的亚系。

（3）优选法。这种方法保留了上述两种方法的优点，克服了两种方法的缺点，是较好的保种方法。每代选 6 对，每对都选自同一双亲的子代同胎兄妹，在繁殖过程中，每一代均保持 6 对，当某对不怀孕或生产能力低时，则可以从另一对所生的后代中选择优良者加以代替。这种代替，可以是一对，也可以从雌雄中各选一只。

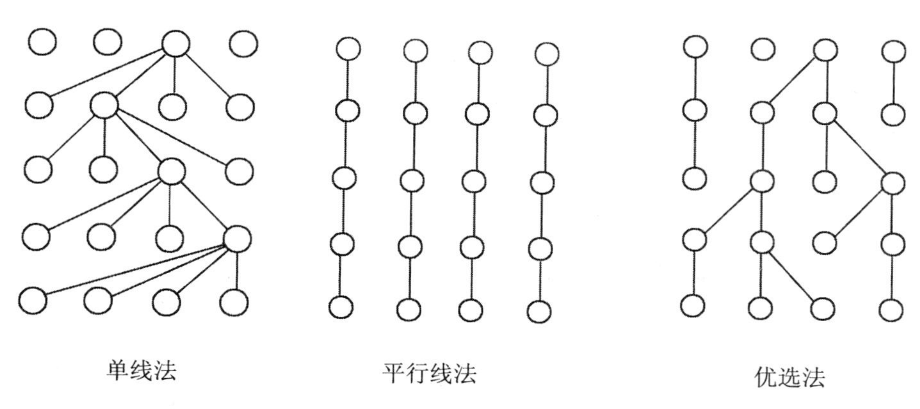

图 6-2 近交系核心群繁殖基本方式

2．近交系的生产

（1）引种。近交系的维持和生产繁殖所用原种小鼠必须遗传背景明确，来源清楚、有完整的谱系资料，包括品系名称、近交代数、遗传基因特点及主要生物学特征等。引种小鼠应来自近交系的核心群（引种动物可来自国家种子中心近交系的血缘扩大群或生产群），引种数量以 2～5 对同窝个体为宜。小鼠近交系一旦育成，应按保种的有关规定，维持其特定的生物学特征的稳定，保持其基因同一性和纯合性。

（2）繁殖。近交系动物通常采用红绿灯繁殖体系，在红绿灯繁殖体系中，近交系小鼠的维持和生产包括 3 个群。生产过程一般是核心群移出种子，经血缘扩大群扩增后，建立生产群，由生产群繁殖仔鼠供试验使用。当近交系动物生产供应数量不是很大时，一般不设血缘扩大群，仅设核心群和生产群。

①核心群。设核心群的目的，一是保持近交系自身的传代繁衍；二是为繁殖群提供动物种群。核心群严格采用全同胞兄妹交配，应保证小鼠不超过 5～7 代就能追溯到一对共同祖先。核心群应设动物个体记录卡（包括品系名称、近交代数、动物编号、出生日期、双亲编号、离乳日期、交配日期、生育记录等）和繁殖系谱。

②血缘扩大群。种鼠来源于核心群，采用全同胞兄妹交配繁殖。用来扩大群体中个体数量，为生产群提供种鼠。血缘扩大群应设个体繁殖记录卡，血缘扩大群小鼠应不超过5～7代就能追溯到其在核心群的一对共同祖先。

③生产群。生产群种用动物来自核心群或血缘扩大群，目的是生产供实验用的近交系动物。一般以随机交配方式进行繁殖，随机交配繁殖代数一般不超过4代，并设繁殖记录卡。为了便于控制随机交配不超过4代，可采用挂指示牌的方法：从血缘扩大群来的种鼠F0代挂白牌，F1代挂蓝牌，F2代挂黄牌，F3代挂红牌。红牌表示已繁殖到第3代，需更换种鼠，从血缘扩大群取来种鼠，继续生产，此即红绿灯繁殖体系（图6-3）。

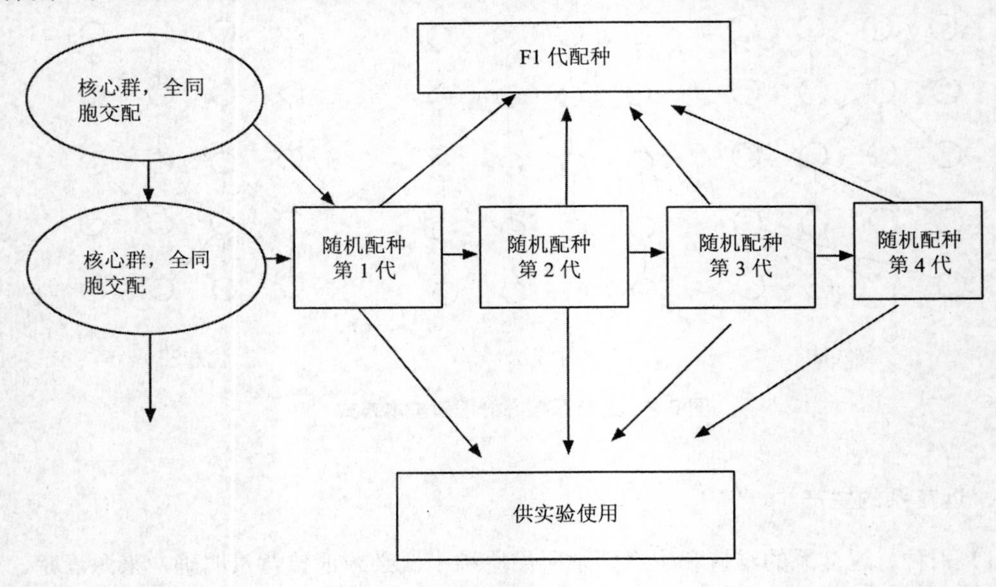

图6-3 近交系繁殖

为保证上述种群连续性，应做好配种计划。在生产中从核心群到生产群必须控制在15代以内，即生产群的小鼠上溯15代可在核心群找到共同祖先。各群之间不能有小鼠逆向流动。当小鼠出现断代时，可从血缘扩大群中选系谱记录清楚的小鼠重新建立核心群。

项目6.4 实验动物繁殖技能

任务六 实验动物的性别鉴定、性周期以及交配情况观察

性成熟动物的性别鉴定比较简单，通过观察外生殖器的形态、位置很易区分。啮齿类动物和兔新生仔的性别可通过以下几方面来判断。

（1）将动物抓取后，腹部朝上，观察比较肛门与生殖器之间的距离。距离近的为雌性，且肛门与生殖器之间有一无毛小沟，距离远的为雄性。

（2）大鼠与小鼠：右手拇指、食指于会阴部，向外张开，可见生殖器凸起。雄性凸起较大、较圆；雌性凸起较小，并有裂缝。

兔：下腹部朝向观察者，将生殖器周围的皮肤拨开。雄兔可见一圆孔里面露出阴茎，雌兔为一条朝向尾部的长缝，呈现椭圆形间隙，下端是阴道开口处。

（3）动物仰卧保定，观察乳头。雄性乳头不明显，雌性乳头明显。

任务七　实验动物性周期以及交配情况观察

1. 性周期观察（大、小鼠阴道分泌物检查）

（1）材料。生理盐水、蒸馏水、碱性美蓝染液，显微镜、载玻片、细棉签，性成熟小鼠每人 2 只。

（2）原理。啮齿类动物在发情周期的不同阶段阴道黏膜发生典型的变化，可将阴道分泌物涂片染色，判断其性周期阶段。

（3）操作。

①仰卧保定雌性小鼠。

②细棉签用生理盐水润湿后轻轻插入阴道约 0.5 cm 处，轻轻转动一下取出。将带有阴道分泌物的细棉签在载玻片上均匀涂抹，然后将涂片在空气中自然干燥。

③用姬姆萨染液染色 15 min 左右，用蒸馏水慢慢冲洗剩余染液，并使之干燥。

④在显微镜下观察阴道涂片的组织与变化确定发情周期的不同阶段。

2. 配种鉴定

通过对大、小鼠交配时间的确定，可准确推算胎鼠的鼠龄和分娩日期。证明动物已交配过的方法有阴道涂片法和阴道栓检查法。这里介绍阴道栓检查法。

啮齿类动物配种后，精液射入雌性动物的阴道内，精液遇到空气而形成凝固物质，即阴道栓。一般以阴道栓出现作为妊娠第 1 天。

一般大鼠在交配 1～2 h 后，阴道栓就会从雌鼠阴道中脱落下来，可将大鼠饲养在有金属底网的笼子里，在笼子下面放一个盘子，第二天早晨观察盘内是否有碎裂成数块的奶油色阴道栓，如有说明昨夜大鼠已配过种。

小鼠在交配后 1 h 形成阴道栓，比较牢固，栓塞通常不会排泄掉，可直接观察。

职业技能考核

理论考核

1. 名词解释：性成熟、发情周期、刺激排卵、自然排卵、阴道栓。
2. 发情前期阴道组织涂片特点是什么？
3. 如何进行大、小鼠的发情鉴定？
4. 地鼠发情特点是什么？
5. 常用实验动物配种方法有哪些？

实践操作考核

小鼠交配鉴定技术；大、小鼠发情期鉴定；实验动物妊娠检查；繁殖记录的书写；实验动物的性别鉴定技术；实验动物性周期以及交配情况观察。

模块 7　实验动物饲养管理技术

岗位		实验动物饲养管理室
岗位任务		实验动物饲养管理技术
岗位目标	应知	啮齿类实验动物饲养管理技术、家兔饲养管理技术、实验用犬猫饲养管理技术、非人灵长类实验动物饲养管理技术、实验动物猪饲养管理技术、实验动物临床生理正常指标
	应会	小鼠饲养管理技术、大鼠饲养管理技术、豚鼠饲养管理技术、仓鼠饲养管理技术、家兔饲养管理技术、实验用犬饲养管理技术、实验用猫饲养管理技术、实验动物猕猴饲养管理技术、实验动物猪饲养管理技术、实验动物临床生理正常指标
	职业素养	养成爱岗敬业、强烈的责任心，保护实验动物、注重安全防范意识；养成不怕苦和脏、敢于操作的良好作风；养成认真仔细、实事求是的态度，善于思考、科学分析的习惯

项目 7.1　啮齿类实验动物饲养管理技术

任务一　小鼠饲养管理技术

1．小鼠生物学特性

小鼠属于脊椎动物门，哺乳纲，啮齿目，鼠科，小鼠属。小鼠有多种毛色，如白色、鼠灰色、黑色、棕色、黄色、巧克力色、肉桂色、白斑、无毛等，其中小白鼠最为常用（图 7-1）。

（1）体型小，便于饲养管理。小鼠是啮齿目实验动物中最小型的动物，出生平均体重仅 1.5 g 左右，成熟时体重 25～40 g，体长约 10 cm，用于实验的小鼠标准体重为 18～22 g。成年雄鼠体重体长均大于雌鼠。由于小鼠体型小，饲养时所占据的空间小，对饲料的需求量也少，一只成年小鼠的食料量为 4～8 g/d，饮水量 4～7 mL/d，排粪量 1.4～2.8 g/d，排尿量 1～3 mL/d，因此非常便于饲养管理，可在短时间内提供大量的实验动物。

小鼠的尾长与体长相当，尾上具有四条明显的血管，背、腹面各有一条静脉血管，两侧各有一条动脉血管。小鼠的体温为 37～39℃，呼吸频率为 84～230 次/min，心跳频率为 470～780 次/min。

图 7-1　ICR 小鼠

（2）成熟早，繁殖力很强。小鼠 20 日龄时即可断乳，断乳体重可达 14 g 左右。雌性小鼠 35～50 日龄，雄性小鼠 45～60 日龄可达性成熟；雌性 65～75 日龄，雄性 70～80 日龄可达体成熟。为获得健康后代和保持种鼠旺盛的繁殖潜力，一般在 60 日龄后可以进行交配繁殖。小鼠性周期为 4～5 d，妊娠期为 19～21 d，平均 20 d；哺乳期为 17～21 d；一次排卵 10～23 个（视品种而定）；每胎产仔数 13 只左右，最多可达 25 只；一年产仔胎数 6～10 胎；属全年多次发情动物，繁殖率很高，生育期为一年。

成年雌鼠在发情周期的不同阶段，阴道黏膜会发生不同的变化，根据阴道涂片的细胞学改变，可以推断卵巢功能的周期性变化。小鼠的发情期往往开始于晚间，最普遍的是在晚 10 点到凌晨 1 点，偶尔在凌晨 1～7 点，白天很少发情。成年雌鼠交配后 10～12 h 阴道口有白色的阴道栓，这是受孕的标志。

（3）胆小怕惊，性情温顺。小鼠的胆子很小，遇有突然的声音便会乱作一团，然后警惕地观望周围的动静，做好逃跑或躲避的准备。因此，在饲养小鼠时动作应尽量温柔，环境应保持安静。小鼠怕强光刺激，喜欢光线较暗的环境。照明时，强度要适中，光线过强，容易造成母鼠的神经紊乱，可能出现吃仔的现象。但光照时间不足，又不利于小鼠的生长发育，一天中 12 h 光照，12 h 黑暗较适宜。小鼠习惯于昼伏夜出，白天活动较少，夜间却十分活跃，互相追逐配种，忙于觅食饮水，因此夜间应备有充足的饲料和饮水。

小鼠经长期的培育，在用于实验研究时，性情温顺，易于抓捕，特别是在有铁丝的网盖上更好捕捉。不会主动咬人，操作起来很方便，是理想的实验动物。需要注意的是，雌鼠哺乳期间或雄鼠打架时可能会咬人，小鼠在笼、盒内饲养时很温顺，但如果让其逃到笼外，很快就会恢复到处乱蹿的野性，难以捕捉，所以在饲养小鼠时，一定要关好笼门，盖好盒盖，以免发生意外。

（4）对外来刺激极为敏感。小鼠对于多种毒素和病原体具有易感性，反应极为灵敏，如 1%的破伤风毒素能使小鼠死亡，这是其他实验动物所不能比拟的，因此有利于用来做实验研究。对致癌物质也很敏感，自发性肿瘤多。体小娇嫩，对环境的适应性差。由于汗腺不发达，特别怕热，一出汗就易得病死亡。对疾病的抵抗力也差，因而遇到传染病时往往会发生成群死亡。

（5）雄性好斗。性成熟的雄鼠关在一起，易发生斗殴并咬伤，但同窝的雄鼠断乳就放在一个笼内，一般不会发生争斗。

2．小鼠在生物医学研究中的应用

（1）各种药物的毒性实验。如急性毒性试验、亚急性和慢性试验、半数致死量的测定等常选用小鼠。

（2）各种筛选性实验。一般筛选实验动物用量较大，多半是先从小鼠做起，可以不必选用纯系小鼠，杂种健康成年小鼠即可符合实验要求，如筛选一种药物对某一疾病或疾病的某些症状等有无防治作用时，选用杂种鼠可以观察一个药物的综合效果，因杂种鼠中血缘关系有比较近的，也有比较远的，对药物反应可能有敏感的、次敏感的、不太敏感的，通过筛选获得一个药物的综合效果后，再用纯系小鼠或大动物作进一步的确定。

（3）生物效应测定和药物的效价比较实验。如广泛用于血清、疫苗等生物鉴定工作，照射剂量与生物效应实验，各种药物效价测定（通过供试品和相当的标准品在一定条件下进行比较，以定出供试品的效价）等实验。

（4）微生物、寄生虫病学的研究。因小鼠对多种病原体具有易感性，适合于研究感染血吸虫、疟疾、马锥虫、流行性感冒、脑炎、狂犬病等。

（5）肿瘤、白血病研究。目前小鼠已广泛地用于癌、肉瘤、白血病以及其他恶性肿瘤的研究。如常选用小鼠的各种自发性肿瘤作为筛选抗癌药的工具，这些小鼠自发肿瘤从肿瘤发生学上来看，与人体肿瘤接近，进行药物筛选比移植性肿瘤可能更为理想。如 C3H 小鼠自发乳腺癌高达 90%，AKR 小鼠白血病自发率很高等。另外，也常用小鼠诱发各种动物肿瘤模型，进行肿瘤病因学、发病学和防治研究，如常用甲基胆蒽诱发小鼠胃癌和宫颈癌，用二乙基亚硝胺诱发小鼠肺癌等。

（6）避孕药和营养学实验研究。小鼠的繁殖能力很强，妊娠期仅 21 d，生长速度很快，因此很适合避孕药和营养学实验研究。常选用小鼠做抗生育、抗着床、抗早孕、中孕和抗排卵实验。

（7）镇咳药研究。小鼠在氢氧化铵雾剂刺激下有咳嗽反应，可利用这个特性来研究镇咳药物。因此，小鼠是研究镇咳药物所必需的动物。

（8）遗传性疾病的研究。如小鼠黑色素病，即 Chediak-Higashi 综合征，为自发性遗传病，与人相似。还有白化病、家族性肥胖、遗传性贫血、系统性红斑狼疮、尿崩症等。

（9）传染性疾病研究。如钩体病、霉形体病、巴氏杆菌病、沙门氏菌病、淋巴性脉络丛脑膜炎、脊髓灰白质炎、日本血吸虫病等。

（10）免疫学研究。可利用各种免疫缺陷小鼠来研究免疫机理等。

3．小鼠常用品种、品系

小鼠的品种和品系很多，是实验动物中培育品系最多的动物。近交系有 C57BL/6、C3H/HE、BALB/C、DBA/2、CBA、A、AKR、TAI、TA2、615 ICR、BALB/c 白化、DBA/2 浅灰色、C57BL/6J 黑色等；封闭群有 KM、ICR、NIH 等。

（1）近交系

①中国培育的近交系小鼠。中国一号（C-1）是 1955 年由中国医学科学院实验医学研究所将昆明种小鼠近亲交配 20 代以上培育而成，毛色为白色，肿瘤自发率低；津白一号（TA/1）是 1955 年由天津医学院将昆明市售白化小鼠近亲交配培育而成，毛色为白色，肿瘤自发率低；津白二号（TA/2）是 1963 年由天津医学院将昆明种小鼠近亲交配 20 代以上培育而成，毛色为白色，乳腺癌自发率高；615 小鼠是 1961 年由中国医学科学院输血和血液研究所将普通白化小鼠与 C57BL/血研杂交所生子代经过近亲交配 20 代以上培育而成，毛色深褐，肿瘤发生率为 10%～20%，对津 638 白血病病毒敏感。

②引进的近交系小鼠。BALB/c 小鼠是美国科技人员采用近亲交配 26 代培育而成，毛色为白色；C57BL/6 小鼠是 1975 年由日本引进，毛色为黑色；C3H 小鼠是 1975 年由美国引进，毛色为野生色；DBA 小鼠是 1977 年由美国实验动物中心引进，毛色为浅灰色。

（2）突变系

突变系小鼠是指在长期的繁殖过程中，子代突然发生变异，并能长期保持这种变化的遗传基因特性的小鼠。

①裸鼠。无毛，胸腺较小，是使用价值最高、使用范围最广的突变系小鼠。

②侏儒症小鼠。比正常小鼠体形小，缺少脑垂体前叶分泌的生长素和促甲状腺素。可用于内分泌研究。

③无毛症小鼠。在 14 日龄左右，上眼睑、下腭部、四肢、脚趾背部等处开始脱毛，接着尾下脱毛，并逐渐扩及全身，形似裸鼠，仅有散在毛，但胡须保留，有的 6 周龄以后又可长出新毛。可用于皮肤放射研究。

④肥胖症小鼠。与人类的肥胖症相似，有不育、高血糖等症状。可用于生化、病理研究。

⑤肌肉萎缩症小鼠。在 14 日龄左右出现拖后肢现象。可用于生化、病理和代谢障碍的研究。

（3）杂交群

杂交群小鼠是指不同近交品系小鼠之间，通过有计划地交配产生的杂种一代（F1）。F1 杂交群小鼠既具有纯系小鼠的特点，又保持了杂交优势，可在较短的时间内繁殖大量供实验用的遗传特性相同、且生命力较强的小鼠。

（4）封闭群（远交系）

封闭群小鼠是指为保持群体遗传特性的稳定，在 5 年以上不从外部引种、保持封闭状态的小鼠，又叫做远交系。封闭群的个体之间，具有某种程度的遗传差别，易于饲养，繁殖力强，适合大量生产。目前，我国常用的封闭群小鼠有以下几种：

①昆明小鼠（KM）。毛色为白色。1946 年我国从印度引入，后推广到全国各地。该小鼠特点是高产、抗病力强、适应性强，常见的自发肿瘤为乳腺癌，发病率约为 25%。广泛应用于教学，生殖生理、肿瘤、毒理、药理、免疫和微生物的科研工作以及药品、生物制品的制造和鉴定工作。

②NIH 小鼠。毛色为白色。由美国国立卫生研究院培育而成。繁殖力强，产仔成活率高，雄性好斗致伤。广泛用于药品的药理和毒理研究，以及生物制品检定。

③CFW 小鼠。毛色为白色。1935 年在英国培育成功，1973 年引入我国。

④LACA 小鼠。毛色为白色。CFW 小鼠引入英国实验动物中心（LAC），改名为 LACA，我国 1973 年由英国实验动物中心引进。

⑤ICR 小鼠。毛色为白色。1973 年由日本国立肿瘤研究所引进。

4．小鼠饲养管理要点

（1）饲料

饲料质量的好坏是饲养小鼠成败的关键因素之一。饲喂小鼠的饲料必须是营养价值高、全价、成分稳定、新鲜、清洁、无毒、无害的混合饲料。不同品系的小鼠对营养的要求也不同，近交系和裸鼠对营养成分的变化比较敏感，比其他小鼠要求要高。小鼠对营养成分的要求可参照下面的比例：粗蛋白 18%～26%，粗脂肪 4%～9%，粗纤维 3%～6%，碳水化合物 45%～60%，矿物质 1%～4%，钙磷比例 2∶1。

（2）饲养

小鼠属杂食动物，胃容积较小，有随时采食的习性。因此，要经常保持小鼠饲槽内有饲料，饮水瓶中有水，成年鼠采食量一般为 3～7 g/d，幼鼠一般为 1～3 g/d。对泌乳期雌鼠应适当增加一些葵花籽或饲喂繁殖鼠料。仔鼠体重增加较快，对睁眼或 21 d 离乳后的仔鼠应该喂营养水平较高的饲料，以满足其生长发育的需要。饮水瓶要勤换，经常洗刷、消毒，饮用水要符合标准。鼠笼内的垫料常采用锯末或碎刨花，应无毒无害、干燥清洁，经常更换，最好每周更换两次。

（3）环境

①温度。小鼠饲养的环境温度要保持 20～29℃，不要骤变。小鼠生后一个月体温不恒定，生后 6 周才能自行调节体温。温度高于 30℃时，小鼠的繁殖力会受到很大影响，有的甚至死亡。

②湿度。小鼠饲养的环境湿度应为 50%～70%。如果高于 80%或低于 30%，小鼠则会表现出烦躁不安或出现烂尾和吃仔的不良现象。

③换气。小鼠粪便会散发出氨气，雄鼠会分泌一种臭味，使室内空气极不新鲜，影响

小鼠健康。因此，要经常对小鼠房舍进行通风换气，尤其是冬天，一般要求换气 10～20 次/h。另外，还要根据房舍的大小来合理安排小鼠的饲养量。

④光线。光照对小鼠的性成熟和生长发育都有很明显的影响，最理想的是半明半暗，即有 12 h/d 光照时间，12 h/d 黑暗时间。

⑤噪声。噪声可使小鼠的听力受到损伤，食欲减退，影响繁殖力。因此，小鼠室内应保持安静，禁止喧哗，搬动物品时要轻拿轻放。

（4）卫生消毒

①房舍。房舍内应有清洁走道和污物走道设施，避免清洁物和污物混杂。房舍应定期用 0.2%的过氧乙酸喷雾消毒，特殊情况应严格消毒。

②笼架和笼具。笼架清洗干净后应用 0.2%的过氧乙酸或 2%的新洁尔灭擦除灰尘和污物。笼具清洗干净后可用 2%的新洁尔灭或 1%的氢氧化钠溶液浸泡 1～2 h。塑料笼具由于耐腐蚀、易清洗消毒，已被广泛应用。新购进的笼具严禁放入房舍，以防止传染病的发生。

③工作人员。进入房舍要换上清洁工作服、干净拖鞋并佩戴口罩，严禁外来人员和患有传染病的人员进入房舍。工作人员还要勤洗澡、勤换衣。

④病鼠处理。小鼠发生传染病时，同笼的甚至整个笼架的小鼠应全部淘汰，笼具等物品要经过彻底消毒后才能重新使用。

任务二　大鼠饲养管理技术

1. 大鼠生物学特性

大鼠属于脊椎动物门，哺乳纲，啮齿目，鼠科，由褐家鼠变种而来（图 7-2）。其生物学特性如下所述。

（1）性成熟早，繁殖力强。大鼠性成熟早，一般 2 月龄时达到性成熟，性周期 4～5 d，妊娠期 19～22 d，平均 20 d，哺乳期 21 d，平均每窝产仔 8 只，为全年多次发情动物。

图 7-2　SD 大鼠

（2）夜间活动。白天喜欢挤在一起休息，晚上活动量大，吃食多，因此白天除实验必须抓取外，一般不要惊动它。可以在下午为其添加饲料，其食性广泛。

（3）性情凶猛。大鼠门齿较长，激怒、袭击、抓捕时易咬手，尤其是哺乳期的母鼠更凶，常会主动咬工作人员喂饲时伸入鼠笼的手。饲养管理时应特别注意，防止咬伤，必要时可戴手套。

（4）对营养缺乏很敏感。大鼠对维生素A、维生素E、氨基酸缺乏敏感，易发生典型缺乏症，体内可以合成维生素C。对环境的适应性较强。

（5）视觉、嗅觉较灵敏。做条件反射等实验反应良好，但对许多药物易产生耐药性。

（6）特殊的解剖生理特征。不能呕吐，因此药理实验时应予注意；无胆囊；垂体—肾上腺系统功能发达，应激反应灵敏；肝脏再生能力强，切除60%～70%的肝叶仍有再生能力；眼角膜无血管；生长发育期长，长骨长期有骨骺存在，不骨化；肠道短，盲肠大，不耐饥饿；大鼠的体温为38.5～39.5℃，呼吸频率为66～114次/min，心跳频率为370～580次/min。

2．大鼠在生物医学研究中的应用

（1）药物学研究。大鼠的血压反应比较好，常用它来直接描记血压，进行降压药物的研究；也常用于研究、评价和确定最大给药量、药物排泄速率和蓄积倾向；慢性实验确定药物的吸收、分布、排泄、剂量反应和代谢以及服药后的临床和组织学检查。大鼠血压及血管阻力对药物反应敏感，常用来灌流大鼠肢体血管或离体心脏，进行心血管药理学研究及筛选有关新药。

（2）肿瘤研究。在肿瘤研究中常常使用大鼠，可使用生物、化学的方法诱发大鼠肿瘤或人工移植肿瘤进行研究，或体外组织培养研究肿瘤的某些特性等。

（3）营养、代谢研究。大鼠是营养、代谢研究的重要材料。用于维生素、蛋白质、氨基酸、钙、磷等代谢研究；动脉粥样硬化、淀粉样变性、酒精中毒、十二指肠溃疡、营养不良等方面的研究都可以使用大鼠。

（4）神经、内分泌研究。大鼠的神经系统与人类相似，广泛用于高级神经活动的研究，如奖励和惩罚实验、迷宫实验、饮酒实验以及神经官能症、狂郁神经病、精神发育阻滞的研究。大鼠的垂体—肾上腺系统功能发达，常用作应激反应和肾上腺、垂体、卵巢等的内分泌实验研究。

（5）卫生学方面的研究。大鼠还用于环境污染对人体健康造成危害的研究。如空气污染对人体的损害、重金属污染对健康的损害等，职业病如尘肺、有害气体慢性中毒以及放射性照射等的研究都可以用大鼠作模型。

（6）老年学及老年医学研究。近几年，常用老龄大鼠（日龄一年以上）探索延缓衰老的方法、研究饮食方式和寿命的关系、研究老龄死亡的原因等。

（7）计划生育方面的研究。大鼠体型比小鼠大，适宜作输卵管结扎、卵巢切除、生殖器官的损伤修复等实验，因此常用于计划生育方面的研究。

3．大鼠常用品种、品系

大鼠原产于亚洲中部地区，欧洲和美洲分别在18世纪初期和中期引进，18世纪后期美国和法国将大鼠作为观赏动物进行养殖。在1850年人们开始使用大鼠进行营养方面的研究，并开始为实验目的进行定向培育。

（1）近交系

目前，国际上常用的近交系已有150多种，如ACI、BVF、F344.PA、M520、WAB、WAC、WKA、SD、RF等品系，在我国常用的主要有：

①F344。1920年由哥伦比亚大学肿瘤研究所Curtis培育。毛色为白色，毛色基因为a、B、c、h；F344是苯酮尿症的模型动物，睾丸间质细胞瘤发病率高达90%，诱导可发生膀胱癌、食道癌和卵巢癌，也可作为周边视网膜退化的动物模型。

②Lou/C。1972年由Bazin和Beckers培育成的浆细胞瘤高发系大鼠，我国于1985年引进。毛色为白色，毛色基因为 a、c、h；回盲部淋巴结产生一种自发性淋巴瘤（免疫细胞瘤），70%的免疫细胞瘤可分泌单克隆免疫球蛋白；8月龄以上的Lou/C大鼠自发浆细胞瘤发生率雄性达30%，雌性达16%，产生单克隆免疫球蛋白IgG占35%，IgE或IgA占36%。Lou/C大鼠广泛用于免疫学研究，尤其是单克隆抗体制备。

（2）远交系

①Wistar大鼠。1907年由美国Wistar研究所育成，我国从日本、前苏联引进，是我国引进最早的大鼠品种。其特点为头部较宽、耳朵较长、尾长小于身长；性周期稳定、繁殖力强、产仔多，平均每胎产仔10只左右；生长发育快，性情温顺，对传染病的抵抗力较强，自发肿瘤发生率较低；10周龄雄鼠体重可达280～300 g，雌鼠体重可达170～260 g。现各地饲养的封闭群遗传性差异较大，实验设计时应尽可能避开使用该品种。

②Sprague dawley（SD）大鼠。1925年美国Sprague dawley农场用Wistar培育而成。其特点为头部狭长，尾长接近身长，产仔多，生长发育较Wistar快，抗病能力尤以对呼吸系统疾病的抵抗力强；自发肿瘤率低，对性激素感受性高；10周龄雄鼠体重可达300～400 g，雌鼠可达180～270 g。SD大鼠常用作营养学、内分泌学和毒理学研究。

③Long-Evans 大鼠。该大鼠是1915年Long和Evans用野生褐家鼠与白化大鼠进行交配而成，属于大体型多产品系，头和颈部是黑色，背部有一条黑线；较多用于遗传学、肝炎、肝癌和免疫不全症研究。

（3）突变系

①SHR/Ola。1963年东京Okamoto用自发性高血压的Wistar培育而成。高血压发生率高，且无明显原发性肾脏或肾上腺损伤，血压高于200 mmHg，该品系为筛选抗高血压药物的最适动物模型。在幼年时，血浆去甲肾上腺素和多巴胺β-羟化酶水平增高，但总儿茶酚胺无明显不同，肾上腺儿茶酚胺含量减少。循环血中的促肾上腺素水平明显偏高，甲状

腺重量增加。繁殖力及寿命无明显下降，可饲养 13～14 个月，繁殖时应选用高血压大鼠作亲代。

②裸大鼠。1953 年在英国 Rowett 研究所发现并培育而成。体毛稀少，成年鼠尾根部常多毛，2～6 周龄皮肤上有棕色鳞片状物，随后变得光滑，发育相对缓慢，体重为正常大鼠的 60%～70%，在 SPF 环境下可活 1～1.5 年。裸大鼠为先天无胸腺，T 细胞功能缺陷，同种或异种皮肤移植生长期达 3～4 个月以上；易患呼吸道疾病，对结核菌素无迟发性变态反应，血中未测出 IgM 和 IgG，淋巴细胞转化实验为阴性；B 细胞功能一般正常，NK 细胞活力增强。裸大鼠主要用于肿瘤方面的研究。

4．大鼠饲养管理要点

（1）营养

碳水化合物、蛋白质、脂肪、维生素、矿物质和水分等是大鼠必需的营养物质，这与其他实验动物没有本质差异。

①碳水化合物是能量的主要提供物质，可以用来维持体温和保持基本的生理活动。

②蛋白质是构成生命细胞的主要成分，是大鼠生长、发育、繁殖和泌乳所必需的物质，每天的需要量占到总饲料量的 22%～25%。如果饲料中蛋白质含量较低，就会影响大鼠的生长发育和生产繁殖，过高的蛋白质含量既造成了饲料物质的浪费，又不利于消化吸收，甚至会引起消化道疾病。

③脂肪也为大鼠提供部分能量，同时作为脂溶性维生素的溶剂，促进了机体对脂溶性维生素的吸收。每日需要量占到饲料总量的 5%为适宜。

④大鼠对维生素的需要量不多，但它是保证动物机体健康、维持正常生理机能不可缺少的物质，饲料中仍然要注意各种维生素的含量是否能满足动物需要。

⑤矿物质种类很多，但对动物较为重要的有钙、磷、钠、钾、氯、铁、锰、铜、锌等。它们对动物的健康和正常生长有重要影响。

（2）饲料

大鼠的饲料原料有玉米、大豆、大米、面粉、鱼粉、骨粉、食盐、维生素、矿物质等。根据营养需要，通过科学计算，将饲料原料按不同比例组成大鼠生产、繁殖等不同需要的饲料配方。经粉碎后混合均匀，在搅拌机内加适当水分进行充分搅拌后再通过颗粒机加工成颗粒，最后经过 80℃左右的烤箱烤干。

大鼠的饲料应保证其营养需要，并符合各等级动物饲料的卫生质量要求。生长发育的阶段不同，饲料的成分也应有所不同。刚离乳的幼鼠需加喂软料，哺乳期加喂葵花籽等。

（3）饲养

大鼠具有随时采食的习惯，应保证其充足的饲料和饮水。饲料按照少量多次的原则添加，软料则应每日更换。一般情况下饲料添加量掌握在每次添加时上次添加的饲料已基本吃完为宜。饲料在加工、运输、储存过程中应严防污染、发霉、变质，一般的饲料储存时间夏季不超过 15 d，冬季不超过 30 d。

一级大鼠的饮水应符合城市饮水卫生要求，二级大鼠使用 pH 值为 2.5～2.8 的酸化水，SPF 大鼠则用高温高压灭菌水。大鼠饲料与水的消耗比例为 1∶2，即吃 1 g 饲料要饮 2 mL 水。

饲喂过程中要注意仔细观察大鼠的采食、饮水、精神和粪便情况，若发现异常情况及时采取措施。认真做好选种、配种、产仔、离乳等生产记录。

（4）环境

①笼舍。饲养室要整洁干净，无污染物和杂物，有纱门、纱窗防止其他昆虫等小动物入内。应使用无毒、无锈、易清洗的笼具，并适时进行消毒。垫料要经常更换，一般每周不少于两次。因为鼠盒的空间有限，大鼠的排泄物中含有氨气、硫化氢等刺激性气体，对饲养员和动物是不良刺激，极易引发呼吸道疾病。排泄物也是微生物繁殖的理想场所，如不及时更换，很容易造成动物污染。

每次更换垫料时必须把盒内的脏垫料全部清除，鼠盒用清水冲刷干净后用消毒液浸泡 3～5 min，然后再用清水冲洗干净，晾干备用。最好是有一套备用的鼠盒，待全部更换完后集中清洗消毒，这样可提高工作效率。换下的脏垫料及时移出饲养室并做无害化处理。目前采用的垫料主要是木材加工厂的下脚料，如多种阔叶树木的刨花、锯末、碎木屑等，玉米轴或秸秆粉碎后也是很好的垫料。

②密度。一般笼具饲养 10～15 只/m^2 大鼠为宜。

③温度。适宜的大鼠生长温度为 16～24℃，温度过高或过低都会影响幼鼠的体重增长，还可能造成孕鼠的死亡率增加和大鼠采食量的降低。

④湿度。湿度在 50%～70%较为适宜，湿度能够影响饲养室微生物的生长及大鼠对疾病的敏感性。

⑤氨浓度。氨浓度要求在 14 g/m^3 以下。氨对黏膜有刺激作用，能引起黏膜发炎，上呼吸道充血水肿，分泌物增多，甚至发生喉头水肿、坏死性支气管炎、肺出血等。氨浓度的高低取决于饲养室的结构、垫料的种类及使用方法、通风状况等。应采用定时排风装置，换气 10～20 次/h。

⑥卫生消毒。饲养室的消毒隔离工作是管理中的重要一环，必须引起高度重视，它是保持大鼠等级的关键。饲养员进入饲养室前必须更衣，肥皂水洗手并用清水冲洗干净，戴上消毒过的口罩、帽子、手套后方可进入；饲养室内保持整洁，门窗、墙壁、地面、鼠盒、架子每天擦洗；每周二、周五用 0.1%新洁尔灭或其他消毒剂消毒，隔周更换消毒剂品种，每月进行一次大消毒，用 0.1%过氧乙酸喷雾消毒效果较好。垫料、饲料经高压消毒后放到清洁准备间储存，但储存时间一般不超过 15 d。鼠盒、饮水瓶每月用 0.2%过氧乙酸浸泡 3 min 或高压灭菌。

任务三 豚鼠饲养管理技术

豚鼠属脊椎动物门、哺乳纲、啮齿目、豚鼠科、豚鼠属，又名天竺鼠、海猪、荷兰猪。原产于南美洲，为南美洲的家养食用动物，16 世纪开始作为实验动物引入世界各地（图 7-3）。

图 7-3 豚鼠

1．豚鼠生物学特性

（1）外形。豚鼠头大、颈短、耳圆、无尾、四肢短，前肢有四趾，后肢有三趾，趾上爪短而锐利。不善于攀登和跳跃，40 cm 高的无盖笼具就可以饲养。两眼明亮，耳壳较薄且血管鲜红明显，上唇分裂，门齿锋利且能终生生长。毛色受几个主要等位基因控制，主要有白色、黑色、淡黄色和杏黄色等。

（2）嗅觉、听觉发达。豚鼠喜欢群居，对音响等非常敏感，胆小机警，常发出“吱吱”叫声，受惊时易流产。对各种刺激也有很强烈的反应，尤其对臭味、抗生素、气温突变和各种有毒物质等很敏感，如使用青霉素，不论剂量多大、途径如何，均可引起小肠和结肠炎，甚至发生死亡。

（3）草食性。咀嚼肌发达而胃壁非常薄，盲肠膨大，约占腹腔容积的 1/3，粗纤维需要量较家兔还要多，但不像家兔那样易患腹泻病。食量较大，对变质的饲料特别敏感，常因此减食或废食，甚至引起流产。与大鼠和小鼠相反，豚鼠喜欢白天活动，夜间少食少动。

（4）胚胎晚成性。母鼠怀孕期较长，为 59～72 d，胚胎在母体发育完全，出生后即已完全长成，全身被毛，眼张开，耳竖立，并已具有恒齿，产后 1 h 即能站立行走，数小时能吃软饲料，2～3 d 后即可在母鼠护理下一边吸吮母乳，一边吃青饲料或混合饲料，发育生长迅速。产仔数平均为 3.5 只（1～6 只），为全年多发情动物，并有产后性周期。

（5）对维生素 C 敏感。由于豚鼠体内缺乏合成维生素 C 的酶，所以不能在体内合成维生素 C，需在饲料或饮水中加维生素 C 或饲喂新鲜蔬菜，当维生素 C 缺乏时出现坏血症，其症状之一是后肢出现半瘫痪，冬季易出现维生素 C 缺乏症。

2．豚鼠在生物医学研究中的应用

（1）传染病学研究。豚鼠对很多致病菌和病毒都十分敏感，是进行各种传染性疾病研究的重要实验动物，如结核、白喉、鼠疫、钩端螺旋体、链杆菌、副大肠杆菌病、旋毛虫病、布氏杆菌病、斑疹伤寒、炭疽等细菌性疾病和疱疹病毒、Q 热、淋巴细胞性脉络丛脑膜炎等病毒性疾病，常选用豚鼠来进行研究。

（2）药理学研究。豚鼠对某些药物极其敏感，因此它是研究这些药物的专用动物。例如，豚鼠对组织胺很敏感，所以适合作平喘药物和抗组织胺药物的研究；豚鼠对结核杆菌具有高度的敏感性，可以用作抗结核药物的药理学研究。豚鼠妊娠期长，还适用于药物或毒物对胎儿后期发育影响的研究。豚鼠还是研究抗生素和青霉素的动物模型。

（3）营养学研究。豚鼠是进行维生素 C 研究的重要动物，如果饲料中缺乏维生素 C，很快就会出现一系列坏血病症状，是目前唯一用于实验性坏血病研究的动物。豚鼠也可用于叶酸、硫胺素和精氨酸的生理功能、酮性酸中毒、眼神经疾病的研究。

（4）变态反应的研究。豚鼠易于过敏，最适合进行这方面的研究。例如，给豚鼠注射马血清容易复制成过敏性休克的动物模型。

（5）血液学研究。豚鼠的血管反应敏感，出血症状显著。如辐射损伤引起的血综合征在豚鼠中表现得最为明显，其次是犬、猴和家兔，而在大鼠和小鼠中却很少见。

（6）内耳疾病的研究。豚鼠的耳窝管对声波非常敏感，特别对 700～2 000 Hz 纯音最敏感，因此常选用豚鼠进行若干内耳疾病的研究。

（7）毒物对皮肤局部作用的实验。豚鼠和家兔皮肤对毒物刺激反应灵敏，其反应类似于人，常用作对皮肤局部作用的实验。

（8）缺氧耐受性和耗氧量实验研究。豚鼠对缺氧耐受性强，适于作缺氧耐受性和测量耗氧量实验。

（9）补体结合实验。豚鼠的血清中含有丰富的补体，可为补体结合实验提供需要的补体。

（10）肺水肿研究。切断颈部两侧迷走神经可引起肺水肿，复制典型的急性肺水肿模型，适于观察出血和血管通透性变化实验。

3. 豚鼠常用品种、品系

豚鼠分为英国种、安哥拉种、秘鲁种和埃塞俄比亚种。根据毛的特性又可分为短毛、硬毛和长毛三种。

（1）英国种

该种豚鼠的特点是毛短而光滑，体格健壮，毛色有纯白、黑色、棕黑色、棕黄色和灰色等。

（2）安哥拉种

该种豚鼠的特点为毛细而长，能把脸部、头部、体躯覆盖，因此也叫做长毛种。

（3）秘鲁种

毛细而直立，体质较英国种弱，繁殖力低，一般不用于实验研究。

（4）埃塞俄比亚种

该种豚鼠的毛有长有短，硬而卷起，多旋涡，长势似蔷薇花朵，体质较强壮。由于易患各种自发性疾病，不易繁殖，以及性情暴躁，很少用于实验研究。

以上几种豚鼠，短毛豚鼠是用于实验研究最广泛的品种。我国饲养的豚鼠多为英国种。豚鼠具有很多品系，近交系有 8 种，部分近交系有 5 种，随机交配近交系有 2 种，突变系有 3 种，远交群有 30 种。近交系中使用最广泛的为近交系 2（对结核杆菌抵抗力强）和 13（体型较大，对结核杆菌抵抗力弱）。在已有的 30 多种远交群中，使用最广泛的是哈德莱品系，它是 1926 年顿金 • 哈德莱用英国种豚鼠繁育而成的。我国在 1973 年从英国实验动物中心引进的 DHP 远交群豚鼠，也是属于顿金 • 哈德莱品系。

4．豚鼠饲养管理要点

（1）环境

豚鼠听觉好，胆小，易受惊吓，因此环境应保持安静，噪声应在 50 dB 以下。最适宜的温度是 20～24℃，控制要求范围为 18～26℃，超过 30℃时豚鼠体重减轻、流产、死胎、死亡率高，低于 15℃时，繁殖率、生长发育率降低，疾病发生率上升。湿度应保持在 40%～60%，湿度的过高或过低都会导致豚鼠抵抗力下降，易患疾病。氨浓度应在 20 mg/L 以下，气流速度为 10～25 cm/s，氨浓度的高低与豚鼠肺炎发病率密切相关。

（2）笼具和垫料

传统的饲养方式是水泥或木制的地池饲养，周边有 40 cm 高即可。后来改成两层或三层塑料制成的抽屉式的饲养箱子笼具，金属丝网底和实底的笼盒。粪便由金属网眼漏下，下接底盘，底盘可自由取出，内铺有垫料，以便及时定期更换消毒，网眼以 8 mm 为宜，小于 5 mm 粪便不易落于底盘，大于 10 mm 易将豚鼠脚趾卡住，造成骨折。传统饲养方式的主要缺点是粪便直接接触身体和食物，很不卫生，且不便于清除粪便，另外消毒饲养笼盒也不方便。

豚鼠需要一定的活动面积，哺乳期豚鼠所需活动面积更大，一般体重 300 g 的豚鼠大约需要 300 cm^2 的活动面积，800 g 豚鼠则需要 1 000 cm^2。200 cm×100 cm×40 cm 的笼盒可饲养成年种鼠 5～8 只，另可带哺乳仔鼠 10～20 只。

（3）饲料

由于豚鼠纤维素要求量比较大，在饲料配方中应充分注意，饲料中的粗纤维比例过低会引起豚鼠严重脱毛和相互吃毛现象，有条件的地区长年补充新鲜的青草，有时若以青干草、稻草和麦草等为垫料，可以不另外加纤维素。

豚鼠自身不能合成维生素 C，必须从饲料中获取，体重 100 g 的豚鼠每天需要 4～5 mg 的维生素 C，妊娠期哺乳期的豚鼠则每天需要 30～40 mg。维生素 C 的补给主要靠每天饲喂新鲜多汁的绿色蔬菜，北方的冬季也可用胡萝卜或麦芽等代替。也可以在饮水中加入维生素 C，效果比较理想。

（4）日常管理

饲料应符合营养标准和达到饲料卫生检验标准。饲料应有储存室，能防止野鼠和昆虫进入。注意饲料的原料和成品料的保存，防止发霉。饲喂时要求定时定量，一次加料过多会造成浪费，而且饲料在料盒中放置时间过长易被细菌污染而发霉变质，发霉变质的饲料对豚鼠危害很大。

每周要消毒一次饲养盒，换两次垫料，垫料应是消毒后的软刨花或青干草一类。每周换两次盒，消毒一次饲料盒，每次加饲料时应清除所有的饲料，饲料盒提倡挂壁式，因为豚鼠有趴卧食具的习惯，饲料易被污染。水瓶应每天更换新水，每周消毒一次饮水瓶。如果是自动饮水装置，应每天检查吸水管是否被堵塞或漏水，每周更换消毒一次。

将新鲜的蔬菜彻底洗净，并用 0.05%的高锰酸钾溶液浸泡 10～15 min 消毒，冲洗后再进行饲喂。

在炎热的夏季应做好防暑工作，减少豚鼠的饲养密度，严格消毒，防止饲料发霉，加强通风降低室温，对妊娠鼠和仔鼠加强观察。在寒冷的冬季，应注意通风与室温的矛盾，防止忽冷忽热，造成疾病。同时注意相对湿度应保持在 40%～60%，氨的浓度不能过高。

任务四 仓鼠饲养管理技术

仓鼠又名地鼠，属脊椎动物门、哺乳纲、啮齿目、鼠科、帛鼠亚科，是一种小型啮齿类动物（图 7-4）。使用最广泛的是金黄地鼠和中国地鼠，欧洲黑腹地鼠较少见，用量也很少。

1. 仓鼠生物学特性

（1）昼伏夜出。仓鼠一般在晚 8～11 点最为活跃，白天大部分时间睡眠，有嗜睡习惯，熟睡时，全身肌肉松弛，且不易弄醒，有时会误以为死亡。

（2）性情好斗。触怒时往往猛烈厮打，大群饲养时容易发生相互厮咬，因此，性成熟后不宜群养。雌鼠除发情时，不宜与雄鼠同居。

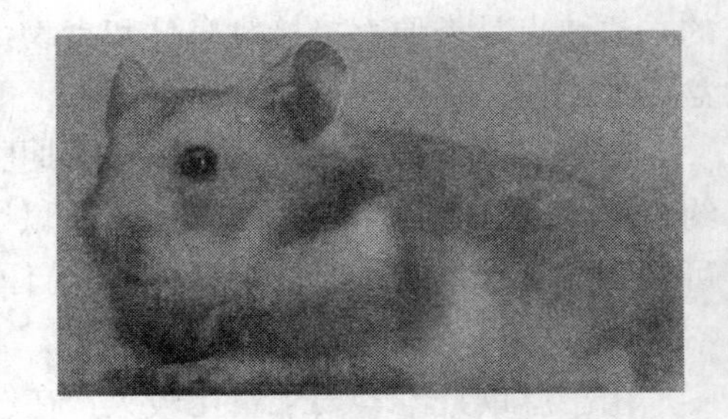

图 7-4 仓鼠

（3）对环境温度较为敏感。最适宜的温度为 22～24℃，一般温度在 16℃以下时，仓鼠停止繁殖，当温度降低至 8～9℃时可出现冬眠现象。夏季，体温会随着外界温度的升高而略微升高。仓鼠是穴居动物，喜欢稍微湿润的环境，湿度以 50%～65%为宜。高温、高湿可引起衰竭死亡。

（4）生殖周期短，生产能力旺盛。仓鼠妊娠期平均为 16 d（14～17 d），在啮齿类动物中妊娠期最短。雌鼠性成熟早，通常 65 日龄时就可配种繁殖。雄鼠 80 日龄可交配。每胎产仔4～12只，平均8只左右，哺乳期18～25 d。幼鼠出生后发育很快，出生4 d开始长毛，10 d后可爬出窝外觅食，14 d睁眼。平均寿命2～3年，每只雌鼠可产6～8胎。

（5）食性广，有贮藏食物的习惯。在自然条件下，以草食为主，人工饲养下为杂食性。仓鼠的口腔内侧有一个很深的颊囊，从左右两侧口腔延伸至肩胛部分，由括约肌和伸展肌构成一个袋状，可充分扩张，是仓鼠暂时贮存食物的地方，贮藏食物的能力很强。颊囊是缺少组织相容性抗原的免疫学特殊区，因而是人类肿瘤移植、筛选、诱发和治疗研究中有价值的材料和观察微循环改变的良好区域。

2. 仓鼠在生物医学研究中的应用

（1）肿瘤移植、筛选、诱发和治疗。仓鼠对移植肿瘤接受性强，比其他动物易生长。仓鼠对可以诱发肿瘤的病毒很易感也很敏感，还能成功移植某些同源正常组织细胞或肿瘤组织细胞等。因此，它是肿瘤学研究中最常用的动物，被广泛应用于研究肿瘤增殖、致癌、抗癌、移植、药物筛选、X线治疗等。

（2）染色体畸变和复制机制的研究。中国地鼠染色体大，数量少，易于相互鉴别，是研究染色体畸变和复制机制的好材料。当前还更多地应用于组织培养的研究，在对各种组织细胞的体外培养中，不仅容易建立保持染色体在两倍体水平的细胞株，还在抗药性、抗病毒性、温度敏感性和营养需要的选择中，建立了许多突变型细胞株。

（3）生殖生理研究。仓鼠妊娠期短，仅16 d，雌鼠出生后28 d即可繁殖，性周期比较准，约4～5 d，因此，仓鼠适合用于计划生育方面的研究。

（4）细菌和病毒研究。仓鼠对细菌和病毒非常敏感，是研究细菌和病毒的重要实验材料。

（5）生理学方面的研究。利用仓鼠的颊囊观察淋巴细胞和血小板的变化、血管反应性等。

（6）内分泌学研究。可以利用仓鼠的肾上腺、脑下垂体、甲状腺等进行研究。

（7）进行糖尿病研究和作为某些疫苗的生产原材料。

3. 仓鼠常用品种、品系

仓鼠共4属66个变种或亚属。培育的近交系有38个，常用的有金黄地鼠、中国地鼠和欧洲黑腹地鼠。

金黄地鼠约占仓鼠的90%，金黄色，体重150 g，染色体22对。近交系有38种，突变系有17种，远交群有38种。我国繁殖和使用数量最多的是属于远交系的金黄地鼠。武汉生物制品研究所的金黄地鼠种群中发现了白色变种。毛色已经固定，以封闭群的方式进行繁殖，并已应用于病毒和鉴定方面的实验研究。

中国地鼠或称条背地鼠和黑线仓鼠，灰色，体型小，染色体22对，体重约40 g，约占使用仓鼠的10%，现已培育成4个近交品系。

4．仓鼠饲养管理要点

（1）营养

人工饲养的仓鼠对饲料的营养要求较高，尤其是繁殖期间。一般要求日粮中粗蛋白为20%～24%，脂肪为4%～6%，碳水化合物为46%～60%，钙为1.2%～1.5%，磷为0.6%～0.9%。

（2）饲养

仓鼠的饲料一般为全价颗粒料。饲喂方式为：繁殖仓鼠每天每只10～15 g，育成仓鼠8～10 g，繁殖仓鼠每周补充2次软料，以便幼鼠食用。另外，每周可酌情补充1次煮黄豆。

饮水为符合卫生标准的自来水，饮水瓶为玻璃瓶或塑料瓶，容量为 250 mL，每周换洗1次。

（3）管理

①饲养笼具。仓鼠育种期间可群养，笼具为 50 cm×30 cm×20 cm 的塑料盒，上面盖上铁丝网盖。成年后为单盒饲养，尺寸为20 cm×10 cm×15 cm，饲料和饮水瓶放在网盖上。

②环境条件。室温要求常年保持在22～24℃，冬季要有保暖措施，夏季要设法降温。湿度为40%～70%，光照每天12～14 h，冬季采用日光灯补充光照。氨浓度过高可通过增加换气次数解决。

③卫生防疫。饲养室每天工作后要打扫干净，笼具摆放整齐；每周更换垫料1～2次，垫料为木屑、玉米芯或麦秸；笼具定期更换，清洗消毒；饲养室门前放消毒垫，隔日添加消毒水；发现患病仓鼠，应立即隔离或淘汰，淘汰鼠处死后放入盛有消毒水的盒里，尸体焚烧处理。

项目7.2　家兔饲养管理技术

任务五　家兔饲养管理技术

1．家兔生物学特性

家兔属于脊椎动物门，哺乳纲，啮齿目，兔科，草食性动物（图7-5）。家兔的生物学特性是在长期进化过程中逐步形成的，了解这些特性，在兔场的选址、兔舍的修建以及饲养管理、疫病防治等方面采取科学的方法，能为家兔提供一个最大限度发挥生产潜能的舒适环境。其生物学特性如下所述。

（1）夜行性和嗜眠性。家兔由野生穴兔进化而来，野生穴兔为了躲避食肉兽及猛禽等动

图 7-5　家兔

物的伤害，形成了昼伏夜出的特性，在夜晚这段时间表现得十分活跃，采食、饮水也多于白天，夜间食量占到全部日粮的75%左右，而白天吃饱喝足后很容易进入睡眠状态。因此，为保证家兔的生长发育需要，晚上进行喂饲是非常重要的，在昼短夜长的冬季更应如此。

（2）听觉灵敏，胆小怕惊。家兔在沉睡时反应迟钝，而在清醒时却非常敏感，胆小好静，畏惧惊扰。家兔听觉灵敏，一有异常响动，就会在笼内乱跳、惊叫，容易造成母兔流产、难产、死胎、拒绝哺乳等现象的发生，严重的还会咬伤或咬死仔兔，严重的噪声还可能导致家兔猝死。因此，在兔场的选址方面，要注意距交通要道 500 m 以上，在平时的饲养管理上，要保持兔舍的安静、防止惊扰。

（3）喜干燥、清洁环境，抗病力差。家兔在清洁干燥的环境中才能正常生存，因此，在兔的日常管理上，要注意笼舍及其用具卫生，保持通风、干燥的环境。家兔抗病力差，易感染病原微生物，不清洁和潮湿的环境会增加兔的患病机会。

（4）喜食多叶青饲料，不喜食动物性饲料。家兔是单胃草食动物，盲肠特别发达，具有消化和吸收植物纤维素的能力。日粮中粗纤维含量不足时，家兔容易出现腹泻等疾病。与其他草食动物比较，具有明显的挑食性，喜欢吃叶片和幼嫩的基芽。家兔不喜欢吃动物性饲料，但动物性饲料蛋白质品质好，含量高，富含矿物质和维生素。因此，日粮中适当搭配动物性饲料，有利于提高家兔的生产性能。

（5）食粪行为。家兔白天排硬粪，夜间排软粪，软粪是盲肠的内容物，呈葡萄状，四周裹着一层白色胶胨黏液，内含大量蛋白质，优质含氮物及 B 族维生素等物质，家兔直接由肛门吞食软粪。因此，兔的食粪行为是营养性行为，不是“食粪癖”，兔若不食夜粪，便是病理行为，应引起重视。

（6）汗腺不发达，耐热能力差。家兔仅在唇边有少量汗腺，因而体温调节能力较差，气温对家兔的正常新陈代谢影响较大。家兔对气温变化很敏感，体温可随昼夜气温变化而发生 2～3℃的差异。成年兔正常体温为 38.5～39.5℃，仔兔为 40℃。属恒温动物，对致热物质反应敏感。家兔具有一定的耐寒能力，怕炎热，尤其怕高温高湿。在日常的饲养管理上，注意夏季防暑降温，保持舍内凉爽干燥。适宜的环境温度因年龄而异，初生仔兔窝内温度 30～32℃，成年兔 20℃±2℃。

（7）啮齿行为。成年家兔共有 28 颗牙齿，其中门齿中的第一对齿叫“恒齿”，出生时即有，终生不断生长，家兔必须通过经常啃咬硬物使其磨短，才能保持上、下颌牙齿齿面的吻合。因此，在设计兔笼、用具或建设兔舍时，要尽量避免所用材料被家兔啃咬，饲养中经常在兔笼内投放一些带叶的树枝、秸秆、木质棍棒供家兔随意啃咬磨牙。

（8）争斗性。家兔保存着野生动物雄性争夺头领的好斗性，常常咬得遍体鳞伤，被咬伤的种用家兔常会失去种用价值。因此，3 月龄以上的兔，必须分笼饲养，最好一兔一笼，作种用的兔尤其如此。

（9）嗅觉敏锐。家兔的嗅觉灵敏，饲料成分的细微变化，就会影响其采食量。因此在更换饲料时应逐步过渡，新饲料的加入量首次不宜超过 1/3，以免引起家兔食欲不振及消化障碍。母兔善于用气味识别仔兔，因此在用作寄乳母兔时，应先把母兔鼻上涂抹碘酒或提前数小时将寄养仔兔与其亲生仔兔放在一起，使母兔难以辨识。

（10）穴居性。穴居性是指家兔有打洞穴居的习惯，只要不加以限制，它就会挖掘地道，在地道中繁殖产仔。对于地面散养的家兔要特别注意，应限制其打洞。

2．家兔在生物医学研究中的应用

（1）用于免疫学研究。家兔常用于制备高效价和特异性强的免疫血清。已经广泛地应用于人、畜各类抗血清和诊断血清的研制。常用的有如下 4 种类型：病原体免疫血清，如细菌、病毒、立克次氏体等免疫血清等；间接免疫血清，如兔抗人球蛋白免疫血清；抗补体抗体血清，如免疫豚鼠球蛋白免疫血清等；抗组织免疫血清，如兔抗大鼠肝组织免疫血清、兔抗大白鼠肝铁蛋白免疫血清等。

（2）生殖生理和避孕药物的研究。利用家兔可诱发排卵的特点进行各种研究，诱发排卵进行人工授精后开展生殖生理学的研究，也可用于避孕药物的筛选研究。注射某些药物或孕酮可抑制排卵，家兔排卵多少可以卵巢表面带有鲜红色小点的小突起个数表示。由于雌兔刺激性排卵，所以排卵的时间可以准确判定，同期胚胎材料很容易取得。

（3）胆固醇代谢和动脉粥样硬化症的研究。最早用于这个方面研究的动物就是家兔，如利用纯胆固醇溶于植物油中喂饲家兔，可以引起家兔典型的高胆固醇血症，主动脉粥样硬化症、冠状动脉硬化症。

家兔在复制这类动物模型方面具有很多优点：①比较驯服，容易饲养管理；②对致病胆固醇膳食的敏感性高，对外源性胆固醇吸收率可达 75%～90%，而大白鼠仅为 40%；③对高脂血症清除能力较低，静脉注射胆固醇乳状液后，在家兔引起的持续的脂血症为 72 h，而大白鼠仅为 12 h，因此造型时间短、成型快，一般 3 个月左右即可成型，比其他实验动物要快得多；④家兔的高脂血症、主动脉粥样硬化斑块、冠状动脉粥样硬化病变，与人类的病变基本相似，利于同型观察和研究；⑤另外，家兔造型比较经济便宜，比犬及猴等实验动物节省人力、物力和财力。

（4）眼科的研究。家兔的眼球较大，几乎呈圆形，体积 5～6 cm^3，重 3～4 g，便于进行手术操作和观察。因此家兔是眼科研究中最常用的动物。同时在同一只家兔的左右眼进行疗效观察，可以避免动物年龄、性别、产地、品种等的个体差异。常用家兔复制角膜瘢痕模型，在双眼角膜上，复制成左右等大、等深的创伤或瘢痕，用以观察药物对角膜创伤愈合的影响，筛选治疗角膜瘢痕的有效药物及研究疗效原理。眼科研究时选用的家兔常为有色家兔，因为白色家兔的虹膜颜色亦为白色，和角膜浅层瘢痕的颜色相似，对比度不鲜明。

（5）发热、解热和检查致热源等实验研究。家兔体温变化十分灵敏，最易产生发热反应，发热反应典型、恒定，因此常选用家兔进行这方面的研究。

①给家兔注射细菌培养液和内毒素可引起感染性发热。如给家兔皮下注射杀死的大肠杆菌或乙型副伤寒杆菌培养液，几小时内即可引起发热，并持续 12 h；给家兔静脉注射一副伤寒四联菌苗 0.5～2.0 mL/kg（菌苗含量应不低于 100 亿/mL），注射后 1～2 h，即见直肠温度上升 1～1.5℃，持续 3～4 h。

②给家兔注射化学药品或异性蛋白等可引起非感染性发热。如皮下注射 2%二硝基酚溶液（30 mg）15～20 min 后开始发热，1～1.5 h 达高峰，体温升高 2～3℃；皮下注射松节油（0.4 mL）后 18～20 h 引起发热，24～36 h 达到高峰，体温升高 1.5～2.0℃；肌注 10%蛋白胨 1.0 g/kg，可在 2～3 h 内引起发热，体温升高显著；皮下注射消毒脱脂牛奶 3～5 mL，3 h 后体温可升高 1～1.5℃。

③药品生物检定中热原的检查均选用家兔来进行。热原是微生物及其尸体或微生物代谢产物，其化学成分为菌蛋白、酯多糖、核蛋白或这些物质的水解物。如大肠杆菌提取的热原 0.002 μg/kg，即能使家兔发热。因此，家兔广泛应用于制药工业和人、畜用生物制品等各类制剂的热原质试验。

（6）微生物学研究。家兔对许多病毒和致病菌非常敏感，适用于各种微生物学的研究，如对过敏、免疫、狂犬病、天花、脑炎等的研究。

（7）心血管和肺心病的研究。家兔颈部神经血管和胸腔的特殊构造，很适合做急性心血管实验，如直接法记录颈动脉血压、中心静脉压，间接法测量冠脉流量、心搏量、肺动脉和主动脉血流量等。适合复制心血管和肺心病的各种动物模型，如结扎家兔冠状动脉前降支复制实验性心肌梗塞模型，以重力牵拉阻断冠脉法复制家兔缺血性濒危心肌模型，通过选择阻断冠状动脉左室支位置的远近及牵拉重力的大小，可调整心肌梗塞的范围及程度，复制心源性休克或缺血性心律紊乱模型。静注乌头碱 100～150 mg、盐酸肾上腺素 50～100 μg/kg，可诱发家兔心律失常。静注 1%三氯化铁水溶液，每次 0.5～4 mL，每周 2～6 次，总剂量为 25 mL，注完后 45 d 可形成肺心病。小剂量三氯化铁（11 mL）加 0.1%氯化镉生理盐水溶液雾化吸入，连续 10 次，雾化停止后 10 d 可形成肺水肿。另外也可采用兔耳灌流，离体兔心等方法来研究药物对心血管的作用。

（8）皮肤反应实验。家兔的皮肤对刺激反应敏感，其反应与人的皮肤刺激反应有许多相似之处。常选用家兔皮肤进行毒物对皮肤局部作用的研究；兔耳可进行实验性芥子气皮肤损伤和冻伤烫伤的研究以及化妆品对皮肤影响的研究，耳朵内侧特别适宜进行皮肤的研究。

（9）急性动物实验。常选用家兔做休克、微血管缝合、离体肠段和子宫的药理学实验、阻塞性黄疸实验、兔眼球结膜和肠系膜微循环观察实验、卵巢和胰岛等内分泌实验以及进行离体兔耳和兔心的各种分析性研究等。

（10）遗传性疾病和生理代谢失常的研究。可利用家兔进行软骨发育不全、低淀粉酶血症、维生素 A 缺乏、脑小症等研究，同时也广泛应用于研究药物的致畸作用或其他干扰正常生殖过程的现象。

3．家兔常用品种、品系

家兔的品种品系较多，作为实验动物常用的有以下几种：

（1）中国白兔

毛色纯白，间或有黑色或灰色等其他颜色。体型小、结构紧凑，体重 1.5～2.5 kg。红眼睛，嘴较尖、耳朵短厚直立。皮板厚实，被毛短密。为早熟品种，一般 3～4 月龄就能用于繁殖，繁殖力较强。

（2）青紫蓝兔

青紫蓝兔是一种优良实验用兔，我国各地都有饲养。毛色呈灰蓝色，具有黑白相间的波浪纹，耳尖及尾、面部呈黑色，眼圈、尾底及腹部呈白色。青紫蓝兔分为标准型和大型两个品系，标准型一般体重 2.5～3 kg，大型体重为 4～5.5 kg。青紫蓝兔体质强壮，适应性强、生长快。一般每窝产仔 5～6 只，3 月龄时可达 2 kg 以上。

（3）日本大耳白兔

日本大耳白兔是用中国白兔选育而成的皮肉兼用和供实验用的良种兔。毛色纯白，红眼睛，体型较大，体重 4～5 kg。两耳较大、直立、耳根细，耳端尖，形同柳叶，母兔颌下有肉髯，被毛浓密。大耳白兔生长发育快，繁殖力较强，但抗病力较差。由于它的耳朵又长又大，皮肤白色，血管清晰，便于取血和注射，是一种常用的实验动物。

（4）新西兰白兔

新西兰白兔是新西兰品种的一个白色变种。具有毛色纯白、皮肤光泽、体格健壮、繁殖力强、生长迅速、性情温和、容易管理等优点，已被培育成性质稳定的近交系实验动物。除广泛应用于皮肤反应实验、药剂的热原试验、致畸形试验、毒性实验和胰岛素检定外，亦常用于妊娠诊断、人工受胎实验、计划生育研究和制造诊断血清等。

（5）力克斯兔

又称獭兔，全身密生光亮如丝的短绒毛，枪毛极少或全无，有时自然形成漂亮的波纹。不易脱落，须眉细而卷曲。力克斯兔被毛颜色为：背部红褐色，体侧毛色渐浅，腹部呈浅黄色。经过人们的不断选育和改良，已有黑、白、古铜、天蓝、银灰、咖啡等各种自然色。

（6）安哥拉兔

俗称长毛兔，是世界著名的毛用品种，原产土耳其，经英、法两国选育改良而定型。我国饲养历史较长，南方各省分布广泛，在英、法两系基础上培育成了中系长毛兔。成年兔体重 2.5～3.5 kg，体格健壮，头宽而短，面圆鼻扁，又称狮子头。

（7）法国公羊兔

体型大，成年体重 5～8 kg。此兔的特点是耳大而下垂，头形类似公羊，因此称为公羊兔或垂耳兔。耐粗饲，性情温顺，抗病力强，易于饲养。受胎率低，哺乳能力差。被毛有单色和杂色，常见的多为黄褐色。

（8）加利福尼亚兔

育成于美国加利福尼亚州，遗传性能稳定，性情温顺，生命力强，哺乳能力强，产仔数比较稳定，仔兔发育也比较均匀，被毛多为白色，而鼻端、两耳、四肢下端和尾为黑色，眼为红色。

4．家兔饲养管理要点

（1）饲喂

家兔具有草食性的消化系统和生理功能，应以草料为主，辅以精料。人工饲养情况下，常采用自由采食和多餐限量的饲喂方式。采用多餐限量饲喂时必须坚持定时定量的原则，一般日喂 3～5 次，先喂精料，再补饲青、粗饲料。配合饲料中以颗粒饲料最好，可提高家兔的采食量、日增重和饲料利用率。如果用粉料，在使用时应拌成湿料，以防兔鼻吸入干粉，造成异物性肺炎。

根据家兔对饲料的需要，科学地供给家兔饲料，让兔吃饱、吃好，有利于防止饲料浪费，提高饲料利用率。

家兔缺水或饮水不足，会显著降低采食量和日增重，年龄增大，影响越明显，长期饮水不足，会影响兔的健康和生产性能。因此，必须保证家兔有充足的饮水，在以颗粒饲料为主时尤应注意。日粮中青饲料较多时，家兔的饮水量少一些，但不能不供水。在饮水中加入 0.9%的食盐，可减少因饮水过量造成的拉稀。最好采取自由饮水的供水方式，以确保家兔对水的需要。

在不同的季节、不同的生长发育阶段，家兔的饲料都需要变化，在改变饲料时要逐步过渡，用一周左右的时间完成更换，以免造成胃肠疾病。

（2）仔兔的饲养管理

仔兔是指从出生到断奶阶段的奶兔。初生仔兔全身无毛，眼睛紧闭、耳孔闭塞，消化系统的消化机能和神经系统的调节机能极不健全，生长发育快，此时饲养管理的好坏会直接影响家兔终生的生产效率，要养好仔兔，需做好以下工作：

①保证仔兔早吃奶，吃饱奶。初乳中各种营养物质高于常乳，而且富含具有免疫作用的抗体和促进胎粪排出的镁盐，因此在仔兔 4～10 h 内要让其吃到初乳。实行早上哺乳或早晨、傍晚各一次的哺乳方式最佳。

②做好防寒保暖，防止鼠害。兔舍温度低于 15℃时，初产或母性不强的母兔产仔，应有人监护，以防母兔在巢箱外产仔，造成冻害。10 日龄内未睁眼的仔兔，窝温要保持在

30～32℃，室温不低于15℃，加厚巢箱垫草，如果发现仔兔皮毛发青，在窝内不停蹿动，表明窝内温度过低，应及时给予加温。

③对开眼后的仔兔，应及时“补饲”。仔兔在吃奶的同时，每天喂给适量的配合饲料，称为仔兔补饲。由于开眼后的仔兔生长发育加快，需要的营养物质增加，而母兔泌乳量和乳中养分在其产后18～20日龄后逐渐下降，利用仔兔从16～21日龄开口采食饲料的生物学特性，及早实行补饲，可缓解仔兔营养的供需矛盾。

④适时断奶。仔兔的断奶日龄应根据品种、生产用途、季节、气候、母兔泌乳量及仔兔体质情况而定，一般以32～42日龄断奶为宜。为减少仔兔因断奶而发生的应激反应，断奶时最好实行“离奶不离笼”的方法。

（3）幼兔和青年兔的饲养管理

从断奶到3月龄的兔称为幼兔。幼兔期间生长发育快，食欲旺盛，较仔兔消化能力强，但对疫病的抵抗能力和环境的适应能力较差，容易患病，死亡率高，是比较难养的阶段。

2月龄的幼兔正处于换毛期，其新陈代谢旺盛，需要营养物质较高，但其消化机能尚不能很好地适应新的饲料条件，所以在幼兔的饲养管理上应做到“保证营养，精心护理”。幼兔给料要坚持少吃多餐，更换饲料品种时要逐渐增加，饲料要多样化，在管理上，要按公母、生长速度和体型大小分群饲养，保持清洁卫生，防止温度变化过大，做好预防接种工作。

3月龄以上至初配阶段的兔称为青年兔。此时兔的生长发育完善，体型基本定型。在营养上要注意供应充足的蛋白质、矿物质和维生素，适当限制能量饲料，尤其在4月龄以后，日粮应以优质青、粗料为主，适多补给精饲料，以防长得过肥，影响种用价值。青年兔已开始性成熟。因此，公、母兔要分笼饲养，最好一笼一兔。并根据体型、生长速度、生产性能等进行鉴定，不符合种用的进入商品群或淘汰。

（4）种兔的饲养管理

种兔质量关系到整个兔群的质量。种兔的使用年限一般为3～4年，适宜繁殖年龄为1～3岁。

①种公兔的饲养管理。种公兔应保持肥瘦适度、健康的体格，旺盛的性欲和良好的配种能力，保证母兔受孕。另外，公兔的食欲比幼兔和母兔差，因此需要饲料的适口性好，体积小，既满足种兔的营养需要，也可以防止公兔出现“草腹”，影响配种。后备公兔3月龄后必须单独喂养，配种时，只能把母兔提到公兔笼内，气候炎热季节应减少或停止公兔的配种活动。要充分发挥良种公兔的作用，还必须合理使用公兔。公、母比例要适宜，一般以1∶8～1∶10为宜，配种旺季，使用不能过度，成年公兔每天最多交配两次，连续配种两天要休息一天，青年公兔每天配种一次，配一天要休息一天。

②种母兔的饲养管理。种母兔是兔群的基础。养好种母兔，提高繁殖成活率是增加效益的重要前提。由于种母兔在空怀、妊娠、哺乳三个生理阶段的生理状态差异显著，因此应根据情况进行饲养管理。空怀期母兔处于未怀胎的干乳期，应根据母兔体况调整饲料，

喂给充足青饲料和适量配合饲料，使母兔保持肥瘦适中的最佳繁殖状态，准备配种怀胎。妊娠期是提高母兔产活仔数，仔兔初生重的关键时期，在饲养管理上需保证母兔的营养需要，排除一切可能造成流产的人为因素和环境因素。哺乳期要经常检查母兔的泌乳情况，根据泌乳量及时调整饲料，乳汁不足时可强化营养，必要时可增喂豆浆、米汤、花生等催乳，乳汁过多时，适当减少饲料供应，以减少或防止乳房炎的发生。不喂发霉变质饲料，保持房舍内空气新鲜，保持笼舍和母兔乳房的清洁卫生。

项目 7.3　实验用犬、猫饲养管理技术

任务六　实验用犬的饲养管理技术

1. 犬生物学特性

犬属于脊椎动物门、哺乳纲、食肉目、犬科、犬属动物（图 7-6）。其生物学特性如下所述。

图 7-6　犬

（1）感情纯厚，忠于主人。犬与主人长期相处，会与主人建立同甘共苦的纯真感情，不会因主人训斥或打骂而背弃逃走，不会因主人家境贫寒而易主。

（2）智力发达，接受能力强。在哺乳动物里，除人以外，犬最聪明。著名品种的犬，经过适宜的驯养和调教，对人类的语言、信号、手势，甚至表情都能理解，并可根据主人的意图，创造性地做出许多惊人的事迹。如猎犬、警犬可根据主人的意图追捕、搜索猎物及罪证；玩赏犬能学会各种各样的表演。

（3）嫉妒心、虚荣心、好胜心强。犬喜欢人们对自己称赞、表扬，不喜欢主人对其他犬的抚摸和欣赏，对主人交给的任务会竭尽全力地去完成。

（4）听觉、嗅觉灵敏，记忆力强。犬的听觉大大超过人类，不仅能分辨出声音的强弱、生熟，而且能听见人类不能听见的声音，所以人类利用犬来警戒。

犬的嗅觉比人类高出 40 多倍，有的犬甚至能够嗅到精密仪器测不出的气味，可应用于公安侦查、搜查等工作。

（5）适应环境的能力强，归向性好。犬对较热、寒冷、风雨等不良环境都有很强的承受能力。犬的归向性好，可独自从数百千米以外的地方返家。

（6）视觉和味觉差，辨色能力弱。犬的远视能力弱，100 m 以外主人的动作一般无法

辨认，但横向视力较广，其视野可达250°，故容易察觉背后的动静。犬的味觉极差，只能靠嗅觉判断食物的新鲜与否。犬是红绿色盲，辨色能力差，而在微弱光线下辨别物体的能力强，具备夜行动物的特征。

（7）喜欢肉食及腥味食品。犬原本为肉食动物，喜欢动物性蛋白和脂肪，特别是带腥味的鱼类。但经过长期的家养驯化，犬也能吃杂食和素食，以利磨牙。

犬的性成熟280～400 d；适配年龄，雄犬1.5～2岁，雌犬1～1.5岁；寿命10～20年；犬有染色体39对；犬大体分四种神经类型：①多血质型；②黏液质型；③胆汁质型；④忧郁质型。由于神经类型不同导致性格不同，用途也不一样。

2. 犬在生物医学研究中的应用

（1）实验外科学。犬广泛用于实验外科各个方面的研究，如心血管外科、脑外科、断肢再植、器官或组织移植等。临床外科医生在研究新的手术或麻醉方法时往往是选用犬来做动物实验，先取得熟练而精确的技巧，然后才妥善应用于临床。

（2）基础医学实验研究。犬是目前基础医学研究和教学中最常用的动物之一，尤其在生理、药理、病理等实验研究中起着重要作用。犬的神经系统和血液循环系统很发达，适合这方面的实验研究，如失血性休克、弥漫性血管内凝血、动脉粥样硬化症，特别是研究脂质在动脉壁中的沉积等方面，是一个良好的动物模型。急性心肌梗塞以选用杂种犬为宜，狼犬对麻醉和手术较敏感，而且心律失常多见。不同类型的心律失常、急性肺动脉高压、肾性高血压、脊髓传导实验以及大脑皮层定位实验等均可用犬进行。

（3）慢性实验研究。由于犬可以通过短期训练很好地配合实验，所以非常适合于进行慢性实验。如条件反射实验、各种实验治疗效果实验、毒理学实验、内分泌腺摘除实验等。

犬的消化系统发达，与人有相同的消化过程，所以特别适合于消化系统的慢性实验。如可用无菌手术方法做成唾液腺瘘、食道瘘、肠瘘、胰液管瘘、胃瘘、胆囊瘘等来观察胃肠运动和消化吸收、分泌等变化。

（4）药理学、毒理学研究和药物代谢研究。如磺胺类药物代谢的研究、各种新药临床使用前的毒性实验等。

（5）营养学和生理学研究。如进行先天性白内障、胱氨酸尿、遗传性耳聋、血友病A、先天性心脏病、先天性淋巴水肿、蛋白质营养不良、家族性骨质疏松、视网膜发育不全、高胆固醇血症、动脉粥样硬化、糖元缺乏综合征等研究。

（6）行为学、肿瘤学以及核辐射研究等。

3. 犬常用品种、品系

国际上用于医学科学研究的犬主要有小猎兔犬、纽芬兰犬（Labrador）、捕狐大猎犬、墨西哥无毛犬、四系杂交犬、Boxer 犬、大麦町犬（Dalmation）、Greyhound 犬等。这些品种犬的主要特征和用途如下：

（1）小猎兔犬

又称比格犬（Beagle），原产英国，是猎犬中较小的一种。1880 年引入美国，开始大量繁殖。因其有体型小（成年体重为 7～10 kg）、短毛形态且体质均一、秉性温和、易于驯服和抓捕、对环境的适应力、抗病力较强以及性成熟期（8～12 个月）早且产仔数多等优点，被公认为是较理想的实验用犬，已成为目前实验研究中最标准的动物，此种犬多用于长期的慢性实验。在国外，它已被广泛用于生物化学、微生物学、病理学、病毒学、药理学以及肿瘤学（如癌的病因学和癌的治疗学等）等基础医学的研究工作中，而农药的各种安全性试验，特别是制药工业中的各种实验，使用该犬最多。上海、北京等地已引入，且饲育繁殖成功。

（2）四系杂交犬

这是为科研工作者需要而培养出的一种外科手术用犬，它由两种以上品系犬进行杂交而成。如 Gvey howd、Labrador、Samoyed 及 Basenji 四品系犬交配，取 Labrador 较大体躯、极大胸腔和心脏等优点，取 Samoyed 耐劳和不爱吠叫的优点。

（3）大麦町犬

该犬是一种黑白花斑点的短毛犬，可进行特殊的嘌呤代谢研究及中性白细胞减少症、青光眼、白血病、肾盂肾炎、Ehers-Danols 等病的研究。

（4）纽芬兰犬

一般作实验外科研究用，性情温顺，体型大。

（5）捕狐大猎犬

由于其血管较粗大、器官较大，可用于生理研究。

（6）墨西哥无毛犬

由于无毛可用于特殊研究，如作粉刺或黑头粉刺的研究。

（7）Boxer 犬

此犬可作为红斑狼疮和淋巴肉瘤研究。

我国繁殖饲养的犬品种也很多，如中国猎犬、西藏牧羊犬、狼犬、四眼犬、华北犬、西北犬等。华北犬和西北犬广泛用于烧伤、放射损伤、复合伤等研究。华北犬耳较小，后肢较小，颈部较长，前肢较大，而西北犬正好与此相反。两种犬各种体表面积的百分比有一定的差异，华北犬头、颈、胸腹各占 10%，背部和臂部共三个 10%，两前肢加两耳共两个 10%，两后肢加尾巴共为两个 10%；西北犬颈部加尾巴为一个 10%，每个后肢各为一个 10%，其余和华北犬相似。体表面积这些差异对烧伤实验研究时烧伤面积的计算具有很重要的意义。狼犬适用于胸外科、脏器移植等实验研究。

4. 犬饲养管理要点

（1）饲料

犬的饲料供给能量，使犬运动和维持体温。因犬的品种、个体、生长阶段不同，其营养需要也不同。可以将精饲料制成半流动状的粥糊，青菜和块根类植物洗净后切成碎块连同煮烂的肉、鱼粉、食盐、骨粉等拌在一起饲喂。犬的精饲料也可以制成窝窝头或蒸糕，制作时除去大米改用一部分白面，将食盐、骨粉拌入精饲料内一并制作。肉和维生素饲料以及青菜等做成汤，单独喂给会更好。但无论是制成粥糊或蒸糕，都不得夹生或烧糊，否则会影响犬对饲料的适口性及消化吸收。由于饲料夹生，容易变质发酵，犬食后会引起拉稀、消化不良，影响健康。

（2）饲喂

犬的饲料要新鲜；食盆要及时清洗，余食应拿去，以防变质、变腐；犬的饲喂应定时、定量、定场所；犬喜欢啃骨头，这是天性，一般应给犬股骨、肩胛骨、蹄骨（不切碎）、软肋等让其啃咬；应经常供犬新鲜的水果、蔬菜等；犬不宜吃含有大量化学调味品的佐料、芳香类、辣味等有刺激性气味的食物，以及特别甜或特别咸的食物。

（3）种公犬的饲养管理

因为配种消耗蛋白质较多，因此动物性蛋白质的需要量略高于一般犬。膘性要求不肥不瘦。种公犬应单圈饲养，防止打架，但要经常运动，每天放运动场内至少活动 2～3 次，每次半小时，这样可保证精液的品质和旺盛的性欲。在母犬发情季节，把公犬与不发情母犬放在一起，会促使母犬发情和激发公犬性欲。配种期应补加蛋白质、维生素，有条件的可补给肉、蛋、奶。除早晚饲喂外，可以中午补喂一次。

（4）种母犬的饲养管理

①孕犬。母犬的怀孕期为 60 d。在怀孕期间，为了满足母犬本身和胎儿的需要，首先应加强营养，喂给优质饲料，保证胎儿发育、母体健康及泌乳的需要。从母犬交配 20 d 起，要增加肉、鱼粉、骨粉、蔬菜等。临产前可稍减食量，喂给易消化的饲料，供足清洁的饮水。其次，保证孕犬休息，孕犬犬舍要宽敞、清洁、干燥、光线充足、安静。另外对孕犬要给予适当的运动，以促使血液循环，增加食欲，有利于胎儿发育，减少难产。

②分娩母犬。要做好分娩前的准备，产房要安好产床，室内清洁、消毒、垫足褥草，冬天注意防寒保暖。要做好卫生工作，对产犬的全身，特别是臀部和乳房，可用 0.5%来苏水儿、2%硼酸清洗。要准备好产箱，产箱由木板制成。产房的光线以微暗不明亮为佳，四周应无杂声，保持环境安静。母犬产后，用温水洗外阴部、尾、乳房，然后擦干，还要更换垫草。

③哺乳母犬。母犬分娩后 6 h 不吃食，只供给清洁的温水。最初几天，应给营养丰富的半流质饲料，如稀饭、玉米面糊、肉汤、牛奶等，每天喂 3～4 次，每次要少，以利于

内脏恢复，以后逐渐增加。为了保证母犬健康，要搞好清洁卫生，每天要梳刷周身，最好用消毒药水浸泡棉球，擦一次乳房。产房要坚持清扫、翻动和更换垫草，并保持安静。

④空怀母犬。应注意恢复体力，促进发情、排卵。中等膘，体况良好。

（5）仔犬的饲养管理

仔犬的哺乳期定为 45 d，在一般情况下新生仔犬不需要专门护理，母犬会本能地帮助仔犬哺乳和保温，经常舔净它们的排泄物。但由于初生仔犬软弱无力，消化能力不强，调节体温机能还不完善，有的母犬又不能很好地照顾仔犬，在这种情况下，为了确保仔犬正常发育，加强护理工作是非常必要的。

（6）犬的日常管理

犬舍要保持空气流通和温度，天气太热时，要打开门窗，使室内通风降温，气候变冷时，门窗要关闭；犬舍及运动场四周的围墙或栅栏一定要牢固，防止犬跑掉，并严防野犬、狼、狐狸等蹿入犬舍传播疾病；犬的运动场上应设浴池，以清除被毛污物，且可降温；做好犬舍的卫生防疫工作。

任务七　实验用猫的饲养管理技术

1. 猫生物学特性

猫属于脊椎动物门、哺乳纲、食肉目、猫科、猫属的动物（图 7-7），其生物学特性如下所述。

图 7-7　猫

（1）喜爱孤独而自由的生活，除在发情交配和哺乳期外很少群居。追求舒适、明亮、干燥的环境，有在固定地点大、小便的习惯，便后立即掩埋。

（2）猫对环境变化敏感。对人有亲切感。

（3）爪和牙齿很尖锐，善捕捉、攀登。舌上有无数突起丝状乳头，被有较厚的角质层，成倒钩状，是猫科动物特有的特点。

（4）眼睛和其他动物不同，能按照光线的强弱灵敏地调节瞳孔，白天光线强时瞳孔可收缩成线状，晚上瞳孔可变得很大，视力良好。

（5）属典型的刺激性排卵，只有经过交配刺激，才能排卵。适配年龄雄性 1 岁，雌性 10～12 月龄。雄性育龄 6 年，雌性 8 年，寿命 8～14 年。

（6）猫的大脑和小脑较发达，其头盖骨和脑具有一定的形态特征，对去脑实验和其他外科手术耐受力也强。平衡感觉、反射功能发达，瞬膜反应锐敏。

（7）猫的循环系统发达，血压稳定，血管壁较坚韧，对强心甙比较敏感。猫的红细胞大小不均匀，红细胞边缘有一环形灰白结构，称为红细胞折射体（RE），正常情况下，10%

的红细胞中有 RE 体。

（8）猫对吗啡的反应和一般动物相反，犬、兔、大鼠、猴等主要表现为中枢抑制，而猫却表现为中枢兴奋；猫对呕吐反应灵敏；猫的呼吸道黏膜对气体或蒸汽反应很敏感；猫对所有酚类（Phenol）都敏感，如对杀蠕虫剂酚噻嗪（Phenothiazine）非常敏感。

（9）在正常条件下很少咳嗽，但受到机械刺激或化学刺激后易诱发咳嗽。

2．猫在生物医学研究中的应用

猫主要用于神经学、生理学和毒理学的研究。猫可以耐受麻醉与脑的部分破坏手术，在手术时能保持正常血压。猫的反射机能与人近似，循环系统、神经系统和肌肉系统发达，实验效果较啮齿类更接近于人，特别适宜观察各种反应。

（1）中枢神经系统功能、代谢、形态研究。可用猫研究神经递质等活性物质的释放，特别是在清醒条件下研究活性物质释放和行为变化的相关性，如针麻、睡眠、体温调节和条件反射。常在猫身上采用辣根过氧化物酶（HRP）反应方法来进行神经传导通路的研究，即用过氧化氢为供氢的底物，再使用多种不同的成色剂来显示运送到神经系统内的 HRP 颗粒，进行周围神经形态学研究，同时可用 HRP 追踪中枢神经系统之间的联系和进行周围神经与中枢神经联系的研究，在神经生理学实验中常用猫做大脑僵直、姿势反射实验以及刺激交感神经时瞬膜及虹膜的反应实验。

（2）药理学研究。常用猫脑室灌流法来研究药物作用部位，药物如何通过血脑屏障，即药物由血液进入脑或由脑转运至血液的问题。观察用药后呼吸系统、心血管系统的功能效应和药物的代谢过程。如常用猫观察药物对血压的影响，进行冠状窦血流量的测定，以及阿托品解除毛果云香硷作用等实验。

（3）循环功能的急性实验。选用猫做血压实验优点很多，因为猫血压恒定，较大鼠、家兔等小动物更接近于人体，对药物反应灵敏，且与人基本一致；血管壁坚韧，便于手术操作和分析药物对循环系统的作用机制；心搏力强，能描绘出完好的血压曲线；用作药物筛选试验时可反复应用等。特别指出的是，它更适合于药物对循环系统作用机制的分析，因为猫不仅有瞬膜便于分析药物对交感神经节和节后神经的影响，而且易于制备脊髓猫以排除脊髓以上的中枢神经系统对血压的影响。

（4）疾病动物模型研究。猫可用作炭疽病的诊断以及阿米巴痢疾的研究。近年来我国用猫进行针刺麻醉原理的研究，效果较理想。在生理学上利用电极刺激神经测量其脑部各部分的反应。在血液病研究上选用猫作白血病和恶病质者血液的研究。猫是寄生虫中弓形虫属的宿主，因此在寄生虫病中是一种很好的模型。猫可作为许多良好的疾病模型，如白化病、聋病、脊裂、病毒引起的发育不良，急性幼儿死亡综合征、先天性心脏病、草酸尿、卟啉病、淋巴细胞白血病等。

3. 猫常用品种、品系

猫的品种相对较少，世界上现存猫的品种大约有百余种，但常见的只有 30～40 种。世界各地分布的猫，就体长和体重而言，差异比较小。

（1）不同类别猫的介绍

根据产地划分。可分为泰国猫、缅甸猫、喜马拉雅猫、新加坡猫、埃及猫、美国猫等。

根据生活环境划分。可分为家猫和野猫。野猫是家猫的祖先，生活在山林、沙漠等野外。家猫是经过驯养的猫，但目前驯化程度不高，一旦脱离人类的饲养，很快野化。

根据毛的长短划分。可分为长毛猫和短毛猫。常见的长毛猫有波斯猫、巴厘猫、缅因猫、安哥拉猫等；常见的短毛猫有泰国猫、阿比西尼亚猫、缅甸猫、日本短尾猫等。用做实验动物的猫应选择短毛猫。

根据培育程度划分。可分为纯种猫和杂种猫。纯种猫是按照某种目的精心培育而成的，遗传性能比较稳定，仔猫和父母猫的各种特征非常相似。杂种猫的繁殖未受到人为控制，是任其自然发展的品种。

（2）我国常见的猫品种

云猫。分布于我国南方，其被毛颜色如天上彩云，所以得名云猫。毛色呈棕黄色或灰黑色，头部为黑色，眼睛下方及侧面有白斑，身体两侧有白色花斑，背部有数条黑色纵纹，四肢及尾是黑褐色。繁殖期不固定，一年两窝，每窝产仔 2～4 只。

山东狮子猫。分布于山东省，颈部毛长，形如狮子而得名。毛色为白色或黄色，也有黑白相间者。尾部粗大，抗病力强，耐寒，繁殖率低，每年一窝，每窝产仔 2～3 只。

狸花猫。全国分布广泛。颈、腹下毛色灰白，身体其他部位为黑灰色相间的条纹，形如虎皮，毛短而光亮。怕寒冷，抗病力弱，繁殖率高。

四川简州猫。分布在四川农村，体型较大，强壮，动作敏捷。

4. 猫饲养管理要点

（1）饲料

猫是一种以肉食为主的杂食动物，与其他动物一样都需要蛋白质、碳水化合物、脂肪、维生素、无机盐和水等营养元素。猫的饲料可分为动物性饲料和植物性饲料两大类。动物性饲料来源非常广泛，几乎所有畜禽的肉、内脏、血粉、骨粉等均可作为猫的饲料。鱼类、鸡蛋、动物脂肪等是猫非常可口的佳肴，一般情况下，动物性饲料应占总饲料量的 45%～50%比较合适。某些农作物加工后的副产品可作猫的饲料，如豆饼、花生饼、芝麻饼、向日葵饼、麦麸和米糠等。人们所吃的大米饭、面包、馒头、饼干、玉米饼等猫更爱吃。适当喂些蔬菜和青草，有利于猫的消化，还能补充维生素和无机盐。

（2）饲喂

无论是动物性饲料还是植物性饲料，在饲喂之前，都要经过加工处理。目的是增加饲料的适口性，迎合猫的口味，使其愿意采食，提高饲料的消化率，防止有害物质对猫的伤害。要注意以下几点：①保持饲料清洁卫生，洗净，除去血污、泥沙等；②各种肉类要煮熟，并将煮熟的肉切成小块或剁成肉末，与其他饲料拌喂；③骨头可制成骨粉；适量喂给鱼类，禁止用生的鱼头和鱼内脏喂猫；④要定时定量，一般情况下，每天早晚各喂 1 次比较合适，晚上给食量应多于早晨；⑤喂猫的用具、地方要固定，环境要安静。

（3）猫的日常管理

要保持良好的温度和湿度。猫可在气温 18～29℃和相对湿度 40%～70%的条件下正常生活，气温超过 36℃可影响猫的食欲，体质下降，容易诱发疾病，因此当气温过高时，应采取降温措施。

训练猫养成卫生习惯。固定便溺地点的习惯是要经过训练才能养成的。猫窝内所有的垫料（布片、垫纸）要经常更换。

适时给猫洗澡和进行被毛梳理。

（4）特殊类型猫的饲养管理

新生仔猫的饲养管理。新生仔猫全身被毛，双目闭合，一般要在 9 d 前后才睁眼睛。仔猫出生后要使其尽快地吃到初乳，最好在出生后 24 h 内就哺乳，前 3 d 的初乳不能短缺。当小猫 1 月龄时，体重为 400 g 左右，可给小猫增加米饭、碎肉末或鸡蛋糕等。小猫 2 月龄左右即可断乳，断乳时小猫与母猫分开。

孕猫的饲养管理。猫的妊娠期为 58～71 d，平均 63 d，怀孕后的母猫，其生理机能及营养代谢均不同于平时，主人应精心饲养管理。母猫在怀孕期间，由于胎儿的发育需要，应给怀孕母猫适当增加营养。怀孕的头 1 个月，胎儿尚小，一般不需要补充特殊食物和进行特殊护理。怀孕 1 个月以后，胎儿开始迅速发育，孕猫代谢增强，对各种营养物质需要量急剧增加。此时，除了应增加食物的供给量外，还应给孕猫补充富含蛋白质的食物，如猪肉、牛肉、鸡肉、鸡蛋和牛奶等。在妊娠后期（最后 3 周），孕猫采食量增加 20%～30%。但由于腹腔内胎儿已长大，占据了腹腔的一定空间，因此，孕猫的每次采食量有限，应采用少食多餐的方式饲喂，每天可饲喂 4～5 次。孕猫比较喜欢安静，不愿让人或其他动物打搅。因此，除了要人为地让猫适当活动外，应尽量避免打搅和惊动它，并且应将猫窝放在安静、干燥、温暖、通风良好、有阳光的地方。

（5）不同季节的管理

春季。春季是发情、换毛季节。发情母猫的活动量增加，精神兴奋，表现不安，食欲减少，在夜间发出比平时粗大的鸣叫声，随地排尿，以此来招引公猫。公猫也外出游荡，并常为争夺配偶而打架，造成外伤。因此，春季要特别注意发情与交配的管理。

夏季。气候炎热，空气潮湿，要注意预防中暑和食物中毒。

秋季。此季节秋高气爽、气候宜人，猫的食欲旺盛，又是第二个繁殖季节。此阶段的管理要注意增加食量，预防感冒及呼吸道疾病。

冬季。天气寒冷，要注意室内保温。猫的运动量不足，在管理上要注意预防呼吸道疾病和肥胖症，要让猫多晒太阳。

项目 7.4 非人灵长类实验动物饲养管理技术

任务八 实验动物猕猴饲养管理技术

1. 猴生物学特性

猕猴属于脊椎动物门、哺乳纲、灵长目、猴科、猕猴属动物（图 7-8）。其生物学特性如下所述。

图 7-8 猕猴

（1）群居性强。猕猴的群居性很强，往往几十只生活在一起。猴群是由多个成年雌性和雄性以及不同年龄的仔猴所结成的一个混合群。每个群中都有一只体大力强、凶猛的成年雄猴为猴群的首领，即为猴王。在交配季节，猴王霸占数只母猴。猴王的地位一般较短暂，4～5 年便更换一次。猴群过大，则分群，并产生新的猴王。

（2）善攀登、跳跃，智力发达。猕猴善攀登、跳跃，会游泳，聪明伶俐，动作敏捷，好奇心与模仿力很强。有较发达的智力和神经，能用手操纵工具。猕猴之间经常打架，受惊吓时会发出叫声。一般难以驯养，有毁坏东西的特性，常龇牙咧嘴，暴露其野性，但通常怕人，不容易接近。

（3）杂食，但以素食为主。猕猴属杂食性动物，以植物果实、嫩叶、根茎为食。猴群活动区域较固定，群体之间从不相互跨越，一般停留在靠近水源、环境安静和食物丰盛的地方。体内缺乏合成维生素 C 的酶，所以维生素 C 必须来源于饲料中，缺乏维生素 C 时会内脏肿大、出血和功能不全。

（4）昼行性。猕猴的活动和觅食均在白天。日活动时间很早，从拂晓开始活动和采集，每天早上 8～10 点为活动和觅食高峰。其后又逐渐迁移到林木茂盛、水源丰富的隐蔽处，得以静静地玩耍和休息。直到 16 点，又开始日活动的第二次高峰。在酷热的地区，由于中午的停息时间较长，下午活动时间一般都延续到夜幕降临之时。夜晚则回到大树或岩石上过夜。

（5）视觉灵敏。猕猴的视觉较人类敏感，视网膜上具有黄斑和中间凹，黄斑除有视锥细胞外，还有视杆细胞，而人的黄斑仅有视锥细胞。猕猴有双目视力，两眼朝向前方，有立体感觉，能辨别物体的形状和空间位置。有色觉，能辨别各种颜色。猕猴的嗅觉器官则处于最低的发展阶段，嗅脑很不发达，嗅觉强度退化。猕猴具有敏感的听觉、触觉和味觉。

2. 猴在生物医学研究中的应用

灵长目动物在亲缘关系上和人类最接近，20 世纪上半叶才广泛应用于生物医学研究，1950 年后灵长目动物已普遍在实验室中使用，如使用猕猴而使脊髓灰质炎疫苗得到了迅速推广，为其应用开辟了更广泛的途径。

（1）应用于生理学研究。猕猴在生理学上可以用来进行脑功能、血液循环、呼吸生理、内分泌、生殖生理和老年学等各项研究。

（2）应用于人类疾病研究。在人类疾病，特别是传染性疾病研究方面猕猴具有极重要的用途。猕猴可以感染人类所特有的传染病，特别是其他动物所不能复制的传染病，例如脊髓灰白质炎（小儿麻痹症）和菌痢等。很多种猕猴对脊髓灰白质炎具有易感性，以黑猩猩和猕猴属最为敏感。猕猴对人的痢疾杆菌和结核杆菌最易感染，因此，在肠道杆菌和结核病等的医学研究中是一种极好的动物模型。猕猴也是研究肝炎、疟疾、麻疹等传染性疾病的理想动物。此外，还可用于职业性疾病和铁尘肺、肝损伤等的研究。

（3）药理学和毒理学研究。猴的生殖生理和人非常接近，是人类避孕药物研究极为理想的实验动物。目前筛选抗震颤麻痹药物最有价值的方法是电解损伤引起的猴震颤。应用猴子研究镇痛剂的依赖性较为理想，因为猴对镇痛剂的依赖性表现与人较接近，已成为新镇痛剂和其他新药进入临床试用前必需的试验。猴也是进行药物代谢研究的良好动物。

（4）复制疾病模型。猴与人的情况很近似，无论其正常血脂、动脉粥样硬化病变的性质和部位、临床症状以及各种药品的疗效关系等，都与人体非常相似。选用猕猴来复制这方面的动物模型更为理想。给予猕猴高脂饮食 1～3 个月后，血清胆固醇水平即可达到很高水平，同时发现动脉粥样硬化，且可产生心肌梗死。动脉粥样硬化病变部位不仅在主动脉，也出现在冠状动脉、脑动脉、肾动脉及股动脉等。猴的气管腺的数量较多，直至三级支气管中部仍有腺体存在，适于复制慢性气管炎的模型和进行祛痰平喘药的疗效实验。

（5）寄生虫学的研究。猕猴可感染人疟原虫，是理想的筛药模型，所得结果对临床参考价值较大。

（6）其他基础和临床的研究。如人的放射，就其表现而言和猕猴最为接近，因此猕猴广泛用于放射医学的研究。猴与人血液有交叉凝集反应，可用于研究血型。还可用于研究人类垂体性侏儒症以及特殊疾病的感受性，包括细菌、病毒和寄生虫病的研究。猕猴还常用于行为学的研究、实验肿瘤学的研究、口腔牙科病的研究和疫苗研究试验等。

（7）研究人类器官移植的重要动物模型。猕猴的白细胞抗原（RhLA）是灵长类动物中研究主要组织相容性复合体基因区域的重要对象之一。同人的 HLA 抗原相似，RhLA 具有高度的多态性。荷兰灵长类中心 Balner 为首的小组在这方面进行过长期的研究，结果发现，猕猴 RhLA 的基因位点排列同人类有相关性。

（8）细菌、病毒性疾病的研究。例如进行疱疹病毒病、弓形体病、阿米巴脑膜炎、自发性类风湿病、奴卡氏菌病、病毒性肝炎等疾病的研究。

（9）遗传代谢性疾病的研究。如研究新生儿肠道脂肪沉积，蛋白缺乏症等疾病。

（10）环境卫生学研究。猕猴可用作大气污染、重金属污染等环境污染的动物模型。

3．猴常用品种、品系

猕猴属动物共有 12 种，其中作为实验动物的主要是以下几种。

（1）恒河猴

最初发现于孟加拉的恒河河畔，我国广西分布很多，所以俗称“广西猴”。身上大部分毛为灰褐色，腰部以下橙黄色，面部两耳多数肉色，少数红色。

（2）熊猴

产于阿萨密、缅甸北部以及我国的云南和广西。形态和恒河猴很相似，身体比恒河猴稍大，面部较长；毛色褐色，腰背部的毛色和其他部分相同，缺少恒河猴那种橙黄色的光泽，头皮薄，头顶有旋，头毛向四面分开。其行动不如恒河猴敏捷和活泼，小猴也不如恒河猴聪明易驯，叫声和恒河猴不同，声哑，有时如犬吠。

（3）红面短尾猴

产于广东、广西、福建等地。又称华南短尾猴，土名叫黑猴和泥猴。该种猴的尾巴有的已退化到几乎没有，有的已缩至仅占身体的 1/8～1/10。毛色一般为黑褐色，但随年龄和性别稍有不同。面部大多数发红，到老年红色又渐衰退，转为紫色或肉色，还有少数变成黑色。小猴生下时为乳白色，非常鲜明，不久毛色就变深，由黄褐色变为乌黑色。平顶的毛长，由正中向两边分开，自幼即很明显。红面短尾猴常用于眼科和行为学研究。

（4）四川短尾猴

产于四川的西部、西藏的东部。毛色和红面猴差不多，也为乌黑色，但稍浅，褐色较多，没有纯黑色的，胸腹部浅灰色的毛很多，毛的长度也和红面猴差不多，但被毛比红面猴微厚。老年猴在两颊和颏下常生出相当长的大胡子，身体比红面猴略大。

4．猴饲养管理要点

（1）饲养

营养问题是猕猴能否生存和发育的重要环节之一，饲料的好坏直接关系到猴子的健康。猕猴是杂食动物，以素食为主。在饲料的配比上要多样化，注意适口性。以各种粮食的精饲料为主，按全价营养的要求，同时添加各种微量元素及生长素配制成主食，辅以水果、蔬菜等青饲料。配合饲料时，要注意饲料中应保证充足的维生素 C。

猕猴的饲喂要定时定量，让猴子有一个生活规律。在平时饲喂时，可以根据猴子的大小和食欲适当增减食量。

猕猴在自然栖息地会感染各种疾病，有些疾病是人猴共患的，如结核病、细菌性痢疾、沙门氏菌病、麻疹、传染性肝炎等，在人工养殖条件下，猕猴能否正常地生长发育和繁殖，关键是建立适宜的饲养条件和一套完整的、并能严格执行的猴群管理制度。

（2）管理

①检疫。新引进猴必须进行检疫，检疫期间一律单笼饲养，经过 1～3 个月的检疫、适应和驯化，证明是健康的猴子后才可入群。

②定期体检。对猴进行定期体检非常重要，经过体检可以及时发现问题，如某些传染病、寄生虫病等。每年至少体检一次。

③工作人员要求。工作人员必须身体健康，无传染性疾病，工作服要经常洗涤和消毒。要有专人负责猴的饲养管理，禁止非工作人员进入猴房。每日观察和记录猴的活动、觅食和粪便情况，以便及时发现问题并采取措施。

④环境。室内温度保持在 20～25℃，湿度为 40%～70%，保持空气清新，注意防暑保暖。笼舍门窗要牢固，防止猴子外逃。

项目 7.5　实验动物猪饲养管理技术

任务九　实验动物猪饲养管理技术

1. 猪的一般生物学特性

猪属于哺乳纲、偶蹄目、野猪科、猪属的动物（图 7-9）。野猪经过人类长期驯化、选择，被培育成我们现在饲养的家猪。第二次世界大战以后，猪开始成为研究人类疾病的实验动物。

家猪用于动物实验，因体躯肥大不便于实验处理和饲养管理，遗传选择、遗传控制也不符合实验动物的要求。为解决这方面的问题，1950 年后，选育培育出了用于动物实验的实验小型猪和微型猪。

图 7-9　猪

猪在解剖学、生理学、疾病发生机理等方面与人极其相似，在生命科学研究领域中具有重要的实际应用价值。目前已用于肿瘤、心血管病、糖尿病、外科、牙科、皮肤烧伤、血液病、遗传病、营养代谢病、新药评价等多个方面。小型猪作为异种移植的供体具有许多优点，其诱人前景吸引着众多的生物医学工作者和战略投资者。猪在心血管系统、消化系统、皮肤系统、骨骼发育、营养代谢等方面与人类具有较大的相似性，既能解决人类器官严重不足的问题，提供源源不断的供体器官、组织、细胞，也可克服应用灵长类动物带来的伦理、烈性病毒传染病等问题，它一直是人类异种移植的首选供体和研究开发的热点。

转基因猪的研究一方面可为人类异种器官移植服务；另一方面也可作为生物反应器生产人类的重要蛋白。通过猪细胞人源化改造，用于人类疑难疾病的治疗，如猪红细胞抗原的化学修饰、猪血红蛋白与血液代用品、猪胚细胞与脑血栓的治疗等。转基因猪皮也即将实现产业化。

许多猪源性人用生物制品和功能食品如凝血酶、纤维蛋白原、转移因子、抗人白细胞免疫球蛋白、凝血因子Ⅷ、卟啉铁等已经被美国、欧盟、日本等发达国家的食品药品监督管理部门批准生产，《中华人民共和国药典》和《中国生物制品规程》也有部分收载。

2. 小型猪饲养管理技术

（1）小型猪的生物学特性

一般特性。猪为杂食性动物，性格温顺，易于调教。喜群居，嗅觉灵敏，有用吻突到处乱拱的习性。对外界温湿度变化敏感。猪和人的皮肤组织结构相似，脏器重量、齿象牙质和齿龈的结构也相似。猪的胎盘类型属上皮绒毛模型，没有母源抗体。猪的心血管系统、消化系统、营养需要、骨骼发育以及矿物质代谢等也与人颇为相似，猪的血液学和血液化学各项常数也和人近似。通常成年小型猪体重在 30 kg 左右(6 月龄)，而微型猪最小在 15 kg 左右。

解剖学特性。有发达的门齿、犬齿和臼齿。贲门腺占胃的大部分。幽门腺比其他动物宽大。胆囊浓缩能力很低，且胆汁量少。2～3 月龄幼猪皮肤的解剖生理特点更接近于人。

生理学特点。性成熟雄性 6～10 月龄，雌性 4～8 月龄。性周期 21 d（16～30 d)。妊娠期 114 d（109～120 d)。哺乳期 30 d。体温 39℃（38～40℃）。心率 55～60 次/min。血压 14～22 kPa（108～169 mmHg)。呼吸率 12～18 次/min。血红蛋白 100～168 g/L，血细胞容量 0.025 9 L/L（0.02～0.029 L/L)，红细胞数 6.44×10^{12}/L，白细胞数（7～16）$\times10^{9}$/L。

（2）小型猪主要品系、种群

①明尼苏达—荷曼系小型猪。于 1943 年由明尼苏达大学荷曼研究所用阿拉哈马州的古尼阿猪、加塔里那岛的野猪和路易斯安那州的毕尼乌兹野猪再导入加马岛上的拉斯爱纳—郎剎猪培育而成。毛色有黑白斑，成年猪体重平均 80 kg，遗传性质较稳定。

②毕特曼—摩尔系小型猪。由毕特曼—摩尔制药公司用佛罗里达野猪和加利夫岛的猪培育而成。毛色有各种各样斑纹。

③海福特小型猪。海福特研究所用白色帕洛斯猪和毕特曼—摩尔系小型猪，再导入墨

西哥产的拉勃可种育成。白皮肤，成年体重 70～90 kg。

④哥廷根系小型猪。哥廷根大学用明尼苏达—荷曼系小型猪和缅甸 Vietnamese 小型猪交配，再导入德国改良长白种培育而成。成年猪体重 40～60 kg。

⑤中国实验用小型猪。由中国农业大学利用贵州香猪选育。目前尚未形成完全稳定的遗传性状。毛色黑色，其中农大 1 号经 3 年选育后，6 月龄平均体重 25.57 kg。已在动脉粥样硬化、牙病防治、微粒植皮研究中取得良好的结果。

此外还有辛克莱小型猪，制作血友病动物模型的冯·温里布莱猪，用于糖尿病研究的乌克坦猪，以及聂布拉卡猪、德国戈廷根猪，广西巴马小型猪，版纳微型猪，日本用我国东北小体型黑猪培育成的欧米尼猪。

（3）小型猪饲养管理

饲喂混合饲料或固形饲料，饲喂量为体重的 2%～3%。仔猪自由采食。生长期饲料含粗蛋白质 16%，脂肪 3%，粗纤维 5.5%，维持期饲料含粗蛋白质 16%，脂肪 2%，粗纤维 14%。有些小型猪品种，尤其是有肥胖特性的需采取限食措施。对供实验用小型猪，应在每采食量大于 1 kg 时，开始限食。微型猪 2 月龄后开始限食，每天 0.5 kg。饮水要充分供给，可用自动饮水器。

注意防寒、防暑，保持清洁卫生的环境，每天更换垫草 1 次，定期进行必要的预防注射及驱虫。

小型猪多采用围栏饲养。室内最少 8 h 低度光照，新生仔猪需保暖，24 h 光照。

繁殖用猪，雌雄需分开饲养，每只雄猪可配 5～7 只雌猪。仔猪断奶后约 1 周，母猪会再度发情，要适时配种。妊娠母猪产前进入产房，单圈饲养。

（4）在生物医学研究中的应用

①皮肤烧伤的研究。猪的皮肤与人非常相似，如体表毛发的疏密，表皮厚薄，表皮具有的脂肪层，表皮形态和增生动力学，烧伤皮肤的体液和代谢变化机制等，故猪是进行实验性烧伤研究的理想动物。

②肿瘤研究。美洲辛克莱小型猪，80%于出生前和产后有自发性皮肤黑色素瘤，这种黑色素瘤有典型的皮肤自发性退行性变化。有与人黑色素瘤病变和传播方式完全相同的变化。瘤细胞变化和临床表现很像人黑色素瘤从良性到恶性的变化过程，是研究人黑色素瘤的动物模型。

③免疫学研究。猪的母源抗体只能通过初乳传给仔猪。剖腹产仔猪，在几周内，体内γ球蛋白和其他免疫球蛋白很少，无菌猪体内没有任何抗体，一旦接触抗原，能产生极好的免疫反应。可利用这些特点进行免疫学研究。

④心血管病研究。猪的冠状动脉循环在解剖学、血液动力学上与人类相似。对高胆固醇食物的反应与人一样，很容易出现动脉粥样硬化的典型病灶。幼猪和成年猪能自发产生动脉粥样硬化，其粥变前期可与人相比。老龄猪动脉、冠状动脉和脑血管的粥样硬化与人

的病变特点非常相似。因此，猪可能是研究动脉粥样硬化的最好的动物模型。此外，研究猪心脏病的病因和病理发生，对人类心脏病的研究有很高的价值。

⑤营养学研究。仔猪和幼猪与新生婴儿的呼吸系统、泌尿系统、血液系统很相似。仔猪像婴儿一样，也患营养不良症以及蛋白质、铁、铜和维生素 A 的缺乏症。因此，仔猪可广泛应用于儿科营养学研究。

⑥遗传疾病研究。如先天性红眼病、卟啉病、先天性小眼病、先天性淋巴水肿等遗传性疾病研究。

⑦其他疾病研究。猪的病毒性胃肠炎可作婴儿病毒腹泻动物模型。支原体关节炎可作人的关节炎动物模型。双白蛋白血症只见于人和猪，更是特有的动物模型。此外，还可用猪研究十二指肠溃疡、胰腺炎、食物源性肝坏死等疾病。

⑧悉生猪和无菌猪的应用。不仅可用于研究人类包括传染性疾病在内的各种疾病，更是研究猪病不可缺少的实验动物。它完全排除了其他猪病抗原、抗体对所研究疾病的干扰作用。无菌、悉生猪还能提供心瓣膜供人心瓣膜修补使用。

⑨牙科研究。猪牙齿的解剖结构与人类相似，给予致龋菌丛和致龋食物可产生与人类一样的龋损，是复制龋齿的良好动物模型。

⑩外科手术方面的研究。在猪腹壁安装拉链是可行的，且对猪的正常生理机能无较大干扰，保留时间可达 40 d 以上。这为解决治疗和科研中需进行反复手术的问题提供了较好方法。猪的颈静脉插管可保留 26～50 d，这为进行频繁采血提供了良好而方便的手段。

项目 7.6　实验动物临床生理正常指标

任务十　实验动物临床生理正常指标

实验动物临床生理正常指标见表 7-1。实验动物白细胞正常指标见表 7-2。

表 7-1 实验动物临床生理正常指标值表

动物种类	体温/℃	呼吸数（1 min）	脉数（1 min）	血压/mmHg	红细胞数/10^6	血红数/（g/100 mL）	血细胞容量值/%	红细胞直径/ϕ
小鼠	38.037 7～38.7	128.6（118～139）	485（422～549）	147（133～160）	9.392～118	12～16	54.6	5.5
大鼠	38.237 8～38.7	85.5	344（324～341）	107（92～118）	8.972～9.6	15.6	50	6.6
豚鼠	38.538 2～38.9	92.7（66～120）	287（297～350）	75～90	5.645～7.0	11～15	33～44	7.0
家兔	39.038 5～39.5	38～51	205（123～304）	89.3（59～119）	5.745～7.0	11.04～15.6	33～44	7.0
地鼠	37.0（颊囊）直肠低 1～2 夏天 38.7±0.3	74（33～127）	450（300～600）	90～100	7.4	17.6	47.9	6.2～7.0
犬	38.537 5～39.0	10～30	70～120	155	6.3 6.0～9.5	8～13.8	40.8	6.0
猫	39.038 0～39.5	20～30	120～140	140～170	8.0 6.5～9.5	8～13.8	40.8	6.0
日本猴	38.037 7～38.6	45～50	75～130		4.84	11～14	44.9	
猕猴	37～40	39～60	175～253	140～176	5.4～6.1	13～15	44 41～47	6.7
绵羊	39.138 3～39.9	12～20	70～80	110（90～140）	8.0	9～14.5	41.7	4.53
山羊	39.938 7～40.7	12～20	70～80	120	13.0	9～14	38.6	4.2

引自卢宗藩《家畜及实验动物生理生化参数》。

表 7-2 实验动物白细胞正常指标值表

动物种类	白细胞数	白细胞分类/%					血液比重	血量/体重
		嗜碱	嗜酸	中性	淋巴细胞	单核细胞		
小鼠	8.0（4.0～12.0）	0.5（0～1.0）	2.0（0～5.0）	25.5（12.0～44.0）	68.0（54.0～85.0）	4.0（0～15.0）		1/5
大鼠	14.0（5.0～25.0）	0.5（0.0～1.5）	2.2（0.0～0.6）	46.0（36.0～52.0）	73.0（65.0～84.0）	2.3（0.0～5.0）		1/20
豚鼠	10.0（7.0～19.0）	0.7（0.0～2.0）	4.0（2.0～12.0）	42.0（22.0～50.0）	9.0（37.0～64.0）	4.3（3.0～13.0）		1/20
家兔	9.0（6.0～13.0）	5.0（2.0～7.0）	2.0（0.5～3.5）	46.0（36.0～52.0）	39.0（30.0～52.0）	8.0（4.0～12.0）	1.050	1/20
地鼠	7.0	0	0.6	24.5	73.9	1.1		1/20
犬	12（8.0～18.0）	0.7（0.0～2.0）	5.1（2.0～14.0）	68（62.0～80.0）	21（10.0～28.0）	5.2（3.0～9.0）	1.059	1/13
猫	16（9.0～24.0）	0.1（0.0～0.5）	5.4（2.0～11.0）	59.5（44.0～82.0）	31.0（15.0～44.0）	4.0（0.5～7.0）	1.054	1/20
日本猴	15.6（10.2～24.0）	0.6	1.0	35.3	57.9	5.0		
猕猴	7.2～14.4	0.2±0.6	4.9±3.9	20.9±11.1	70.8±12.3	3.5±2.5		1/15
绵羊	6.0～12.0	0	3.0	34.7	60.3	2.0	1.042	1/12
山羊	6.0～15.0	0.2	4.2	38.4	55.1	2.1	1.062	1/12

引自卢宗藩《家畜及实验动物生理生化参数》。

职业技能考核

理论考核

1. 常用实验动物的生物学特性是怎样的?
2. 常用实验动物的品种、品系有哪些?
3. 常用实验动物的饲养管理要点是什么?
4. 常用实验动物在生物医学中的应用是怎样的?

实践操作考核

常用实验动物的饲养管理技术；实验动物临床生理正常指标。

模块 8　实验动物常规操作与样本采集技术

岗位		实验动物兽医室、实验动物实验室
岗位任务		实验动物常规操作与样本采集技术
岗位目标	应知	动物常规操作技术、实验动物样本采集技术、实验动物常用实验技术
	应会	动物的编号、实验动物的抓取与固定、实验动物被毛去除方法、实验动物给药途径和方法、实验动物的采血、实验动物的麻醉、实验动物的处死、实验动物样本采集技术
	职业素养	养成注重安全防范意识；养成不怕苦和脏、敢于操作的作风；养成保护实验动物、认真仔细、实事求是的态度；养成善于思考、科学分析的习惯

项目 8.1　实验动物常规操作技术

任务一　实验动物的编号

1．剪耳法

适用于大鼠和小鼠。规定剪鼠的左耳表示十位数，右耳表示个位数，剪耳法标记见图 8-1。

2．染料法

此法适用于大鼠和小鼠。

（1）颜料。3%～5%苦味酸溶液（黄色），0.5%中性品红（红色），标记时用毛笔蘸取上述溶液，涂斑点于动物身体的不同部位，以表示不同号码。

（2）编号原则。先左后右，先上后下。一般涂在左前肢表示 1 号，左侧腰部表示 2 号，左后肢表示 3 号，头顶部表示 4 号，背腰部表示 5 号，尾基部表示 6 号，右前肢表示 7 号，右侧腰部表示 8 号，右后肢表示 9 号（图 8-2）。

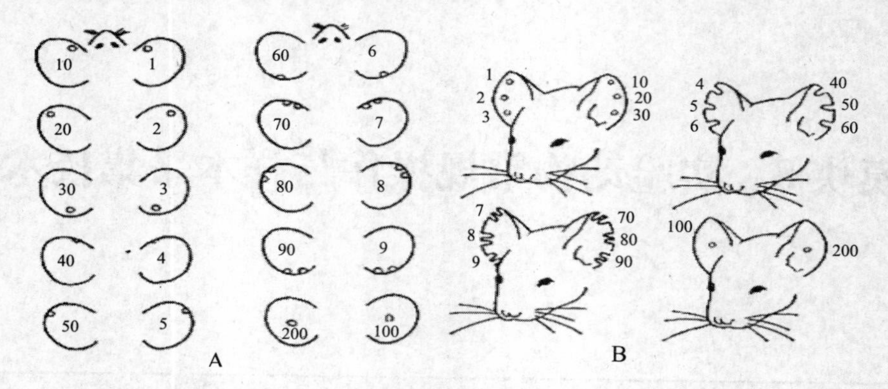

图 8-1　剪耳法标记

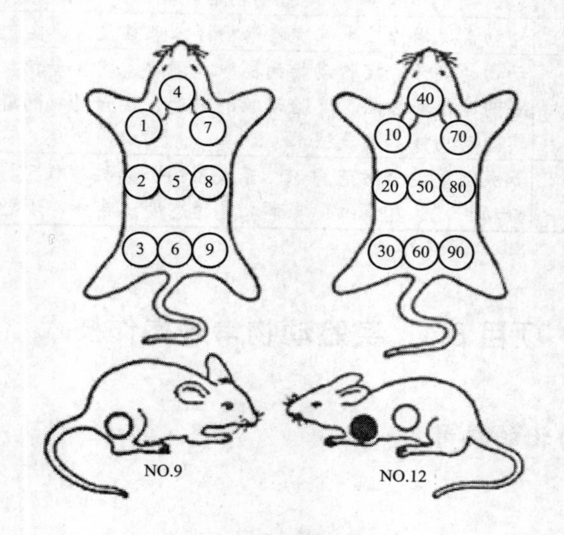

图 8-2　染料法标记

3．挂牌法

将所用号码写在金属牌上，再将金属牌固定于实验动物的耳上。大动物如猫、犬可把金属牌挂在颈部皮带圈上。

4．耳号法

此法适用于家兔和豚鼠。烙印前剪毛，消毒。然后用号码烙印钳或刺数钳在动物的耳朵内面烙印号码，再用棉签蘸取溶于酒精的黑墨在号码上涂抹。

任务二　实验动物的抓取与固定

1. 小鼠的抓取固定

小鼠一般不会咬人，但取用时动作要轻、缓。先用右手抓住鼠尾提起，放在实验台上，在其向前爬行时，用左手的拇指和食指抓住小鼠的两耳和头颈部皮肤，然后将鼠置于左手手心中，把后肢拉直，用左手的无名指及小指按住尾巴和后肢，前肢可用中指固定，完全固定好后松开右手。对操作熟练者可采用左手抓取法，根据实验需要可将小鼠固定在手中，也可将小鼠固定在玻璃、木和竹制的圆筒内或小鼠固定板上（图 8-3、图 8-4）。

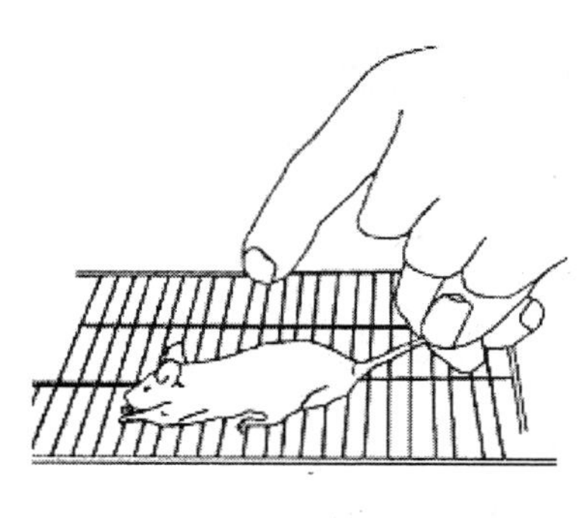

图 8-3　抓取小鼠

图 8-4　徒手固定小鼠

2. 大鼠的抓取固定

大鼠的牙齿很尖锐，初次抓取大鼠者可戴厚帆布手套，不要突然袭击式地去抓大鼠、抓取时右手慢慢伸向大鼠尾巴，尽量向尾巴根部靠近，抓住其尾巴后提起，置于实验台上，右手轻轻抓住尾巴向后拉，左手抓紧鼠两耳和头颈部的皮肤，并将鼠固定在左手中，也可将大鼠固定在大鼠固定器或大鼠固定板上（图 8-5）。

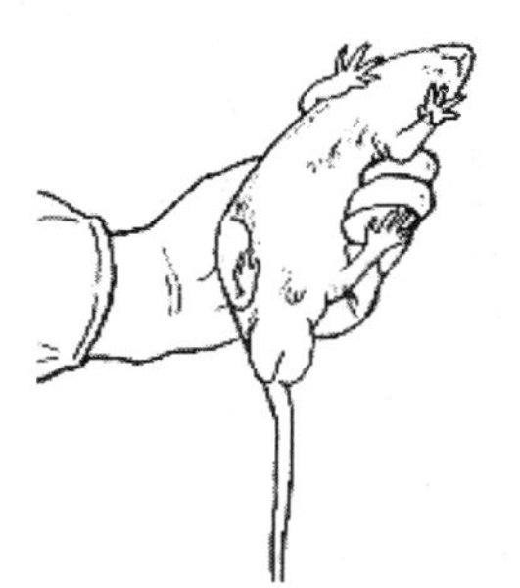

图 8-5　大鼠的抓取与固定

3．家兔的抓取固定

一般用右手抓住家兔颈部的皮肤提起，然后用左手托其臀部。不可抓双耳提腹。可放于兔盒内固定或置于手术台上固定（图 8-6）。

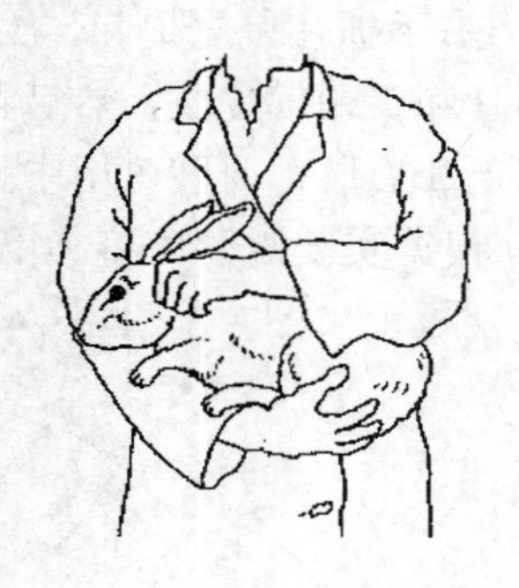

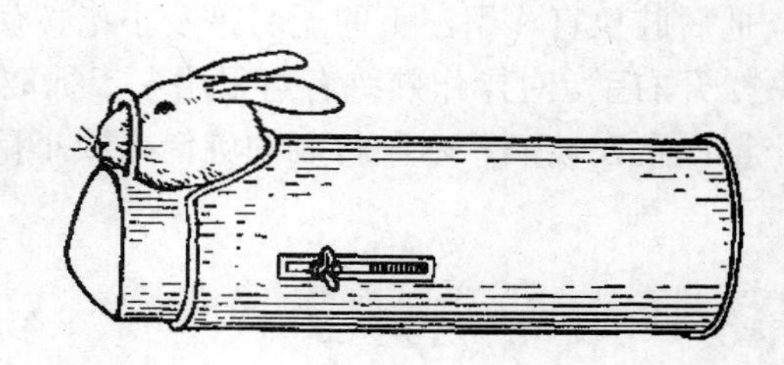

图 8-6　家兔的抓取与固定

4．犬、猫的抓取保定

（1）犬的保定

①扎口保定。用绷带在犬的上下颌缠绕两圈后收紧，交叉绕于颈项部打结，以固定犬嘴不得张开（图 8-7）。

②犬横卧保定。先将犬作扎口保定，然后两手分别握住犬两前肢的腕部和两后肢的跖部，将犬提起横卧在平台上，以右臂压住犬的颈部，即可保定。可用于临床检查和治疗（图 8-8）。

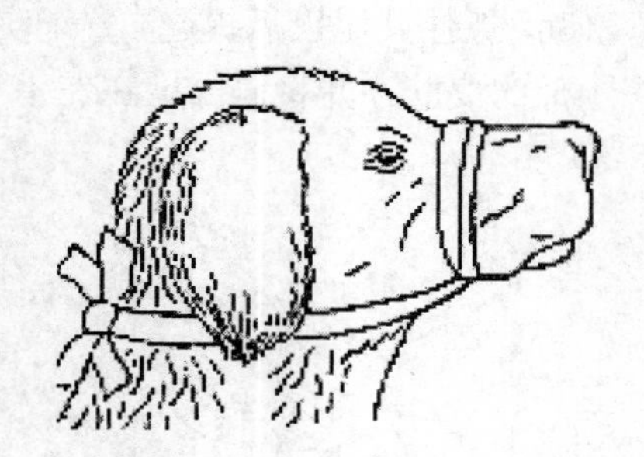

图 8-7　犬扎口保定法

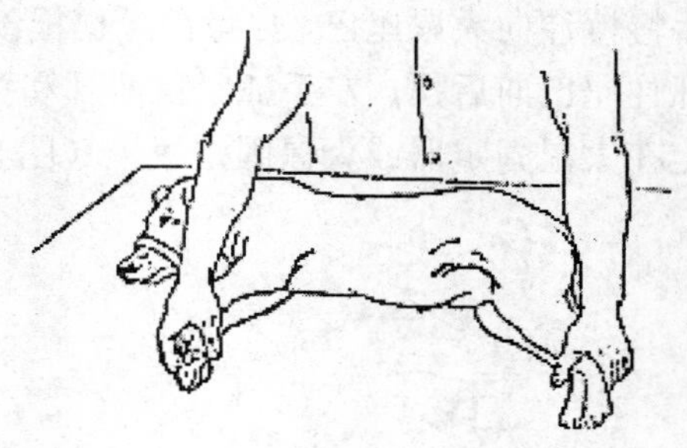

图 8-8　犬横卧保定法

（2）猫的保定

①抓猫法。轻摸猫的脑门或抚摸猫的背部以消除敌意，然后用右手抓起猫颈部或背部皮肤，迅速用左手或左小臂抱猫，同时用右手抚摸其头部，这样既方便又安全；如果捕捉

小猫，只需用一只手轻抓颈部或腹背部即可。

②猫袋保定法。猫袋可用人造革或粗帆布缝制而成。布的两侧缝上拉锁，将猫装进去后，拉上拉锁，便成筒状；布的前端装一根能抽紧及放松的带子，把猫装入猫袋后先拉上拉锁、再抽紧袋口的颈部，此时拉住露出的猫的后肢，可测量猫的体温，也可进行灌肠、注射等治疗操作。

5. 猪的抓取保定

（1）站立保定。先抓住猪耳、猪尾或后肢，然后做进一步保定。亦可在绳的一端做一活套，使绳套从猪的鼻端滑下，套入上颌犬齿后面并勒紧，然后由一人拉紧保定绳或拴于木桩上（图 8-9）；此时，猪多呈用力后退姿势。此法适用于一般的临床检查、灌药、注射等。

图 8-9　猪的绳套保定法

（2）提举保定。抓住猪的两耳，迅速提举，使猪腹部朝前，同时用膝部夹住其颈胸部。此法用于胃管投药及肌肉注射。

（3）网架保定。取两根木棒或竹竿（长 100～150 cm），按 60～75 cm 的宽度，用绳织成网架（图 8-10）。将网架放于地上，把猪赶至网架上，随即抬起网架，使猪的四肢落入网孔并离开地面即可固定。较小的猪可将其捉住后放于网架上固定。此法可用于一般临床检查、耳静脉注射等。

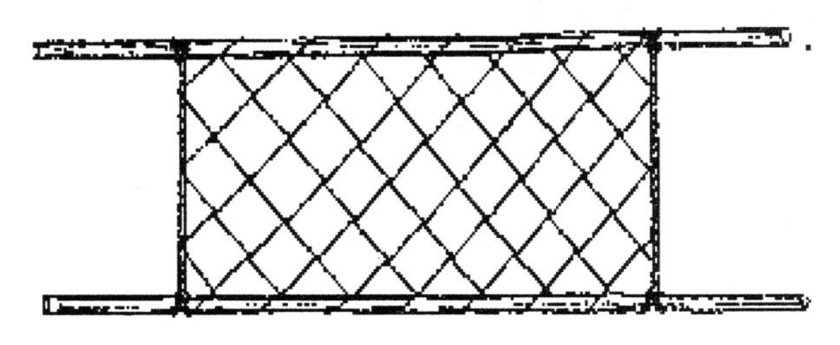

图 8-10　猪保定用网架结构

（4）保定架保定。将猪放于特制的活动保定架或较适宜的木槽内，使其呈仰卧姿势或行站位保定。此法可用于前腔静脉注射及腹部手术等（图 8-11）。

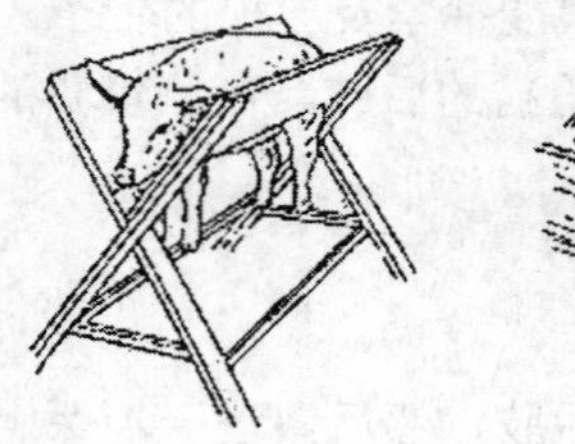
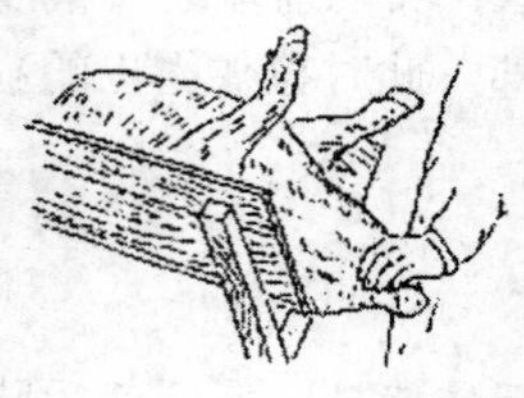
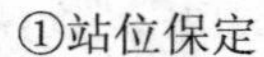

①站位保定　　②仰卧保定

图 8-11　猪保定架保定法

（5）侧卧保定。左手抓住猪的右耳，右手抓住右侧膝部前皱褶，并向术者怀内提举放倒，然后使前后肢交叉，用绳在掌跖部拴紧固定，此法可用于大公猪、母猪的去势，腹腔手术，耳静脉、腹腔注射。

（6）提举后肢保定。两手握住猪后肢飞节并将其后躯提起，头部朝下，用膝部夹住其背部即可固定。此法可用于直肠脱及阴道脱的整复、腹腔注射以及阴囊和腹股沟疝手术等。

6．猴的抓取保定

猴反应灵敏，行动敏捷，抓取猴时应注意人员的安全防护，防止被猴抓伤或感染人兽共患传染病。实验用的猴最好饲养在带有可移动隔离栏的猴笼中，便于抓取和保定。在大笼或室内抓取时，须 2 人合作，用长柄网罩，由上而下罩捕。在猴被罩住后，立即将网罩翻转取出笼外，罩猴于地上，由罩外抓住猴的颈部，掀网罩，把猴的两胳臂向后背用右手抓紧（图 8-12），用左手抓住两腿的踝关节部位，把腿拉直，也可放到保定台上固定。

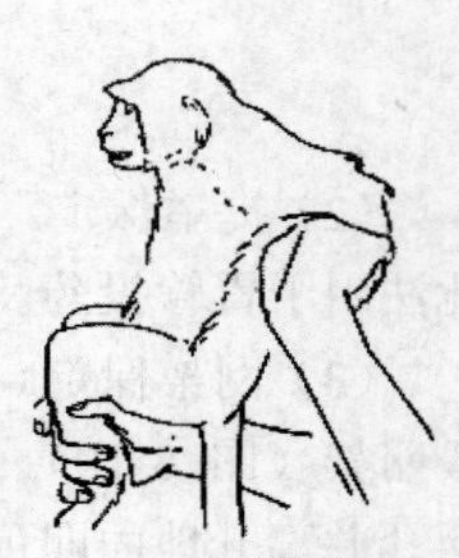

图 8-12　猴的保定

任务三　实验动物被毛去除方法

1．剪毛法

用手术剪紧贴动物皮肤依次将所需剪毛部位的被毛剪去，不可用手提起被毛，以免剪破皮肤。

2．拔毛法

兔耳缘静脉注射、取血时，可在其耳内面局部拔毛。

3. 脱毛法

用于手术前动物皮肤局部脱毛。先剪短动物被毛。然后涂脱毛剂，2～3 min 后用温水清洗干净，最后涂上一层油脂。

脱毛剂的配制：下列适用于大鼠、小鼠和家兔。

（1）硫化纳 3 g+肥皂粉 1 g+淀粉 7 g+水适量，调成糊状。

（2）硫化纳 8 g+淀粉 7 g+糖 4 g+甘油 5 g+硼砂 1 g+水 75 mL。

（3）硫化纳 8 g+水 100 mL。

任务四　实验动物给药途径和方法

1. 皮下注射

（1）注射部位

小鼠注射部位在腹部两侧，大鼠注射部位在下腹部两侧，家兔注射部位在背部或耳根部。

（2）方法

左手拇指和食指提起皮肤，将连有 5.5 号针头的注射器刺入皮下（图 8-13）。

2. 肌肉注射

（1）注射部位

小鼠、大鼠的注射部位在后肢大腿外侧，家兔的注射部位在臀部。

（2）方法

由皮肤表面垂直刺入肌肉，回抽无血，即可注射（图 8-14）。

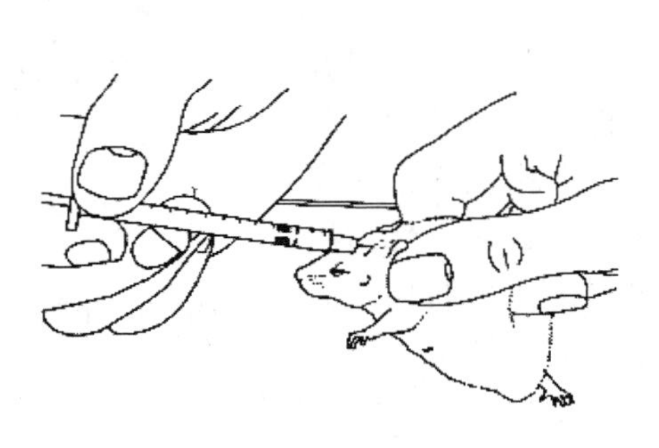

图 8-13　小鼠的皮下注射

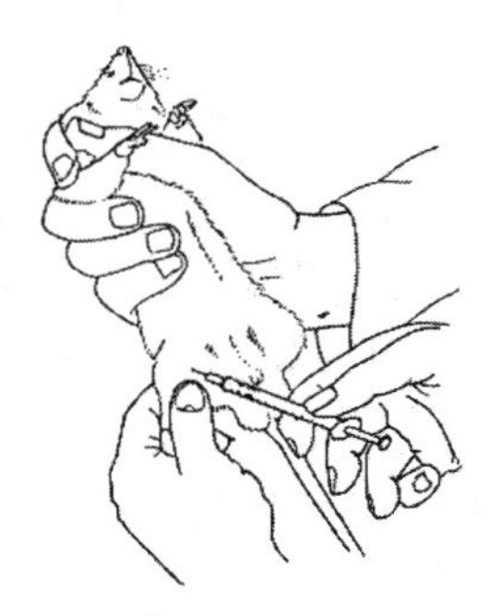

图 8-14　大鼠的肌肉注射

3．腹腔注射

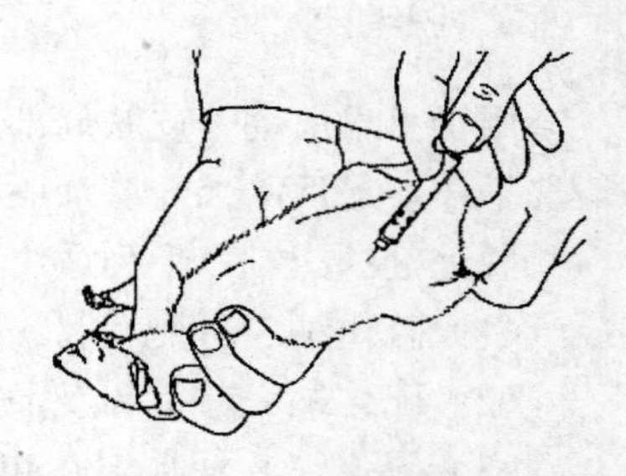
图 8-15 大鼠的腹腔注射

（1）注射部位

小鼠在腹部两侧，大鼠在下腹两侧，家兔在腹部下 1/3 处，腹中线两侧 1 cm 处（图 8-15）。

（2）方法

左手抓住小鼠或大鼠，使其腹部向上，头处于低位，使内脏移向上腹，右手持注射器从下腹两侧向头方向刺入腹腔。家兔在进行腹腔注射时，首先由助手固定兔子，另一人持注射器从家兔下腹 1/3 处，腹中线稍偏向两侧，垂直刺入腹腔。

4．静脉注射

（1）小鼠和大鼠的静脉注射

①注射部位

尾静脉下 1/4 处。鼠尾静脉有 3 根，尾部背侧 1 根，尾部两侧各 1 根。尾部两侧的静脉比较容易固定，多在此处取血。尾部背侧的静脉位置容易移动，尾部腹侧是尾动脉，不采用。尾静脉下 1/4 处皮肤薄，常在此处进针。

②方法

先用酒精擦拭，或用 45～50℃温水浸润鼠尾，使之表皮软化，血管扩张。然后用左手拇指和食指捏住鼠尾两侧，使尾静脉充血，同时用中指从下托起鼠尾，用无名指和小指夹住鼠尾的末梢，右手持注射器从尾下 1/4 处平行角度刺入尾静脉（图 8-16）。

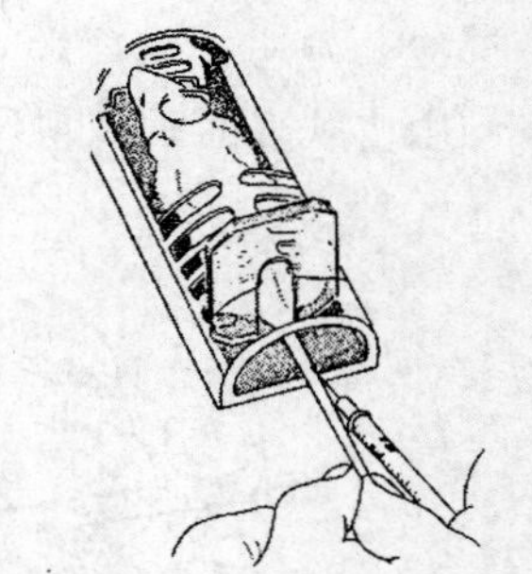
图 8-16 小鼠尾静脉注射

（2）家兔的静脉注射

家兔一般采用耳缘静脉注射。注射时，由助手固定好动物，操作者将注射部位的毛拔去并用酒精棉球涂擦。用左手食指和中指夹住静脉近心端，拇指绷紧静脉远端，无名指及小指垫在下面，再用右手指轻弹或轻揉兔耳，使静脉充分暴露。然后用右手持装置 6 号针头的注射器，从静脉远心端刺入血管内。如推注无阻力、无皮肤隆起发白，即可移动手指固定针头，缓慢注入药液。拔出针头时要用棉球压迫针眼并持续数分钟，以防出血。

5. 胃内注入给药

（1）小鼠和大鼠

先用左手固定小鼠或大鼠，使其成垂直立位。右手将灌胃针从鼠的右口角插入口中，再沿咽后壁慢慢插入食道，灌胃针插入时应无阻力。如感到有阻力或动物挣扎，应停止进针，拔出重新插入（图 8-17）。

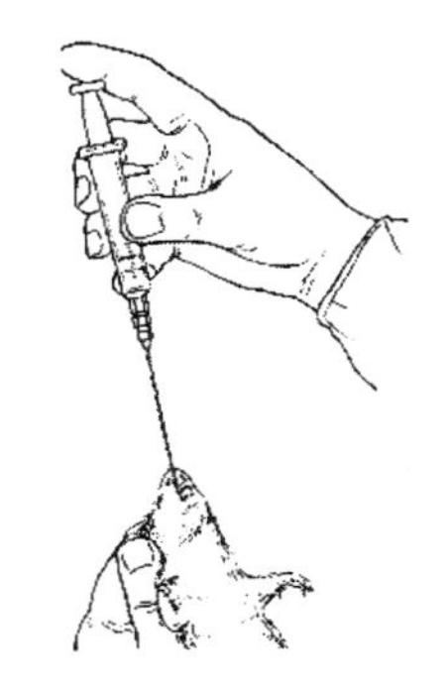

图 8-17　大鼠灌胃方法

（2）家兔

首先固定家兔，再将扩口器放入口中，置于上、下门齿之后，将 14 号导尿管从扩口器中央的小孔通过，沿咽后壁插入食道。插入后，应检查导尿管是否确实插入食道，可将导尿管外端的口插入一只盛满水的烧杯中，如无气泡产生，则表明导尿管被正确插入胃中，未误入气管。此时将导管与注射器相连，注入药液。

任务五　实验动物的采血

1. 小鼠和大鼠的采血

（1）尾尖采血。固定动物，用手揉擦鼠尾，或把鼠尾放入 45～50℃的温水中，使尾部血管充血，剪去尾尖 0.3～0.5 cm，让血液入盛器，或用采血毛细管吸取。最后用橡皮膏压迫止血或电烙止血。

（2）眼眶静脉丛采血。用乙醚吸入麻醉小鼠或大鼠，使其侧卧，一只手拉紧眼眶周围皮肤，另一只手持玻璃毛细管（吸管头呈斜角）由眼内角刺入，不断向下捻动，血自毛细管口流出，盛入试管中。

（3）心脏采血。用乙醚吸入麻醉小鼠或大鼠，然后使鼠仰卧固定，手持注射器，在鼠胸部心跳最强处垂直刺入采血。

2. 家兔的采血

（1）耳中央动脉采血。左手固定兔，并用酒精棉球消毒采血部位，右手持注射器，在兔耳中央较粗、颜色较鲜红的中央动脉的末端，沿着与动脉平行的向心方向刺入，即可见血液流入针管，注意固定好针头，采血结束后，拔出注射器，用棉球压迫止血 2～3 min。

（2）颈静脉采血。将兔麻醉后，仰卧在固定台上固定，剪去一侧颈部被毛，用碘酒、酒精棉球消毒皮肤，手术刀轻轻划破皮肤，钝性分离静脉，颈静脉暴露后，用注射器针头沿血管平行的方向刺入，采血结束后，拔出注射器，缝合切口。

3．犬的采血

（1）前、后肢皮下静脉采血。此方法一次可取较多的血，操作可参照相应的静脉注射，如需采少量血，则可用 5 号半针头直接刺入静脉，如需采一定量的血，最好用静脉滴注针头与注射器连接，以防止犬挣扎时针头刺破血管（图 8-18）。

图 8-18　犬前肢头静脉与后肢小隐静脉注射

（2）股动脉采血。将犬仰卧后固定，伸展后肢向外拉直，暴露腹股沟，在腹股沟三角区动脉搏动的部位剪去被毛，用碘酒或酒精消毒，左手中指、食指探摸股动脉部位并固定血管，右手取静脉滴注针，针头由动脉搏动处慢慢刺入，当血液流入针头后的塑料管时，固定好针头连接好注射器可抽到大量血液。

（3）心脏采血。将犬仰卧固定，前肢向背侧方向固定，暴露胸部，剪去左侧第 3～5 肋间的被毛，用碘酒、酒精消毒皮肤。左手触膜心脏部位，选择心跳最明显处穿刺，一般在胸骨左缘外 1 cm 第四肋间处，用连有 6 号半针头的注射器，从心跳最明显处垂直刺入心脏，当针头正确刺入心脏时，血液即进入注射器，便可抽取大量血液，如采不到血，可调整刺入方向和深度，调整方向时，要将针头上提后再刺入，不能让针头在胸腔内乱晃。动物品种与采血量、采血部位的关系见表 8-1。

表 8-1　动物品种与采血量、采血部位的关系

动物品种	采血量	采血部位
小鼠、大鼠	取少量血	尾静脉、眼眶后静脉丛
	取较多血	摘眼球、心脏
	取大量血	断头、颈动脉、腹部动脉
豚鼠	取少量血	耳缘静脉、眼眶后静脉丛
	取较多血	心脏、耳动脉
	取大量血	心脏、腹部动脉
兔	取少量血	耳缘静脉
	取较多血	耳中央动脉、心脏、颈静脉
	取大量血	心脏、颈动脉

任务六　实验动物的麻醉

1. 全身麻醉

（1）吸入法。乙醚、氯仿等挥发性麻醉剂用吸入法麻醉，适用于各种实验动物。小动物如大鼠、小鼠可将头部放入蘸有乙醚棉球的广口瓶或干燥器内，4～6 min 后即处于麻醉状态。如实验过程较长，可在其鼻部放棉花或纱布，不时滴加乙醚维持，也可用乙醚先麻醉后再用非挥发性麻醉剂维持麻醉。较大动物可用麻醉口罩滴药法。在给药过程中，如果发现动物的角膜反射消失，瞳孔突然放大，应立即停止麻醉。如果呼吸停止，可进行人工呼吸，并配以咖啡因、可拉明等苏醒剂，待恢复自主呼吸后再进行实验。因乙醚易引起上呼吸道分泌物增多，导致窒息，可先注射阿托品预防。

（2）腹腔和静脉给药麻醉法。非挥发性麻醉剂如戊巴比妥钠、硫喷妥钠等巴比妥类药物及水合氯醛、氨基甲酸乙酯等，可用腹腔或静脉注射麻醉，操作简便，是常用的方法（实验动物常用麻醉药的剂量及注射途径见表 8-2）。大鼠、小鼠、豚鼠常用腹腔给药麻醉；兔、犬、猴等多用静脉给药麻醉。此法主要用于需麻醉 2 h 以上的实验，麻醉过程较平稳，但麻醉深度和使用剂量较难掌握和控制，一旦过量可引起血压下降和呼吸抑制，可用戊四氮、可拉明等急救。

表 8-2　实验动物常用麻醉药的剂量及注射途径

种类	戊巴比妥		硫喷妥钠		盐酸氯胺酮		水合氯醛		乌拉坦	
	剂量/(mg/kg)	途径	剂量/(mg/kg)	途径	剂量/(mg/kg)	途径	剂量/(mg/kg)	途径	剂量/(mg/kg)	途径
小鼠	35	I. V.	25	I. V.	22～44	I. M.	400	I. P.	—	—
	50	I. P.	50	I. P.						
大鼠	25	I. V.	20	I. V.	22～44	I. M.	300	I. P.	0.75	I. P.
	50	I. P.	40	I. P.						
豚鼠	30	I. V.	20	I. V.	22～44	I. M.	200～300	I. P.	1.50	I. P.
	40	I. P.	55	I. P.						
家兔	30	I. V.	20	I. V.	22～44	I. M.	—	—	1.0	I. V. I. P.
	40	I. P.								
仓鼠	20	I. V.	40	I. P.	—	—	200～300	I. P.	—	—
	35	I. P.								
犬	30	I. P.	25	I. V	—	—	125	I. P.	1.0	I. V.
猪<45 kg	20～30	I. V.	10～9	I. V.	10～15	I. M.	—	—	—	—
猪>45 kg	15	I. V.	5	I. V	10～15	I. M.	—	—	—	—
猫	25	I. V.	28	I. V.	15～30	I. M.	300	I. V.	1.25～1.50	I. V. I. P.
	35	I. V.	25	I. V.	—	—	—	—	—	—
猴	60	I. P.	15～40	I. M.	—	—	—	—	—	—

注：I. V.：静脉内注射；I. P.：腹膜内注射；I. M.：肌肉注射。

2．局部麻醉

局部麻醉方法很多，有表面麻醉、浸润麻醉和阻断麻醉等，使用最多的是浸润麻醉。常用的浸润麻醉药是1%盐酸普鲁卡因，此药安全有效、吸收快、显效快，但失效也快。

施行浸润麻醉时，先将动物抓取固定好，再将进行实验操作的局部皮肤区域，用皮试针头先作皮内注射，然后换局麻长针头，由皮点进针，放射到皮点四周，继续注射，直至要求麻醉区域的皮肤都被浸润为止。根据实验操作要求的深度，可按皮下、筋膜、肌肉、腹膜或骨膜的顺序，依次分别注入麻药，以达到浸润神经末梢的目的。每次注药前，应回抽，以防药液误注于血管内。

任务七　实验动物的处死

1．化学药物致死法

适用于各种动物。可吸入二氧化碳、乙醚、三氯甲烷等使实验动物致死，因乙醚易引起火灾，三氯甲烷对人的肝、肾及心脏有较大毒性，而二氧化碳不易燃，无气味，对人很安全并且处死动物效果确切，故最好使用二氧化碳；也可静脉注射氯化钾溶液，家兔和犬的致死量分别为10%氯化钾 5～10 mL 和 20～30 mL；也可皮下注射士宁的溶液，豚鼠致死量为3.0～4.4 mg/kg，家兔为0.5～1.0 mg/kg，犬为0.3～0.4 mg/kg。

2．颈椎脱臼法

大鼠、小鼠常用此法。将动物放在鼠笼盖或粗糙的表面上，用左手拇指和食指用力向下按住鼠头，右手将鼠尾用力向后拉，使颈椎脱臼，造成脊髓与脑髓断离，动物立即死亡。

3．空气栓塞法

适用于较大动物，家兔处死常用此法。向动物静脉内注射一定量的空气使之发生栓塞而死。使家兔大致死的空气剂量分别为 20～40 mL 和 80～150 mL。该法虽被广泛使用，但因动物不会立即死亡，常出现动物的长时间挣扎，从动物保护的角度出发，不提倡使用。

4．急性失血法

小鼠等小动物可采用颈总动脉大量失血而致死的方法。犬等大型动物要先麻醉后放血，要使放血的切口保持通畅，一般在股三角区横切约 10 cm 的切口，切断股动、静脉，使大量失血而死。

项目 8.2　实验动物样本采集技术

任务八　实验动物样本采集技术

1. 尿液的采集

（1）导尿法。常用于雄性兔、犬。动物轻度麻醉后，固定于手术台上。由尿道插入导尿管（顶端应用液体石蜡涂抹），可以采到没有受到污染的尿液。

（2）压迫膀胱法。在实验研究中，有时为了某种实验目的，要求间隔一定的时间，收集一次尿液，以观察药物的排泄情况。动物轻度麻醉后，实验人员用手在动物下腹部加压，手要轻柔而有力。当加的压力足以使动物膀胱括约肌松弛时，尿液会自动由尿道排出。此法适用于兔、猫、犬等较大动物。

2. 脑脊液的采集

（1）脊髓腔穿刺法。犬、兔脑脊液的采集通常采取脊髓穿刺法，穿刺部位在两髂连线中点稍下方第七腰椎间隙。动物轻度麻醉后，侧卧位固定，使头部及尾部向腰部尽量屈曲，剪去第七腰椎周围的被毛。消毒后操作者在动物背部用左手拇指、食指固定穿刺部位的皮肤，右手持腰穿刺针垂直刺入，当有落空感及动物的后肢跳动时，表明针已到达椎管内（蛛网膜下腔），抽去针芯，即见脑脊液流出。如果无脑脊液流出，可能是没有刺破蛛网膜。轻轻调节进针的方向及角度，如果脑脊液流得太快，插入针芯稍加阻塞，以免导致颅内压突然下降而形成脑疝。

（2）枕骨大孔采集。大鼠等小动物脑脊液的采集可采用枕大孔直接穿刺法。将大鼠麻醉后，头部固定于定向仪上。头颈部剪毛、消毒，用手术刀沿纵轴切一纵行切口（约 2 cm），用剪刀钝性分离颈部背侧肌肉。为避免出血，最深层附着在骨上的肌肉用手术刀背刮开，暴露出枕骨大孔。由枕骨大孔进针直接抽取脑脊液。抽取完毕后缝好外层肌肉、皮肤。刀口处可撒些磺胺药粉，防止感染。采完脑脊液后，应注入等量的消毒生理盐水，以保持原来脑脊髓腔里的压力。

3. 胸水的采集

收集胸水常采用穿刺法。如果实验不要求动物继续存活，也可以处死动物后剖胸取胸水。

在动物脊侧腋后线胸壁第 11～12 肋间隙穿刺较安全。此部位是肺最下界之外侧，既可避免损伤肺组织造成气胸，又易采集聚在膈肋窦的胸水。此外，也可在腹侧胸壁近胸骨左侧缘第4～5肋间隙穿刺。

动物穿刺部位剪毛、消毒，操作者左手拇指、食指绷紧肋间穿刺部位的皮肤，用带夹的橡皮管套上12～14号针头，沿肋骨前缘小心地垂直刺入。当有阻力消失或落空感时，表示已穿入胸腔，再接上针管，去除夹子，缓缓抽取胸水。如果有条件在穿刺针头与注射器之间连一个三通管，但应注意正确运用三通管。穿刺结束应迅速拔出针头，轻揉穿刺部位，促进针孔闭合并注意消毒。

操作中严防空气进入胸腔，始终保持胸腔负压。穿刺应以手指控制针头的深度，以防穿刺过深刺伤肺脏。

4. 腹水的采集

动物取自然站立位固定。穿刺部位在耻骨前缘与脐之间，腹中线两侧。剪毛、消毒，局部浸润麻醉。操作者左手拇指、食指绷紧穿刺部位的皮肤，右手控制穿刺深度做垂直穿刺。注意不可刺得太深，以免刺伤内脏。穿刺针进入腹腔后，腹水多时可见腹水因腹压高而自动流出。腹水少可轻轻回抽，并同时稍稍转动针头，一旦有腹水流出，立即固定好针头及注射器的位置连续抽吸。

抽腹水时注意不可速度太快，腹水多时不要一次大量抽出，以免因腹压突然下降导致动物出现循环功能障碍等问题。

5. 胃液的采集

（1）直接收集胃液法。急性实验时，先将动物麻醉，如果是犬，可以用插胃管法收集胃液；如果是大鼠，需手术剖腹，从幽门端向胃内插入一塑料管，再由口腔经食道将一塑料管插入前胃，用pH值7.0、温度35℃左右的生理盐水，以12 mL/h的流速灌胃，收集流出液，进行分析。

（2）制备胃瘘法。在慢性实验中，收集胃液多用胃瘘法，如全胃瘘法、巴氏小胃瘘法、海氏小胃瘘法等。制备小胃是将动物的胃分离出一小部分，缝合起来形成小胃，主胃与小胃互不相通，主胃进行正常消化，从小胃可收集到纯净的胃液。应用该法，可以待动物恢复健康后，在动物清醒状态下反复采集胃液。

6. 胰液和胆汁的采集

在动物实验中，主要是通过对胰总管和胆总管的插管而获得胰液或胆汁。犬的胰总管开口于十二指肠降部，在紧靠肠壁处切开胰管，结扎固定并与导管相连，即可见无色的胰液流入导管。大鼠的胰管与胆管汇集于一个总管，在其入肠处插管固定，并在近肝门处结扎和另行插管，可分别收集到胰液和胆汁。有时也可通过制备胰瘘和胆摸瘘来获得胰液和胆汁。

7．精液的采集

体型较大的实验动物，如犬、猪、羊等，可用专门的人工阴道套在发情的雄性动物阴茎上，采集精液。也可将人工阴道填入雌性动物阴道内，待动物交配完成后，取出人工阴道采集精液。还可将人工阴道固定在雌性动物外生殖器附近，雄性动物阴茎开始插入时，将其阴茎移入人工阴道口，待其射精完毕后，采集人工阴道内的精液。

8．乳汁的采集

（1）人工按摩法。用手抚摩哺乳期动物的乳头，可使乳汁自动流出；也可朝乳头方向加压按摩动物乳房，可挤出大量乳汁。

（2）吸奶器吸奶法。采用吸奶器吸在动物乳头上，造成负压而使乳汁被动吸出。

9．骨髓的采集

大动物骨髓的采集是采取活体穿刺取骨髓的办法。采集骨髓是选择有造血功能的骨组织穿刺采集，一般取胸骨、肋骨、髂骨、胫骨和股骨的骨髓。小动物因体型小，骨骼小，不易穿刺，一般采用处死后由胸骨或股骨采集骨髓的办法。

（1）大鼠、小鼠骨髓的采集。用颈椎脱臼法处死动物，剥离出胸骨或股骨，用注射器吸取一定量的Hank's 液，冲洗出胸骨或股骨中的全部骨髓液。如果是取少量的骨髓作检查，可将胸骨或股骨剪断，将其断面的骨髓挤在有稀释液的玻片上，混匀后涂片晾干即可染色检查。

（2）大动物骨髓的采集。犬等大动物骨髓的采集都可采取活体穿刺方法。先将动物麻醉、固定、局部除毛、消毒皮肤，然后估计从皮肤到骨髓的距离，把骨髓穿刺针的长度固定好。操作人员用左手把穿刺点周围的皮肤绷紧，右手将穿刺针在穿刺点垂直刺入，穿入牢固后，轻轻左右旋转将穿刺针钻入，当穿刺针进入骨髓阵时常有落空感。犬骨髓的采集一般采用髂骨穿刺。

犬等大动物常用的骨髓穿刺点：胸骨穿刺部位是胸骨体与胸骨柄连接处；肋骨穿刺部位是第5～7肋骨各自的中点；胫骨穿刺部位是胫骨内侧胫骨头下1 cm处；髂骨穿刺部位是髂上棘后2～3 cm处的嵴部；股骨穿刺部位是股骨内侧、靠下端的凹面处。如果穿刺采用的是肋骨，穿刺结束后要用胶布封贴穿刺孔，防止发生气胸。

10．粪便采集

（1）大、小鼠。使用代谢笼。另外，仰卧固定时，会排出少量粪便。

（2）兔。采集少量新鲜粪便时，使兔仰卧，用手托住臀部，大拇指压迫肛门部，可采集数个粪球。大量采集，使用代谢笼。

（3）犬、猴、小型猪。采集自然排出的新鲜粪便或用棉签插入肛门采取少量粪便。

项目 8.3　实验动物常用实验技术

任务九　实验动物常用给药方法

1. 经口给药

（1）器材

灌胃针（带圆珠头）、胶皮胃管、注射器、开口器。

（2）一次给药

动物一次给药最大容积见表 8-3。

表 8-3　动物一次给药最大容积

动物种类	体重/g	最大容积/mL	动物种类	体重/g	最大容积/mL
小鼠	20～24	0.5	豚鼠	250～300	4～6
	25～30	0.8		2000～3000	100～150
	＞30	1		＞3000	200
大鼠	100～199	3	猫	2500～3000	50～80
	200～300	5～6		＞3000	100～150
	＞300	8	犬	10000～15000	200～500

（3）给药步骤

①固定动物。大鼠、小鼠、豚鼠用手固定，用左手拇指和食指抓住鼠两耳和头部皮肤，其他三指抓住背部皮肤，将鼠抓在手掌内。兔、猫用固定器固定或由助手用手固定，犬用固定台固定并将头固定好，嘴用铜芯电线绑住。

②插入灌胃针或胃管。大鼠、小鼠、豚鼠直接插入，兔、猫需用开口器使动物口张开。犬则将右侧嘴角轻轻翻开，摸到最后一对大臼齿，齿后有一空隙，中指固定在空隙下，不要移动，然后用左手拇指和食指将胃管插入，插入灌胃针或胃管时，轻轻顺着上腭到达咽部，靠动物的吞咽进入食管，灌胃针或胃管插入食管时进针或插管很流畅，动物通常不反抗，若误入气管因阻碍呼吸，动物会有挣扎。

③灌药。灌胃针或胃管插入需要到达的位置后，缓慢注入药物。

④拔去灌胃针或胃管。灌药完毕后，轻轻拔出灌胃针。为了防止胃管内残留药液，在拔出胃管前需注入少量生理盐水，然后拔出胃管。

2. 皮下、皮内、肌肉和腹腔注射

（1）器材

注射器、针头、镊子、消毒棉球。皮下注射大、小鼠选用 5 号针头，豚鼠、猫用 5 号针头，犬选用 6 号针头。皮内注射一般选用 4～4.5 号细针头，肌肉注射、腹腔注射选用针头号与皮下注射相近。

（2）注射注意事项

注射器、针头必须洗净，尖锐，通畅，大小合适，注射器与针头连接处无漏气现象，注射器、针头应经严格灭菌处理。

先计算需用药量，再吸取药液，用镊子将针头套在注射器上，并经 90°旋转紧紧套上。手拿注射器时应针头朝上，并防针芯滑脱。

注射前需排除气泡，调整药液至准确用量。

注射部位需消毒处理，针头插入固定后方可注射，适当掌握注射速度，退针时要注意用消毒棉球压迫止血。

（3）注射部位和方法

①皮下注射。大鼠、小鼠、豚鼠一般取背部及后肢皮下，兔、猫、犬取后大腿外侧皮下，兔还可在耳根部注射。注射时用左手拇指和食指轻轻提起皮肤，右手持注射器将针头刺入皮下注射。位于皮下的针头，有游离感。

②皮内注射。将动物注射部位的毛剪去（不要剪破皮肤），消毒后用 4～4.5 号细针头，将针头先刺入皮肤，然后使针头向上挑起，至可见到透过真皮时为止，或用针尖压迫皮肤，针孔向上平刺入皮内，随之慢慢注入一定量的药液。当药液注入皮内时，可见到皮肤表面马上鼓起小泡（白色橘皮样），皮肤上的毛孔极为明显。小泡如不很快消失，则证明药液确实注射在皮内，拔针不要很快，注射后稍等几秒钟再拔针，也不要用消毒棉球压迫。

③肌肉注射。选择肌肉丰满、无大血管通过的部位，一般采用臀部。大、小鼠等小动物常用大腿外侧肌肉，注射时，由皮肤表面垂直或稍斜刺入肌肉，回抽一下，如无血即可注射。

④腹腔注射。在腹部下 1/3 处，略靠外侧，朝头方向平行刺入皮肤约 5 mm，再把针竖起 45°穿过腹膜进入腹腔内，再慢慢注入药物，大鼠、小鼠、豚鼠一般一人即可注射，犬、猫、兔等动物可由助手固定好，配合进行。

3. 静脉注射

（1）器材

酒精棉球、止血用脱脂棉球或纱布，大鼠、小鼠、兔、犬、猫用 6 号针头。

（2）注射部位与方法

①大、小鼠的尾静脉注射。尾静脉注射常用左右两侧的两根尾静脉，背侧的尾静脉

也可用，但由于其位置容易移动，不如两侧的静脉好注射。腹侧一根是尾动脉。动物在筒式固定器固定好后，反复用酒精棉球擦尾部，以达到消毒和使血管扩张的目的。选择靠尾尖扩张的部位，将尾折成适宜的角度（$<30°$），对准血管中央，针尖轻轻抬起与血管平行刺入，针头如在血管内推进时，无阻力。如注射部位皮下出血、肿胀，则说明针头不在血管内。

②豚鼠和兔的耳静脉注射。将动物用固定器固定好后，轻拉耳尖，用酒精棉球消毒后，沿血管向耳根部方向进针，准确刺入血管后可看见有回血，然后缓慢注入药液，注射完毕后注意压迫止血。

③犬前、后肢静脉注射。前肢内侧皮下静脉靠前肢内侧外缘行走。后肢外侧小隐静脉在后肢胫部下 1/3 的外侧浅表的皮下，由前侧方向后行走。将犬侧卧固定，剪去注射部位的毛，用乳胶带（管）绑在犬股部（后肢）或上臂部（前肢），用酒精棉球消毒，待静脉血管明显膨胀时，用静脉针先刺入血管旁的皮下，然后与血管平行刺入，看见有回血后松去乳胶带缓慢注入药液，注射完毕后压迫止血。静脉注射针与注射器连接应是一种软连接，可避免因犬挣扎刺破血管。

④猴。猴常采用后肢小隐静脉、皮下静脉或股静脉注射，注射方法与犬的静脉注射相同。

（3）注射注意事项

除与皮下注射等注意事项相同以外，还需注意针头在刺入血管后，要将针头固定好，不能晃动，以免刺破血管。另外，静脉注射要慢慢注入药液，多次静脉注射时，应变换使用不同位置的血管。

任务十　实验动物常用麻醉方法

1. 实验材料和用具

实验动物（小鼠）、注射器、密闭广口容器、乙醇、乙醚、棉球、剪刀等。

2. 实验内容

（1）常用的麻醉剂

动物实验中常用的麻醉剂分为挥发性麻醉剂和非挥发性麻醉剂。

①挥发性麻醉剂

包括乙醚、氯仿、氟烷等，常适用于各种动物的全身麻醉。乙醚无色透明，是挥发性很强的液体，有特殊气味，易燃易爆。麻醉机制主要是抑制中枢神经系统。

优点是其麻醉量和致死量差距大，所以安全度亦大，动物麻醉深度容易掌握，而且麻后苏醒较快；缺点是对局部刺激作用大，可引起上呼吸道黏膜液体分泌增多，再通过神经反射可影响呼吸、血压和心跳活动，并且容易引起窒息，故在乙醚吸入麻醉时必须有人照看，以防麻醉过深而出现以上情况。

②非挥发性麻醉剂

全身麻醉剂：

a. 巴比妥类：包括巴比妥酸衍生物的钠盐组成，如巴比妥钠、戊巴比妥钠、流喷妥钠等，是有效地镇静及催眠剂。根据作用的时限可分为长、中、短、超短时作用四大类。其中长、中时作用的巴比妥类药物多用于动物临床和抗痉药物或催眠剂，作为实验麻醉所使用的则属于短、超短时作用的巴比妥类药物。巴比妥类药物主要作用是阻碍冲动传入大脑皮质，从而对中枢神经系统起到抑制作用。应用催眠剂量，对呼吸抑制影响很小，但应用过量却影响呼吸，因为过量可导致呼吸肌麻痹甚至死亡，同时也抑制末梢循环，导致血压降低，并影响基础代谢，导致体温降低。

优点是安全范围大，毒性小，麻醉潜伏期短，维持时间较长；缺点是苏醒较慢。

b. 氯胺酮：为白色结晶粉末，溶于水，微溶于乙醇，pH 值为 3.5～5.5，是一种镇痛麻醉剂。氯胺酮主要是阻断大脑联络径路和丘脑反射到大脑皮质各部分的路径，多用于犬、猫和啮齿类动物的麻醉。

优点是静脉或肌肉给药后，很快起到麻醉作用，但维持时间短（10～20 min）；缺点是有升血压、加快心率的副作用，还可引起动物呕吐。

局部麻醉剂：

a. 普鲁卡因：为氨苯甲酸酯，是无刺激性的局部麻醉剂。因其对皮肤和黏膜的穿透力较弱，故需要注射给药才能产生局部麻醉。

优点是麻醉速度快，注射后 1～3 min 内就可产生麻醉，可维持 30～45 min；缺点是因其可使血管轻度舒张，易被吸收入血而失去药效，副作用表现为在大量药物被吸收后中枢神经系统先兴奋后抑制。

b. 利多卡因：常用于表面、浸润、传导麻醉和硬脊膜外腔麻醉。化学结构与普鲁卡因不同，它的穿透力和效力比普鲁卡因强两倍，作用时间也较长。

c. 的卡因：的卡因化学结构与普鲁卡因相似，能穿透黏膜，作用迅速，1～3 min 发生作用，持续 60～90 min。局部麻醉作用比普鲁卡因强 10 倍，吸收后的毒性作用也相应加强。

（2）麻醉方法

①全身麻醉

吸入麻醉。将含有乙醚的棉球放入容器中，将动物放入，并盖紧盖子让乙醚挥发，观察动物的行为。开始时动物出现兴奋，继而出现抑制，自行倒下；当动物角膜反射迟钝、肌肉紧张度降低时，即可取出动物。本法最适于大、小鼠的短期操作性实验的麻醉，也可用于较大的动物。

非吸入麻醉。非吸入麻醉是一种既简单方便，又能使动物很快进入麻醉期而无明显兴奋期的方法，常采用注射方法进行。

静脉注射、肌肉注射多用于较大动物，如兔、猫、猪、犬等；而腹腔注射多用于较小动物，如小鼠、大鼠、豚鼠等。

由于各麻醉剂的作用长短以及毒性有差别，所以在腹腔和静脉麻醉时，一定要控制药物的浓度和注射量。

②局部麻醉

局部麻醉虽然在动物实验中用途不是很广泛，但猫、犬等大动物短时间内实验中可能会使用局部麻醉的方法。局部麻醉时用局部麻醉药阻滞周围神经末梢或神经干、神经节、神经丛的冲动传导，产生局部性麻醉区。局部麻醉的特点是动物可保持清醒状态，对重要器官功能干扰轻微，麻醉并发症少。局部麻醉常用的方法是表面麻醉、浸润麻醉、区域阻滞麻醉以及传导麻醉等，其中浸润麻醉应用最多。浸润麻醉是将麻醉药物注射于皮肤、肌下组织或手术深部组织，以阻断用药局部的神经传导，使痛觉消失。

（3）麻醉效果的观察

动物的麻醉效果直接影响实验的进行和实验结果。在麻醉过程中必须善于判断麻醉程度，观察麻醉效果。判断麻醉程度的指标有：

①呼吸：加快或不规则，则麻醉过浅，可再追加麻醉，若呼吸由不规则转变为规则且平稳，说明已达到麻醉深度。若动物呼吸变慢，说明麻醉过深，动物有生命危险。

②反射活动：角膜反射灵敏，则麻醉过浅；反射迟钝，麻醉程度适宜；反射消失，伴瞳孔散大，则麻醉过深。

③肌张力：亢进，麻醉过浅；全身肌肉松弛，麻醉合适。

④皮肤夹捏反应：麻醉过程中可随时用止血钳或有齿镊夹捏动物皮肤，若反应灵敏，则麻醉过浅；若反应消失，则麻醉程度合适。

（4）使用全身麻醉剂的注意事项

给动物施行麻醉术时，一定要注意方法的可靠性，根据不同的动物选择合适的方法，特别是较贵重的大型动物。

①麻醉剂的用量，除参照一般标准外，还应考虑个体对药物的耐受性不同，而且体重与所需剂量的关系也并不是绝对成正比的。一般来说，衰弱和过胖的动物，其单位体重所需剂量较小，在使用麻醉剂过程中，随时检查动物的反应情况，尤其是采用静脉注射，绝不可将按体重计算出的用量匆忙进行注射。

②动物在麻醉期体温容易下降，要采取保温措施。

③静脉注射必须缓慢，同时观察肌肉紧张、角膜反射和对皮肤夹捏的反应，当这些活动明显减弱或消失时，应立即停止注射。配制的药液浓度要适中，不可过高，以免麻醉过急；但药液浓度也不能过低，以免增加注入溶液的体积。

职业技能考核

实践操作考核

实验动物编号；实验动物的抓取；实验动物的固定；实验动物被毛的去除；实验动物注射给药；实验动物口服给药；实验动物的采血；实验动物全身与局部麻醉；实验动物的处死；实验动物尿液、脑脊液、胸水、腹水、胃液、胰液、胆汁、精液、骨髓、粪便等样本的采集。

模块 9　实验动物模型设计

<table>
<tr><th colspan="2">岗位</th><th>实验动物研究室、实验动物饲养管理室、实验动物实验室</th></tr>
<tr><th colspan="2">岗位任务</th><th>实验动物模型设计</th></tr>
<tr><td rowspan="3">岗位目标</td><td>应知</td><td>实验动物模型设计、动物模型</td></tr>
<tr><td>应会</td><td>模型设计的实验动物选择原则与注意事项、设计动物模型的原则和注意事项、设计模型的实验动物类型选择、动物模型分类、运动系统疾病动物模型、消化系统疾病动物模型、呼吸系统疾病动物模型、泌尿系统疾病动物模型、生殖系统疾病动物模型、循环系统疾病动物模型、内分泌系统疾病动物模型、感觉器官疾病动物模型、神经系统疾病动物模型、老年病动物模型、血液系统疾病动物模型、免疫系统疾病动物模型、传染病与寄生虫疾病动物模型、自发性肿瘤动物模型、免疫缺陷动物模型</td></tr>
<tr><td>职业素养</td><td>培养学生分析问题、解决问题与实践的能力；养成认真仔细、实事求是的习惯；养成善于思考、科学分析的习惯</td></tr>
</table>

项目 9.1　实验动物模型设计

任务一　模型设计的实验动物选择原则与注意事项

1. 模型设计的实验动物选择原则

（1）尽量选择与研究对象的机能、代谢、结构及疾病性质类似的动物。

①研究动物疾病。研究动物疾病必须满足研究和经济两方面的要求，如猪瘟疫苗的安检首选是小鼠，而不是猪；狂犬病疫苗安检使用小鼠，不仅经济而且安全。

②研究人类疾病。最好选择在生物进化过程中与人类接近的非人类灵长类动物，如猴、猩猩等。如猕猴的生殖生理非常近似于人，月经周期也是 28 d，可用于生殖生理、计划生育及避孕药的研究。犬具有发达的血液循环和神经系统，其消化生理、毒理和对疾病的反

应都和人类近似，适用于生理学、营养学、药理学、毒理学、行为学和外科手术学的研究。小型猪的心脏瓣膜可用作心脏瓣膜缺损修复，动脉粥样硬化与人相似，猪的皮肤与人类的皮肤极为相似，表皮厚度、被毛密度、表皮形态学和增生动力学与人极为相似，烫伤的处理用猪皮处理可以减少感染，减轻痛苦，加快愈合。教学蛙的大脑不发达，不适于高级神经活动实验，但用于简单的神经反射弧实验便于观察，且经济。

（2）根据实验目的按动物的解剖生理特点来选择动物。了解各种实验动物的解剖特点，根据这些特点来选择动物，既能简化操作，又能使实验易于成功。如犬的甲状旁腺位于两个甲大腺端的表面位置，比较固定，而兔较散。犬是红绿色盲，不能用红、绿信号作条件刺激进行条件反射。家兔体温变化十分灵敏，最易发生热反应，反应典型恒定，而小鼠、大鼠的体温调节不稳定，所以做致热源实验宜选用家兔。大、小鼠性成熟早，适合用于避孕药的筛选。小鼠体型小，性情温顺，易管理，对外来多种毒素和病原体敏感，所以适用于各种药物的毒性实验，微生物、寄生虫的研究，半数致死量的测定都用小鼠，大鼠无胆囊，不能选作胆囊功能的研究。中国地鼠易产生真性糖尿病。豚鼠体内缺少合成维生素 C 的酶，对维生素 C 缺乏研究很敏感，适合于维生素 C 的实验研究，同时此动物易过敏，适合作过敏性研究。在做呕吐反应时，不应选择小鼠、大鼠、兔和豚鼠，因为它们的呕吐反应不敏感，而应选用敏感的鸽、犬、猴和猫。

（3）根据实验动物品种、品系的特点来选择动物。不同品种的动物对同一种刺激反应差异很大。如在猪瘟疫苗的效力检查中，白兔比灰兔敏感，长毛兔反应最敏感、发热反应最典型。

不同品系的动物，对同一种刺激反应差异很大。DBA 小鼠对噪声敏感，而 C57 BL 小鼠则不敏感；C57BL 小鼠各种肿瘤发生率低，但 A 系 80%的繁殖母鼠均患乳腺癌等。

（4）根据生物医学研究必须达到的精确度来选择实验动物。一般来说，急性毒性试验对动物要求不高，但致癌性、致畸性、慢性毒性试验、生化试验、免疫学试验等，对精度要求较高，必须排除体内外微生物、寄生虫及遗传上个体差异所带来的不利影响。为了避免遗传上的差异对实验产生不利的影响，可选近交系动物，但突变系的动物有些具有与人类相似的疾病，如高血压、T 细胞免疫缺陷、糖尿病、肌肉萎缩症等，精确实验中为了避免微生物干扰应选 GF、SPF 动物。当然为了使实验结果精确可靠、具有可重复性和可比性，最好选用标准化的实验动物在标准条件下进行实验。

2. 模型设计选择实验动物的注意事项

（1）年龄、体重

实验动物的寿命各不相同，所反映的生命过程是完全不同的，即使同样是犬，不同年龄段所反映的生命过程也是不同的，所以在选择动物年龄时，应注意到各种实验动物之间、实验动物与人之间的年龄对应，以便进行分析和比较。动物一般可按体重推算年龄，例如昆明小鼠 6 周龄时雄性约 32 g，雌性约 28 g；Wister 大鼠 6 周龄时雄性约 180 g，雌性约 160 g；豚鼠 2 月龄时体重约 400 g；日本大耳白兔 8 月龄时体重约 4 500 g。实验动物的机体反应性随年龄而有所变化。幼年动物往往较成年动物敏感，而老年动物代谢功能降低，反应不灵敏。大多数实验都选择成年动物，老年动物多用于老年医学的研究，幼年动物多用于慢性实验或长期毒性实验。对于动物的年龄，还应注意“天文学时间”与“生物学时间”的区别，二者的意义不同。不同种属实验动物的寿命长短不一，但多比人的寿命短。选择实验动物时必须了解相关动物的寿命，并安排与人的某年龄时期相对应的动物进行实验研究。

动物的年龄与体重一般呈正相关性。同一实验中，动物的体重应尽可能一致，一般不应相差 10%，若相差悬殊，则易增加动物反应的个体差异，影响实验结果的正确性。实验动物年龄和体重一般成正比，啮齿类动物可根据体重推算年龄。

（2）性别

许多实验证明，不同性别的动物对同一药物的敏感性差异较大，对各种刺激的反应也不尽一致，雌性动物在性周期不同阶段和怀孕、哺乳时的机体反应性有较大的改变，因此科研工作汇总一般选择雌雄各半进行试验。药物反应中性别不同效果尤为不同，例如，5～6 周的雄性大鼠给药麦角新碱，可见镇痛效果，但雌性则没有镇痛效果。医学研究中，选择实验动物通常应雌雄各半，若发现有明显的性别差异，则应分别测定不同性别实验动物的结果。

（3）生理状态

动物的生理状态（如怀孕、哺乳等）对实验结果影响很大，因此，实验不宜采用处于特殊生理状态的动物进行，如在实验过程中发现动物怀孕，则体重及某些生理生化指标均可受到严重影响。

（4）健康状况

动物的健康状况对实验结果正确与否有直接的影响。功能状态如体温升高对解热药敏感，血压升高对降压药敏感；患病动物对药物的耐受性较健康动物小，因而患病动物容易在实验过程中中毒死亡；动物潜在感染，对实验结果影响很大；兔球虫病对肝脏功能影响较大；犬食量不足、饥饿，则麻醉时间延长。动物临床是否健康应检查如下内容：

①眼睛。瞳孔是否清晰，眼睛有无分泌物、眼睑有无发炎。

②耳。耳道有无分泌物溢出，耳壳里是否有脓疮。

③鼻。有无喷嚏以及浆性黏液分泌物流出。

④皮肤。有无创伤、脓疡、疥癣、湿疹。

⑤头部。姿势是否端正（若有歪斜、常证明有内耳疾患）。

⑥胃肠道。有无呕吐、腹泻、便秘、肛门口被毛是否洁净。

⑦神经系统。是否有震颤、不全性麻痹等。

一次性的健康检查，不能完全确定动物是否健康，因为有些疾病存在潜伏期，常无明显症状，一般在实验前，对动物需有7～10 d的预检，并可使动物适应新的饲养条件。

（5）品系、微生物动物等级

一般情况下，近交系动物的生物反应稳定性和实验重复性都较封闭群好；F1代生活力强，带有两个亲代品系的特性，虽然遗传型是杂合的，但个体间遗传型和表现型都是一致的，应用时能获得比较一致的结果，具有较高的精确度、稳定性和可重复性。封闭群动物和杂种动物在实验的重复性上有一定的问题。同物种内的不同品种、品系，由于生物学特性的差异，对相同试验反应结果存在差异。同品系的各亚系之间差异可相当于不同品系。例如，DBA小鼠会发生听源性癫痫发作，而C57BL小鼠根本不出现这种反应。BALB/cAnN小鼠对放射线极敏感，而C57BL/CdJN小鼠对放射线却有抵抗力。C57BL小鼠对肾上腺皮质激素的敏感性比DBA小鼠高12倍。DBA小鼠对雌激素较C57BL小鼠敏感。

无菌动物是一种超常生态模型。既能排除微生物对背景的干扰，也减少了免疫功能的影响；SPF动物是正常的健康无病动物模型，应用这类动物，能排除疾病或病原的背景性干扰；普通动物具有价廉、易获得、饲养设施简便、容易管理等特点，但选用时应考虑微生物对实验结果有无影响。

一般急性实验，可选用微生物控制级别较低但无疾病的动物，但必须确保对实验无影响。慢性实验应选用级别较高的动物进行。接种等实验时，供体和受体都应选用级别高、无感染的动物。

（6）选择文献资料多的动物

比如，检定及生产中传统使用的裸小鼠是先天性T细胞免疫缺陷的裸体小鼠，常用于肿瘤、免疫及微生物的研究，有关它的资料比较多。

（7）选择与实验设计、技术条件匹配的动物

实验方法及条件相适应的标准化动物要避免用高精仪器、试剂与低品位动物相匹配，或用低性能测试手段与高品位动物相匹配，这种匹配的协调性反映在生物反应性、实验技术构成、动物品种、品系、体型、年龄、性别、行为等方面。一般在不影响实验质量的前提下，选用最易获得、最经济、最易饲养管理的动物。

（8）选择有利于实验结果解释的动物

①一般选择成年动物来进行实验。慢性实验时，可选择年幼、体重较小的动物。

②雌性动物性周期的不同阶段以及怀孕、哺乳时的抗体特性有较大改变，因此，一般优先选用雄性动物或雌雄各半做实验。

③健康动物对各种刺激耐受性大，实验结果稳定，因此，一定要选择健康动物。

④实验季节不同和时间昼夜不同，动物的机体反应会有一定的改变。如动物的体温、血糖、基础代谢率、内分泌激素的分泌等均会发生昼夜性变化。

⑤由于不同种属动物的代谢特点不同，所以应选用两种以上动物，要推广应用到人的

实验，所选用动物应不少于 3 种，其中之一应是非啮齿类动物。

任务二　设计动物模型的原则和注意事项

1. 设计动物模型的原则

生物医学科研专业对很多疾病及疗效机制阐明的实验不可能或不应该在病人身上进行，常要依赖于复制动物模型。设计动物模型时要遵循下列一些原则。

（1）相似性。在动物身上复制人类疾病模型，目的在于从中找出可以推广（外推）应用于病人的有关规律。外推法要冒风险，因为动物与人终究不是一种生物。例如，在动物身上无效的药物不等于临床无效，反之亦然。因此，设计动物疾病模型的一个重要原则是所复制的模型应尽可能近似于人类疾病的情况。能够找到与人类疾病相同的动物自发性疾病当然最好。例如，大白鼠原发性高血压就是研究人类原发性高血压的理想模型，老母猪自发性冠状动脉粥样硬化是研究人类冠心病的理想模型。

（2）重复性。理想的动物模型应该是可重复的，甚至是可以标准化的。例如，用一次定量放血法可 100%造成出血性休克，100%死亡，这就符合可重复性和达到了标准化要求。

为了增强动物模型复制时的重复性，必须在动物品种、品系、年龄、性别、体重、健康状况、饲养管理；实验及环境条件、季节、昼夜节律、应激、室温、湿度、气压、消毒灭菌；实验方法步骤；药品生产厂家、批号、纯度规格、给药剂型、剂量、途径、方法；麻醉、镇静、镇痛等用药情况；仪器型号、灵敏度、精确度；实验者操作技术熟练程度等方面保持一致，它是重复性的可靠保证。

（3）可靠性。复制的动物模型应该力求可靠地反映人类疾病，即可特异地、可靠地反映某种疾病或某种机能、代谢、结构变化，应具备该种疾病的主要症状和体征，经化验或 X 光照片、心电图、病理切片等证实。若易自发地出现某些相应病变的动物，就不应加以选用，易产生与复制疾病相混淆的疾病者也不宜选用。例如，铅中毒可用大白鼠作模型，但有缺点，因为它本身容易患动物地方性肺炎及进行性肾病，后者容易与铅中毒所致的肾病相混淆，不易确定该肾病是铅中毒所致还是它本身的疾病所致。

（4）适用性和可控性。供医学实验研究用的动物模型，在复制时应尽量考虑到今后临床应用和便于控制其疾病的发展，以利于研究的开展。例如，雌激素能终止大鼠和小鼠的早期妊娠，但不能终止人的妊娠。因此，选用雌激素复制大鼠和小鼠终止早期妊娠的模型是不适用的。有的动物对某致病因子特别敏感，极易死亡，也不适用。例如，犬腹腔注射粪便滤液引起腹膜炎很快死亡（80% 24 h 内死亡），来不及做实验治疗观察，而且粪便剂量及细菌菌株不好控制，因此不能准确重复实验结果。

（5）易行性和经济性。在复制动物模型时，所采用的方法应尽量做到容易执行和合乎经济原则。灵长类动物与人最近似，复制的疾病模型相似性好，但稀少昂贵；很多小动物如大鼠、小鼠、地鼠、豚鼠等也可以复制出十分近似的人类疾病模型，它们容易做到遗传背景明确，体内微生物可加控制，模型性显著且稳定，年龄、性别、体重等可任意选择，而且价廉易得、便于饲养管理，因此可尽量采用。

2．设计动物模型的注意事项

（1）模型要尽可能再现所要求的人类疾病。复制模型时必须强调从研究目的出发，熟悉诱发条件、宿主特征、疾病表现和发病机理，即充分了解所需动物模型的全部信息，分析是否能得到预期的结果。例如，诱发动脉粥样硬化时，草食类动物兔需要的胆固醇剂量比人高得多，而且病变部位并不出现在主动脉弓，病理表现为纤维组织和平滑肌增生为主，可有大量泡沫样细胞形成斑块，这与人类的情况差距较大。因此要求研究者懂得，各种动物所需的诱发剂量、宿主年龄、性别和遗传性状等对实验的影响，以及动物疾病在组织学、生化学、病理学等方面与人类疾病之间的差异。要避免选用与人类对应器官相似性很小的动物疾病作为模型材料。

（2）所选用动物的实用价值。模型应适用于多数研究者使用，容易复制，实验中便于操作和采集各种标本。应首选一般饲养员较熟悉且便于饲养的动物作为研究对象，动物来源必须充足，选用多胎分娩的动物对扩大样本和重复实验是有益的。尤其对慢性疾病模型来说，动物须有一定的生存期，便于长期观察使用，以免模型完成时动物已濒于死亡或死于并发症。

（3）环境因素对模型动物的影响。复制模型的成败往往与环境的改变有密切关系。拥挤、饮食改变、过度光照、噪声、屏障系统的破坏等，任何一项被忽视都可能给模型动物带来严重影响。复制过程中固定、采血、麻醉、手术、药物和并发症等处理不当，也会产生难以估量的恶果。因此，要求尽可能使模型动物处于最小的变动和最少的干扰之中。

（4）不能盲目地使用近交系动物，不然会导致不能控制的因素进入实验。例如，自发性糖尿病大鼠（BB、Wistar）除具有糖尿病临床特征外，还发现多种病理变化（外周神经系统严重病变、睾丸萎缩、甲状腺炎、胃溃疡、恶性淋巴瘤等），因此要有目的地选择。

（5）动物进化的高级程度并不意味着所有器官和功能接近于人的程度。复制动物模型时，在条件允许的情况下，应尽量考虑选用与人相似、进化程度高的动物作模型。例如，非人灵长类诱发动脉粥样硬化时，病变部位经常在小动脉，即使出现在大动脉也与人类分布不同。

（6）正确地评估动物疾病模型。应该懂得没有一种动物模型能完全复制人类疾病的真实情况，动物毕竟不是人体的缩影。模型实验只是一种间接性研究，只可能在一个局部或几个方面与人类疾病相似。因此，模型实验结论的正确性只是相对的，最终必须在人体上得到验证。复制过程中一旦出现与人类疾病不同的情况，必须分析其分歧范围和程度，找到相平行的共同点，正确评估哪些是有价值的。

任务三 设计模型的实验动物类型选择

1. 药效学实验动物选择

（1）临床前药物代谢动力学研究。进行临床前药物代谢动力学研究，目的在于了解新药在动物体内动态变化的规律及特点，为临床合理用药提供参考。所以，选择动物时，必须选用成年健康的动物，常用的有大鼠、小鼠、兔、豚鼠、犬等。首选动物及其性别应尽量与药效学或毒理学研究所用动物一致。做药物动力学参数测定，最好使用犬、猴等大动物，这样可在同一动物上多次采样，而使用小动物可能要采用多只动物的合并样本，应尽量避免。做药物分布试验时，一般选用大鼠或小鼠较为方便。做药物排泄试验时，一般也首选大鼠，其胆汁采集可在乙醚麻醉下做胆管插管引流。

（2）一般药理研究。一般药理研究指主要药效作用以外广泛药理作用的研究。常选用的动物包括小鼠、大鼠、犬、猫等，性别不限，但观察循环和呼吸系统时一般不宜用小鼠和兔。

（3）作用于神经系统的药物研究。促智药研究一般使用健康成年小鼠和大鼠，除非特定需要，一般不选用幼鼠或老年鼠。镇静催眠药研究一般选用健康成年小鼠，便于分组实验。抗痛药研究一般选用健康成年小鼠或大鼠，且以雄性为宜。镇痛药研究均需在整体动物上进行，常用成年小鼠、大鼠、兔，必要时也可用豚鼠、犬等。一般雌雄兼用，但在热板法或是跖刺激法试验中，不用雄性动物，因为雄性动物的阴囊部位对热敏感。解热药研究首选家兔，因为家兔对热原质极敏感。当然，家兔的品种、年龄、实验室温度、动物活动情况等不同，都对发热反应的速度和程度有明显影响，应按我国药典中有关规定进行。此外，也可用大鼠进行试验。

在对神经节传导阻滞影响的药物进行研究时，首选动物是猫，最常用的是颈神经节，因其前部和后部均容易区分。研究药物对神经肌肉接点的影响时，常用动物是猫、兔、鸡、小鼠和蛙。在对影响副交感神经效应器接点的药物进行研究时，首选动物是大鼠。

（4）作用于心血管系统的药物研究。抗心肌缺血药物研究可选用犬、猫、家兔、大鼠和小鼠。抗心律失常药物研究可用豚鼠，因小鼠不便操作不宜选用。用犬试验时，应注意试验药物不能用吐温助溶。降压药物研究一般选用犬、猫、豚鼠，也可用兔，一般不宜用大鼠，因为它对强心苷和磷酸二酯酶制剂的强心反应不敏感。降血脂药物研究一般选用大鼠、家兔，尤其是遗传性高脂血症 WHHL 兔。抗动脉粥样硬化药物研究目前缺乏理想的模型动物，一般可选用家兔、鹌鹑。这两种动物对高脂日粮诱发脂代谢紊乱极为敏感，动脉粥样硬化极易形成。但是，家兔是草食性动物，鹌鹑属鸟类，其动脉粥样硬化发病部位及病理改变情况与人类不一致。抗血小板聚集药物研究一般选用家兔和大鼠，个别试验选用小鼠。为避免动物发情周期的影响，宜用雄性动物。抗凝血药物研究常用大鼠和家兔，也可用小鼠、豚鼠或沙鼠等，以雄性动物为宜。

（5）作用于呼吸系统的药物研究。镇咳药筛选的首选动物是豚鼠，因为豚鼠对化学刺激或机械刺激都很敏感，刺激后能诱发咳嗽，刺激其喉上神经亦能引起咳嗽。猫在生理条件下很少咳嗽，但受机械刺激或化学刺激后易诱发咳嗽，故可选用猫用于刺激喉上神经诱发咳嗽，在初筛的基础上进一步肯定药物的镇咳作用。犬不论是在清醒还是麻醉的条件下，化学刺激、机械刺激或电刺激其胸膜、气管黏膜或颈部迷走神经均能诱发咳嗽，犬还对反复应用化学刺激所引起的咳嗽反应较其他动物变异小，故特别适合于观察药物的镇咳作用持续的时间。兔对化学刺激或电刺激不敏感，刺激后发生喷嚏的机会较咳嗽为多，故兔很少用于筛选镇咳药。小鼠和大鼠给予化学刺激虽能诱发咳嗽，但喷嚏和咳嗽动作很难区别，变异较大，特别是反复刺激时变异更大，实验可靠性较差。尽管目前也有人用小鼠氨水或二氧化硫引咳法来初筛镇咳药，但应尽量少用。支气管扩张药物研究最常用的动物是豚鼠，因其气管平滑肌对致痉剂和药物的反应最敏感。药物引喘时，选用体重不超过 200 g 的幼龄豚鼠效果更佳。大鼠某些免疫学和药理学特点与人类较接近，如大鼠的过敏反应由 IgE 介导，大鼠对色甘酸钠反应较敏感。因此，大鼠气管平滑肌标本亦常被选用。另外，大鼠气管平滑肌对氨酰胆碱也较敏感，但对组胺不敏感。祛痰药研究一般选用雄性小鼠、兔或猫，用来观察药物对呼吸道分泌的影响。单纯观察对呼吸道黏膜上皮纤毛运动影响的试验中，可采用冷血动物蛙和温血动物鸽。家兔因气管切开时容易出血，会影响实验结果，不宜采用。

（6）作用于消化系统的药物研究。胃肠解痉药物研究可用大鼠、豚鼠、家兔、犬等，雌雄均可。催吐或止吐药一般选用犬、猫、鸽等，而不选用家兔、豚鼠、大鼠，因为这些动物无呕吐。

（7）作用于泌尿系统的药物研究。利尿药物或抗利尿药物的研究一般以雄性大鼠或犬为佳。小鼠尿量较少，家兔为草食动物，实验结果都不尽如人意。

（8）作用于内分泌系统的药物研究。肾上腺皮质激素类药物研究可选用大鼠、小鼠，雌雄均可。但做有关代谢试验时，宜选用雄性动物，便于收集尿样。H1 受体激动药物或阻断药物研究的首选动物是豚鼠，其次为大鼠，雌雄各半。

（9）精神药物研究。抗焦虑药物研究一般选用成年健康小鼠、大鼠、兔等。长期实验以选用雄性动物为好，因为雄性动物耐受性强。抗抑郁药可选用小鼠、大鼠，其次为犬、猪。

2. 毒理学实验动物选择

药物安全性评价是涉及亿万人的健康和安全、新药走向临床过程的重要一步。为了保证所获结果的正确、可靠，许多国家政府都制定了实验室管理准则（GLP）和标准操作规范（SOP），以保证新药的安全性评价试验在高标准、统一规范下进行。在药物安全性评价研究中，近年发展了许多体外试验，例如，微生物基因突变试验，体外细胞染色体畸变试验等。

对药物在动物身上表现出来的毒性要有正确认识。如果动物表现出药物的毒性反应，通常认为至少在一部分人群中将会出现毒性；如果动物不表现出药物毒性反应的结果，并不能保证药物在临床上不会出现毒性反应。

药物安全性评价试验包括急性毒性、长期毒性、生殖毒性、致突变、致癌、刺激过敏等。不同的试验要用不同的实验动物，试验要求也不完全一致。

（1）急性毒性试验。通常是观察一次给药后所产生的急性毒性反应和死亡情况，如果仔细观察，常能发现该药的可能靶器官及其特异性作用。不少药物需做半数致死量（LD_{50}）。但是，也有不少国家对相当一部分药物，不再要求做 LD_{50}，这样可以节约大量的动物和药品。如果药物毒性很小，则进行耐受剂量试验。做药物的 LD_{50}，常用小鼠和大鼠，而且最常用的是封闭群的动物，如 ICR、KM 小鼠，SD 或 Wistar 大鼠。不少实验也有用其他非封闭群动物、甚至近交系动物及非啮齿类动物的。

急性毒性是一个简单的试验，但是如果动物质量欠佳，体重不准，组间体重差异大或者有不良的外环境影响（例如室温过高或过低），均可产生不正确的数据，导致错误的结论。

（2）长期毒性试验。由于长期毒性试验持续时间一般较长，而且实验动物的高、中剂量组是给予中毒剂量的药物，如要获得真正的药物毒性作用结果，就必须保证动物的质量和适宜的环境。长期毒性试验需要两种以上的动物，才能比较正确地预示受试药物在临床上的毒性反应，常用的一种是啮齿类的大鼠，另一种是犬、猴或小型猪。

（3）生殖毒性试验。一般生殖毒性试验。目的是判断雄性、雌性动物在连续用药后，一般生殖行为和生育力的变化。观察内容有：雄性的特征和生育力，雌性的交配力及受孕率，死胎、活胎数以及胎仔外观、内脏、骨骼的变化。

致畸敏感期毒性试验。判断雌性动物在胚胎器官形成前后所给的药物对胚胎的毒性和致畸性，观察黄体数、吸收胎数、死胎数、活胎数及胎仔的外观、内脏、骨骼的异常。

围产期毒性试验。目的是判断雌性动物在产前（妊娠后期）及产后（至哺乳结束）给药对子代的影响，观察分娩期的长短、泌乳情况、子代的生存、生长、发育及行为、生殖功能。

（4）致突变及致癌试验。长期致癌试验对实验动物的要求甚高。通常用 F344 大鼠及 A 系小鼠，但是供应的大、小鼠繁殖场必须提供 5 年内该品系大、小鼠的癌自发率的数据，否则，致癌试验的数据难以进行可靠的比较，很难得出正确的结果。基因剔除小鼠，如抑癌基因 p53 或抑癌基因 lats 剔除小鼠，其对致癌物质更敏感，作为长期致癌试验的实验动物将有更大的应用前景。

（5）药物依赖性试验。药物的依赖性试验观察期一般都较长，观察项目也较多，一般实验室有一定的难度。但是，就实验动物的选择来说，对于身体依赖性试验，无论是自然戒断试验还是替代试验基本都采用大、小鼠及猴，而诱导试验一般均只选用大、小鼠，不采用猴；对于精神依赖性试验，通常选用大鼠即可。

（6）其他毒性试验。药物毒理试验的原则之一是给药途径必须与将采用的临床给药途径相一致，如果受试物将来作为外用药，或是栓剂通过阴道或直肠给药，则做毒理试验时，也必须通过外用，或通过阴道、直肠给药。因此，实验动物的选择和应用也必须做适当的调整，以适应实验的需要。

3. 心血管系统疾病研究中的选择

心血管系统的疾病在人类身上普遍发生，给人类带来严重的后果。由于在病人体内进行各项试验研究是十分有限的，而且对病变的广度和深度也无法进行活体定量检测，因此，人们广泛利用相应的动物模型来进行研究。

（1）动脉粥样硬化症研究。早期选用的实验动物是鸡、兔。这类动物在研究与病变发生有关的早期代谢变化方面具有重要价值。兔在饲料诱发的极度高血脂下可发生粥样硬化病灶，但病变局部解剖学情况与人类不同。另外，兔作为草食动物，与人类的胆固醇代谢不完全一致。鸽在饲喂高胆固醇后，可在主动脉可预测区域发生病变，用来研究早期代谢变化。小型猪发病特点与人类似，是最理想的实验动物。

（2）高血压研究。对于高血压的研究，虽然有时使用猪、猴、羊等，但常选用的动物是犬和大鼠。犬与人类的高血压有许多相似之处，常用的动物是鼠和犬。目前已经培育出了很多高血压大鼠模型：遗传性高血压大鼠（GH）、自发性高血压大鼠（SHR）、易卒中自发性高血压大鼠（SHR/sp）、自发性血栓大鼠（STR）、米兰种高血压大鼠（MHS）、里昂种高血压大鼠（LH）等。

（3）心肌缺血试验研究。无论是对冠心病还是心肌梗死的研究，犬、猪、猫、兔和大鼠都可用作冠状动脉阻塞实验。犬是心肌缺血试验良好的模型动物。犬心脏的解剖与人类近似，占体重的比例很大，冠状血管容易操作，心脏抗心律紊乱能力较强。此外，犬较容易驯服，可供慢性观察。

4. 消化和呼吸系统疾病研究中的选择

进行消化系统疾病的研究，能否正确选择实验动物，直接关系到实验结果的准确性，如兔、羊、豚鼠等动物均属草食动物，与人类的消化系统迥然不同，故不能选用。犬有发达的消化系统，且有与人类相似的消化过程，适宜于做消化系统的慢性试验，如做唾液腺瘘、食管瘘、胃瘘、胆囊瘘等观察胃肠运动、吸收、分泌等的变化。犬的胃小，做胃导管容易，便于进行胃肠道的生理学研究。犬还有与人类极为相似的消化器官，如进行牙齿、部分小肠移植等研究，可选择该动物。

幼猪的呼吸、泌尿及血液学系统与人类新生儿相似，适于研究营养不良症，如铁、铜缺乏症等。猪的病毒性胃肠炎，可用来研究婴儿的病毒性腹泻。

猕猴对人的痢疾杆菌病最易感，是研究人的痢疾杆菌病最好的模型动物。若选择犬，需通过改变生活条件降低机体抵抗力，加大投菌量，才可复制成犬菌痢模型。

一般动物均有胆囊，而大鼠和马没有。试验需要收集胆汁时，适合从胆总管收集。大鼠的肝脏枯否细胞 90%有吞噬能力，肝脏再生能力强，切除大部分（70%左右）肝叶，仍有能力再生，很适于做肝切除术。老龄 NIH 小鼠多自发慢性十二指肠溃疡。猪以胃的食管端溃疡为多。自发性牙病研究，可选择绒猴，因为绒猴对该病敏感性高。由于绒猴价格昂贵，得不到时可用猪代替胰腺炎研究，可选用幼年雌性小鼠造成胆碱缺乏，诱发出血性胰腺炎。猫、犬等中年以上的肥胖动物常会自发慢性胰腺炎。犬的胰腺很小，适合做胰腺摘除手术。大鼠的胰腺十分分散，位于胃和十二指肠弯曲处。

5. 神经系统疾病研究

神经系统试验中实验动物应根据动物神经系统方面的特性来选择。DBA/2N 小鼠在 35 日龄时，听源性癫痫发生率为 100%，是研究癫痫病的良好模型。C3H/HeN 小鼠对脊髓灰质炎病毒 Lan-sing 株敏感。C57BL/KalWN 小鼠有先天性脑积水。沙鼠是研究脑梗死所呈现的中风、术后脑贫血以及脑血流量的良好实验材料，因为它的脑血管不同于其他动物，脑椎底动脉环后交通支缺损。结扎沙鼠的一侧颈总动脉，数小时后，就有 20%～65%的沙鼠出现脑梗死。另外，沙鼠还具有类似人类自发性癫痫发作的特点。

6. 泌尿和生殖系统疾病研究中的选择

（1）糖尿病实验研究。小鼠、大鼠、地鼠、犬、兔等实验动物。人工诱导的方法自发的模型用 db，ob，kk 小鼠和 GK，Zucker 大鼠。

（2）生殖生理实验研究。雌激素能终止大鼠和小鼠的早期妊娠，但不能终止人的妊娠。兔刺激性排卵，可进行生殖生理和避孕药的研究。猴的月经周期是 28 天与人的接近，是研究人类避孕药的理想实验动物。哥丁根小型猪易诱发胎儿畸形。

7. 其他实验研究的选择

（1）甲状旁腺功能试验研究。犬的甲状旁腺位于两个甲状腺端部的表面，位置比较固定，而兔的甲状旁腺分布得比较散，位置不固定，因此，做甲状旁腺摘除试验选犬而不用兔，而做甲状腺摘除试验则选兔更合适。

（2）放射学试验研究。常选大鼠、小鼠、沙鼠、犬、猪、猴等实验动物进行研究。不同动物对射线敏感程度差异较大。兔对放射线十分敏感，照射后常发生休克样反应，并常伴有死亡现象，而且照射量越大，动物发生休克和死亡数就越多，故不能选用兔进行放射医学研究。大鼠、小鼠几乎完全没有全身性的初期反应，造血系统的损伤出现早，很少有出血综合征。辐射损伤常用小鼠品系有 C57BL、LACA、C3H、RF、SJL。犬和猴的全身性初期反应非常明显，造血障碍的特点是发展缓慢。出血综合征在犬身上表现相当显著，猴为中等。

（3）微生物试验研究。可选用的动物很多，包括小鼠、大鼠、沙鼠、豚鼠、地鼠、兔、犬、猴、猫、裸鼠等。C58 小鼠对疟原虫有抵抗力，而 C57 小鼠对感染疟原虫敏感性一致，SMMC/C 对疟原虫敏感。120～180 g 的幼年豚鼠对钩端螺旋体、旋毛虫敏感。猫是寄生虫弓形属的宿主，故常选猫做寄生虫病研究，也可用于阿米巴痢疾的研究，猫还是病毒引起的发育不良、聋病等人类很多疾病的良好模型动物。

项目 9.2　动物模型

任务四　动物模型分类

1. 医学动物模型分类

（1）诱发性动物疾病模型：指通过使用物理、化学、生物等致病手段，人为地造成动物组织、器官或全身形成人类疾病动物模型，在功能、代谢、形态结构等方面有所改变，即人为地诱发动物产生类似人类疾病的模型。如切断犬的冠状动脉分支复制心肌梗塞模型；化学致癌剂亚硝胺类诱发癌；使人类同一疾病可用多种方式、多种动物诱发类似的动物模型。如采用手术摘除犬、大鼠等胰腺；化学物质链脲佐菌素损伤地鼠胰岛细胞；接种脑炎心肌炎病毒于小鼠等复制糖尿病动物模型。

（2）自发性动物模型：指不加任何人工诱发，在自然条件下动物自然产生的疾病，或者由于基因突变的异常表现通过遗传育种保留下来的动物疾病模型。基中包括近交系的肿瘤模型和突变系的遗传性疾病模型。突变系的遗传性疾病很多，可分为代谢性疾病、分子性疾病、特种蛋白合成异常性疾病等。

2. 按系统范围分类模型

（1）疾病基本病理过程动物模型：指致病因素在一定条件下作用动物后，所出现的共同性的功能、代谢和形态结构某些改变的动物模型。这种动物模型的致病不是某种疾病所有的，而是各种疾病都可能共同发生的某些变化。诸如发热、炎症、休克、电解质紊乱等疾病的基本病理过程。如发热，是各种病原微生物、细菌、病毒、寄生虫感染所致；又如给动物注射内毒素或异性蛋白、某些化学物质等可使动物温调节中枢功能障碍而引起发热。这类动物模型是研究疾病机理和药物筛选的理想方法。

（2）各系统疾病动物模型：指与人类各系统疾病相应的动物模型，如神经、心血管、呼吸、消化、泌尿等系统疾病相应的动物模型。

任务五 运动系统疾病动物模型

1. 骨质疏松

（1）维甲酸致骨质疏松。给雄性成年 Wistar 大鼠连续 2 周灌服维甲酸 70 mg/（kg・次），停止给药 2 周后出现骨质疏松。

（2）糖皮质激素致骨质疏松。3 月龄雄性 SD 大鼠，体重 345～347 g，醋酸强的松 415 mg/（kg・次），每周 2 次，连续 3 个月可形成骨质疏松。

（3）卵巢切除致骨质疏松。6 月龄雌性 Wistar 大鼠，体重 300 g，3%巴比妥钠（400 mg/kg）腹腔注射麻醉，俯卧位固定，在背部中 1/3 处剪毛，自腰椎沿背部中线向下作纵行切口长 2～3 cm，沿肩胛线分别于两侧剪开腰肌，可见位于肾下方的卵巢与其相连的子宫角，结扎并切断子宫角，切除卵巢，切口涂青、链霉素后缝合。术后 3 个月出现骨质疏松改变，随着时间延长，这一过程逐渐变慢，最终达到稳定。

（4）睾丸摘除致骨质疏松。6 月龄 300～500 g 雄性 SD 大鼠，乙醚吸入麻醉，仰卧固定，纵行切开阴囊皮肤，剪开睾丸鞘膜，将睾丸与附睾分离，结扎睾丸上端，切除睾丸，阴下皮肤切口涂布青、链霉素后缝合。术后 3 个月出现骨质疏松。

2. 股骨头坏死

体重 4～5 kg 新西兰兔，每周 2 次肌肉注射醋酸强的松龙 8 mg/kg 体重/次。为防止感染，每周注射青、链霉素 1 次。使用激素 3 个月至半年后出现股骨头坏死。

3. 慢性风湿性关节炎

成年 Lewis 大鼠，用 0.05 M（摩尔）醋酸溶解于Ⅱ型胶原酶，配制成 2 mg/mL，再加入等量完全佐剂混合均匀，注射到大鼠后肢足底、尾根部、背部、耳廓皮内，注射量 0.2～7.5 mg/只，注射 10 d 后出现关节轻肿，镜检可见慢性增殖性滑膜炎，甚至关节局部出现骨质破坏性病理改变。

任务六 消化系统疾病动物模型

1. 食道癌

体重 100 g 以上的 Wistar 大鼠，自由饮食含甲基苄基亚硝胺的水和饲料，每日摄入量达 0.75 mg/kg，连续 100 d，其食道组织将出现癌变。

2. 呕吐模型

犬、猫皮下注射盐酸去水吗啡 1～1.5 mg/kg，2～3 min 可诱发中枢性呕吐，1%硫酸铜按 60～100 mL/kg 给犬、猫、猴灌胃，药物对胃肠黏膜的刺激在 2～3 min 可诱发外周性呕吐。

3. 急性胃炎

物理因素（进食过冷、过热或粗糙食物等）、化学因素（服用水杨酸制剂、激素、烈酒等）、微生物感染（吃入被微生物细菌毒素污染的食物）都可引起急性胃炎。

成年大鼠禁食 24 h，以水杨酸制剂（如 20%阿司匹林或水杨酸溶液）100 mg/kg，或 10 mmol/L 醋酸，或不同浓度盐酸（1%、10%、100%）或同种胆汁，或 2%牛磺酸，或 15%乙醇等单独或联合灌胃，剂量数毫升，4 h 后胃壁呈急性弥漫性炎症变化。

4. 幽门螺杆菌感染致慢性胃炎

一定剂量的幽门螺杆菌经口感染初生仔猪、初生仔犬、SPF 小鼠（CD1.BALB/S），可诱发慢性胃炎。模型动物的胃黏膜可检到该菌，镜检可发现胃腺体消失、上皮细胞脱落、溃疡形成、黏膜固有层炎症浸润等。

5. 急性胃溃疡

（1）应激法。体重 200～250 g 成年大鼠，禁食 24 h，将其四肢固定于木板上，垂直浸入 30℃水浴至剑突水平。24 h 后取出处死，打开腹腔，结扎胃的幽门，从贲门向胃内注入 1%福尔马林溶液 8 mL 后再结扎贲门，摘下全胃浸泡于福尔马林溶液 30 min 后，沿大弯将胃剖开检查溃疡。也可用幽门结扎法制作溃疡模型。选用大鼠或豚鼠麻醉后作腹正中切口长约 3 cm，暴露胃，沿胃向左，辨清幽门与十二指肠连接处，避开血管，于其下穿线将幽门完全结扎。禁食禁水，1 h 后处死动物剖检胃壁。

（2）药物法。

①组织胺法。雄性白色豚鼠禁食不禁水 18～24 h，戊巴比钠麻醉，在腹正中做长 2～3 cm 切口，找出十二指肠，在其胆管开口上方夹一动脉钳造成狭窄，使胃液潴留并防止十二指肠液返流入胃，动脉钳的一端伸出腹腔并缝合腹壁。皮下注射磷酸组织胺水溶液 2.5～7.5 mg/kg。1 h 后将胃连同动脉钳一道从腹腔取出，收集胃液，测定其容量和酸度，检查溃疡。

②消炎痛法。7 周龄 SD 大鼠，禁食 24 h，自由饮水，喂饲料 2～5 g 后 30 min，用消炎痛 0.2 mL/100 g（消炎痛用 0.5%甲醛纤维素配成悬液）作皮下注射或灌胃。投药后 10 h 溃疡最严重，幽门部和小肠均产生溃疡。组织学检查，溃疡贯穿黏膜肌层深部。

应激法和药物法均可使胃黏膜出现多发性浅表性溃疡，并伴有出血症状。

6．慢性胃溃疡

（1）烧灼法。在无菌操作下将大鼠剖腹，以 3 mm 粗的 15 W 电烙铁加热至 45℃左右，烧灼腺胃约 5 s，或用 10%～20%醋酸溶液 0.05 mL，关闭腹腔。一般可形成 8～12 mm 的溃疡，并常常为穿透性溃疡，甚至穿孔。

（2）乙酸法。体重 210 g 的 Wistar 大鼠，乙醚麻醉后，在胃体与幽门交界血管最少处，用微量注射器向浆膜下注入 20%乙酸 0.05 mL，关闭腹腔。一般可形成 8～12 mm 的溃疡，并常常为穿透性溃疡，甚至穿孔。

7．胃癌

用小鼠胃腺黏膜穿挂甲基胆蒽线结，或用含 *N*-甲基-*N*-硝基-*N*-亚硝基胍的饮水喂饲大鼠，8～12 月后，可诱发胃腺癌。

8．溃疡性结肠炎

体重 300～500 g 雄性 SD 大鼠，禁食 16 h，经导管向结肠内灌注 8%乙酸 2 mL，20 s 再注入 5 mL 生理盐水冲洗，可造成结肠溃疡。免疫法以大鼠正常菌群为抗原。造模动物先后接受 4 次该抗原的免疫注射，约 10 d 后诱发溃疡性结肠炎，可检见黏膜充血水肿、糜烂，甚至形成溃疡。

9．肠粘连

大鼠禁食 8～12 h，麻醉后开腹，自上向下，每隔 1 cm 用有齿镊夹伤 0.5 cm 的肠管，以局部渗血为度，连夹 3 处，送回肠管后关腹。术后第 1 周击损伤局部出现充血、水肿，肠管与邻近器官开始出现粘连，第 2～3 周充血，水肿消退，粘连较显著，第 44 周及以后形成更牢固的粘连。

10．大肠癌

可用二甲基苄肼长时间灌肛诱发大鼠结肠腺癌，用 *N*-甲基-*N*-硝基-*N*-亚硝基胍长时间灌肛诱发 Wistar 大鼠大肠腺癌。

11．肝癌

以 1.23 mol 乙硫氨酸给大鼠灌胃 2 个月，可引起胆管增殖及结节性肝硬化。持续给药 8～9 个月可诱发肝癌。也可用二乙基亚硝胺水溶液灌胃和饮用，4 个月后出现肝癌。还可以把人原发肝癌组织植入裸鼠肝组织，制作出人原发肝癌原位移植瘤。

12. 肝硬化

给犬反复注射四氯化碳并控制营养可造成肝硬化，或以α-萘异硫氰酸盐溶于油中，按50～150 mg/kg 给大鼠灌胃可诱发胆汁性肝性肝硬化。实验第 2 周出现肝细胞肿胀、空泡变性伴脂肪变性及片状坏死；第 8 周肝体积缩小，表面有细小颗粒状结节，镜下可见明显纤维组织增生和假小叶形成。

13. 胆石症

（1）致石日粮诱发胆结石。250～300 g 豚鼠，喂饲致石日粮 2 个月可诱发以胆红素为主的混合结石。常用致石日粮有如下 4 种：

①高脂肪日粮：标准饲料加 1%酪蛋白，1.5% 蔗糖，1%纤维素，0.05%胆固醇，0.02%胆酸。成石率 91%。

②高碳水化合物、低脂肪、低蛋白日粮：标准饲料 35%，淀粉 50%，葡萄糖 15%。成石率 75%。

③低蛋白、低热量日粮：玉米粉 22.2%，麸皮 20%，豆粕 4%，鱼粉 1%，黄豆粉 7.3%，统糠 40%，碳酸氢钙 2.6%，石粉 2%，食盐 0.4%，微量元素添加剂 0.05%，多维 0.2%。成石率 90%。

④胆固醇结石日粮：标准饲料中加 0.5%胆固醇，成石率 50%。

（2）药物诱发的胆石症。豚鼠体重 300～360 g，皮下注射盐酸林可霉素 60 mg/kg，石胆酸灌服 300 mg/kg，每日 1 次，连续 15 d，异硫氰酸丙酯（ANTT）200 mg/kg 灌服 1 次。可形成胆色素结石或黑色结石。

（3）手术诱发的胆石症。3～4 月龄日本大耳白兔，体重 2.5 kg，手术结扎其胆总管，并向肝内胆管注入 O157K88 大肠杆菌液 1×10^5/0.1 mL，或植入人的胆结石、蛔虫碎片或其他异物。3～4 个月后，肝脏出现化脓性炎症、肝硬化或肝萎缩。大部分（约 83.5%）胆囊有胆红素结石形成。

任务七　呼吸系统疾病动物模型

1. 过敏性鼻炎

家兔分别用花粉、鸡蛋清多次肌肉注射致敏，当动物血中抗体效价达 1∶400 以上时，即可用花粉或鸡蛋清滴鼻诱发过敏性鼻炎。

2. 慢性支气管炎

许多刺激物，如化学物质（二氧化硫、氯、氨气）、烟雾（生烟叶、稻草烟、刨花烟、混合烟）、细菌及多种复合性刺激（细菌加烟雾、细菌加寒冷等）都可复制慢性支气管炎。

（1）小鼠。吸入 2%SO_2，10 S/d，14～18 d 即出现支气管炎病变，27 d 后出现重度支气管炎病变。此外，还可吸入氯气、氨气造模。

（2）大鼠。在 27 m^3 的烟室内，用混合烟（200 g 锯末，15～20 g 烟叶，6～7 g 辣椒及 1 g 硫黄混合，20～30 min 烧化，颗粒在 0.5～1 cm 以上）150～200 mg/m^3 吸入，每周 6 次，44 d 即可形成慢性支气管炎病变。

（3）豚鼠。置 7～8℃环境 1 h，1 次/2 d，45 d 后改为 2 次/周，同时加 8 种细菌混合菌液滴鼻（0.2 mL），可形成亚急性乃至慢性气管炎病变。此外，可用香烟熏，并短时间放置低温环境，28～35 d 后可出现慢性支气管炎。

3．过敏性支气管炎痉挛、哮喘

豚鼠（体重 150～200 g）以 4%鸡卵白蛋白生理盐水溶液 0.1 mL 作致敏原，后腿肌肉注射致敏，同时腹腔注射百日咳疫苗 2×10^{10} 菌体（佐剂）。13～14 d 后做诱发过敏试验，将致敏豚鼠置 4L 密闭玻璃罩中，用恒压 53.4 kPa（400 mmHg）喷入 5%卵白蛋白溶液 30 s，动物可发生咳嗽、呼吸困难，甚至休克跌倒。反应级数：Ⅰ级呼吸加速，Ⅱ级呼吸困难，Ⅲ级抽搐，Ⅳ级跌倒。

如用组织胺喷雾则不必先致敏就能引起豚鼠支气管痉挛，其用量依雾室大小而定，通常为 1∶1 000 组织胺 0.5～1 mL。

4．肺癌

体重 80 g 金黄地鼠，皮下注射 1%二乙基亚硝胺 4.5 mg/（次・只），1 次/周，连续 29 次，81%以上动物可诱发肺癌，为复合癌，包括腺癌、腺瘤恶变、乳头状瘤和乳头状腺瘤。

任务八　泌尿系统疾病动物模型

1．肾炎

（1）鸡蛋白诱发肾炎。体重 2～2.5 kg 家兔，耳缘静脉注射不稀释的鸡蛋白 1～6 mL，间隔 4～5 d，共注射 4～5 次，末次致敏注射后 6～12 d 做手术。在无菌条件下，打开腹腔分离出肾动脉，经由套在注射器上特殊玻璃小管，向一侧或两侧肾动脉注入不稀释的鸡蛋白 1～3 mL。在注入鸡蛋白后，用手指压迫或用线结扎肾动脉 5～6 mL。术后检查尿液，以出现蛋白尿作为造模成功标志。如在致敏前 2 周，将肾脏去神经，则在通常情况下不引起反应的蛋白剂量也能成功造成肾炎。

（2）马血清诱发肾炎。犬腹腔注射马血清，每次 5 mL，每隔 6 d 注射 1 次，共 13 次，于第 14 次向肾动脉注入 5 mL 马血清，可引起实验性肾炎。术后检查尿液，以出现蛋白尿作为造模成功标志。

（3）免疫血清诱发肾炎。使用健康家兔肾皮质混悬液给绵羊皮下或肌肉注射多次，2周后采绵羊血制备羊抗兔血清，将羊抗兔血清给健康兔作静脉注射，每次 0.5～2 mL，每30 min 注射一次，连续注射 3～5 次，直至出现蛋白尿。

2．急性肾功能衰竭

180～250 g 雄性 Wistar 大鼠，按 0.15 mL/kg 体重直接将油酸注射到左肾动脉内，可引起急性缺血性肾功能衰竭。此外，还可以采用变性血红蛋白、去甲肾上腺素、甘油等诱发急性肾功能衰竭。

3．慢性肾功能衰竭

用与电烙铁相连的 16 号针灼刺乳大鼠一侧肾脏表面，或短时间结扎犬的左肾动脉，或用氯化镉喂饲 20 g 体重昆明小鼠，均可诱发慢性肾功能衰竭。

任务九　生殖系统疾病动物模型

1．子宫炎

雌性大鼠经麻醉、消毒剖腹，在距离左侧子宫角上方 1 cm 处作横切口，将管径 2 mm、长 0.5 cm、重 2 mg 的塑料管消毒后，顺切口置于子宫内，并与子宫切口缝合固定，避免塑料管脱落，伤口滴入青霉素预防感染。7 d 后处死动物，取出两侧子宫称重，用每只大鼠左侧子宫重量减去右侧子宫重量为炎症肿胀程度，并计算肿胀率。

2．乳腺增生

雌性家兔手术切除双侧卵巢，术后一周开始注射雌二醇 0.3 mg/kg 体重，隔天注射 1 次，共 15 次，30 d 后取乳腺组织做病理检查。实验第 38～72 d 乳腺增大率为 100%，并出现红肿。

3．宫颈癌

选用雌性小鼠，以附有 0.1 mg 二甲基胆蒽的棉纱线结穿入子宫颈，并固定。半年后取子宫颈组织做病理检查，可造成宫颈癌。

任务十　循环系统疾病动物模型

1. 高血脂及动脉粥样硬化

给新西兰兔、大鼠、小鼠、鸡、鸽、鹌鹑等喂饲高胆固醇、高脂肪饲料，可造成高血脂及动脉粥样硬化症模型。猕猴、小型猪、犬等实验动物也可用于制作高血脂及动脉粥样硬化模型。

（1）新西兰兔高血脂症模型。

体重 2 kg 新西兰兔，喂服胆固醇 0.3 g/d，连续 4 个月后，肉眼可见主动脉粥样硬化斑块；若胆固醇量增至 0.5 g/d，3 个月后可出现斑块；若增至 1.0 g/d，可缩短为 2 个月。在饲料中加入 15%蛋黄粉、0.5%胆固醇和 5%猪油，经 3 周后，将饲料中的胆固醇减去，再喂 3 周，主动脉斑块发生率达 100%，血清胆固醇可升高至 2 000 mg/dL。

（2）大鼠高血脂症模型。

饲料配方 1：86%～89%基础饲料另加 1%～4%胆固醇、10%猪油、0.2%甲基硫氧嘧啶。

饲料配方 2：85%基础饲料加 10%蛋黄粉、5%猪油、0.5%胆酸钠。

上述饲料喂饲 150～250 g 雄性大鼠，连续 2～4 周，可诱发高血脂症。血中胆固醇升高达 250～500 mg/dL。

（3）小鼠高血脂症模型。

体重 18～22 g 雄性小鼠，喂饲 1%胆固醇及 10%猪油的高脂饲料，7 d 后血清胆固醇即升为（343±15）mg/dL；若在饲料中加入 0.3%胆酸，连续喂饲 7 d，血清胆固醇可达（530±36）mg/dL。

（4）鸽子动脉粥样硬化症模型。

选 300～500 g 鸽子，喂饲胆固醇 3 g/（kg·d）和甲基硫氧嘧啶 0.1 g/（kg·d），连续 2～3 个月，可产生多处动脉粥样硬化斑块。

（5）鹌鹑动脉粥样硬化症模型。

选用 90%雄性鹌鹑，成对关养在 17 cm×17 cm×20 cm 笼子内，高脂饲料配方为：面粉 69%、麸皮 4%、骨粉和贝壳粉各 3%、胆固醇 1%、脂肪 20%（猪油∶羊油∶花生油=2∶2∶1）、维生素及微量元素。用上述配方连续饲喂鹌鹑 6 周，可形成动脉粥样硬化症。

大鼠、小鼠和犬较难在动脉形成粥样硬化斑块，如在饲料中增加蛋黄、胆酸、猪油、甲基硫氧嘧啶、甲亢平、苯丙胺、维生素 D、烟碱或蔗糖等，则有促进作用。用猕猴造模，更接近于人的病理变化，但费用昂贵。小型猪是一种很好的制作动脉粥样硬化模型的动物，如给小型猪饲喂高脂肪、高胆固醇饲料诱发动脉粥样硬化病变，其病理特点均与人类相似，有时还伴有心肌梗塞，但饲养管理比较麻烦。

2. 急性心力衰竭

以心收缩力为观察指标，通过控制静脉滴入戊巴比妥钠溶液的剂量制作猫、豚鼠、犬急性心力衰竭模型。也可给实验动物静脉滴注一定剂量的心得安或异搏定等药物诱发急性心力衰竭。

3. 休克

给犬、猫股动脉大量放血，可造成失血性休克。另外，也可将细菌或细菌内毒素经静脉注入犬、猫、鼠血液中可诱发中毒性休克。用结扎冠状动脉前室间支和冠状窦插管法可制备犬心源性休克模型。以鸡蛋清为过敏原刺激豚鼠，可诱发豚鼠过敏性休克。

任务十一　内分泌系统疾病动物模型

1. 化学物质诱发模型

常用于诱发糖尿病的化学物质包括链脲佐菌素、四氧嘧啶、二苯硫化卡肥腙，以及环丙庚哌、天门冬素酶、6-氨基烟酰胺、2-脱氧葡萄糖、甘露庚酮糖等。

（1）链脲菌素模型。腹腔注射法，取体重200～280 g的SD大鼠，雌雄各半，造模前禁食18～24 h，按60 mg/kg体重腹腔内注射；给犬或大鼠一次静脉注射30～100 mg/kg体重剂量的链脲佐菌素，几天后产生糖尿病。

（2）四氧嘧啶模型。按30～150 mg/kg体重剂量给大鼠或犬一次静脉或腹腔注射四氧嘧啶，数天后出现糖尿病。注射链脲佐菌素和四氧嘧啶后，血糖出现3个时相变化：早期（1～4 h）出现短暂高血糖；中期（持续48 h）出现低血糖，可导致实验动物死亡；后期（48 h后）形成长期高血糖。动物表现多食、多尿、消瘦、高血糖、尿糖、高血脂、酮尿及酸中毒。

2. 胰腺部分切除模型

体重45～75 g大鼠，3%戊巴比妥钠麻醉后沿腹中线从剑突向下切一短切口，暴露十二指肠，用眼科蚊式弯止血钳从十二指肠系膜上仔细分离胰腺，将十二指肠拉向相反方向，使胃、脾和结肠充分暴露，继续剥离胰腺，使其与脾、胃的幽门部及横结肠分离，切除胰腺的75%～90%，缝合腹膜和切口。

手术后用毛巾包裹实验动物保温，并将该动物放在笼外至麻醉完全苏醉后，再放进干燥鼠笼内。术后5天之内给予动物生理盐水饲料，第7天拆线。

3. 全胰切除模型

体重10～15 kg的家犬，3%戊巴比妥钠肌肉注射麻醉，同时作气管插管，一侧股动、静脉分别插管测动脉压和采血样。麻醉后静脉滴注林格氏液，开腹后暴露、分离胰腺，首先解剖由脾动脉和胰十二指肠上、下动脉在胰腺上缘形成的吻合弓，在血管弓下缘逐一结扎、切断发至胰腺的细小血管。游离胰腺，在胰体分离出胰管，切断后结扎其远端，切断脾动脉和胰十二指肠上、下动脉到胰腺的分支，最后切除胰腺。术后定期采血测定血糖。部分或全胰切除后，大鼠和犬均表现糖尿病症状，多食、多尿、体重下降、高血糖、尿糖、高血脂、酮尿以及酸中毒。

任务十二　感觉器官疾病动物模型

1. 角膜炎

选用体重 2 kg 日本大耳白兔，在 0.5%丁卡因局部麻醉下，用 4 号针头将 0.1 mL 金黄色葡萄球菌标准菌株（25 亿个/mL）或 0.1 mL 绿脓杆菌株（30 亿个/mL）注入双眼角膜近中央处角膜层，可诱发细菌性角膜炎。接种细菌 24 h 时，眼部将出现明显炎症反应，表现结膜充血、眼前房积脓、角膜微肿增厚呈乳白色混浊，并出现大面积溃疡。

2. 白内障

5～6 周龄、体重 50～60 g 的大鼠，饲喂含 50%半乳糖的全价营养标准饲料。4 d 后大鼠晶状体发生病理改变，14～19 d 出现白内障。但停喂半乳糖 30 d 后，白内障开始恢复，45～60 d 白内障将完全消失。

任务十三　神经系统疾病动物模型

1. 中风

动物大脑中动脉阻断可引起局部灶性脑缺血，而出现中风症状。选用体重 250～300 g 的成年 SD 大鼠，以 6%水合氯醛麻醉后，右侧卧位固定，在左眼角到左外耳道连线的中点作垂直于连线的皮肤切口，长约 2 cm，沿颧弓下缘依次切断咬肌和颞肌，将这些肌肉推向前上，注意不要损伤面神经和动脉。分离切除下颌骨冠状突，用撑开器将颧弓和下颌骨的距离撑大，暴露鳞状骨的大部分，用牙科钻在颧骨和鳞状骨前联合的前内侧 2 mm 处钻孔开颅。在手术显微镜下切开硬脑膜，暴露大脑中动脉，用电压为 12 V 的双电极电灼损毁大脑动脉环，起始至嗅沟段的大脑中动脉，使其阻塞，血流中断。创面放置一小块明胶海绵后，缝合肌肉、皮肤。

术后 24 h 进行行为学检测和脑组织形态学检查。正常大鼠在提尾垂吊时双前肢能伸直触地。造模大鼠在提尾垂吊时，可有不同程度的右前肢向对侧偏斜或屈曲回缩，不能伸向地面。平衡功能亦发生障碍，行走时向右侧旋转。用墨汁灌注法检查脑缺血区范围和血管分布情况，可见脑梗塞区大小与中风阳性体征成正比，并且可见大量神经胶质细胞和变性坏死的神经元。

2．脑出血

向动物尾状核注入自体血，可造成脑出血模型。大鼠麻醉后，俯卧固定脑，并做股动脉插管。沿大鼠头皮中线切开头皮，分离骨膜，暴露冠状缝，近大鼠脑立体定位图谱所示尾状核中心坐标，在距前囟前方 0.5 mm，中线旁开 3 mm 处作颅骨钻孔，从颅骨表面垂直刺约 6 mm，抵达尾状核区域，把从股动脉抽取的血液 50～60 μL 注入尾状核，用蜡封闭颅骨孔。

脑出血后的实验大鼠在提尾垂吊时，出现对侧肢体瘫痪，其表现与脑缺血的症状体征相似。

3．脑出血血肿清除术模型

先制作鼠双侧肾动脉狭窄性高血压模型。其后 60 d，将 50 μL 的微气囊置于 25 号针内，定向刺入大鼠尾状核中心，在平均动脉压条件下充胀微气囊造成脑出血占位性效应，24 h 后将微气放囊放气，模拟血肿清除术。

任务十四　老年病动物模型

老年性痴呆

（1）一侧海马伞切断致老年性痴呆。取 24 月龄以上，体重 700～800 g 的老年雄性 Wistar 大鼠，或 24 月龄以上的老年雌性 SD 大鼠，可直接复制老年性痴呆模型，或先制作衰老模型，进而复制老年性痴呆模型，对不足 24 月龄大鼠往往采用后一种方法。

先颈部皮下注射 D-半乳糖，连续 42 d 后，采血测定血中 SOD 活性，若 SOD 活性明显下降，表明复制亚急性衰老模型成功。然后以 2%戊巴比妥钠腹腔注射麻醉，俯卧位固定于脑立体定位仪上，常规消毒，从脑背侧面正中线剪开头皮直达耳后，暴露并切开颅骨，将左侧大脑半球的皮质连同髓质一并切除，即露出深部的尾壳核、隔区、海马、海马伞等，用脑立体定位仪确定左侧海马伞的位置，将其切断，最后缝合伤口，术后护理 1 周，注意防止感染。

可用跳台和水迷宫法测定动物术前术后学习、记忆能力的变化，并于术后 15 d 和 30 d 断头取脑隔区和海马组织，用放射免疫化学法测定乙酰胆碱转移酶（CHAT）活性。海马伞切断 15 d，损害侧海马 CHAT 活性可下降 70%，隔区下降 35%，对侧未受损害海马的 CHAT 活性无显著变化。乙酰胆碱胆酶组织化学染色显示，切口远端海马伞缺乏酶染色纤维。这些结果表明，隔区细胞（胆碱能）经海马伞到达海马的轴突已被切断。

（2）阻断颈动脉致血管性痴呆。体重 250～300 g 的 Wistar 大鼠，麻醉固定后，暴露翼小孔，烧灼椎动脉，分离两侧颈总动脉后穿线备用，第 2 天用无损伤血管夹间断阻断双侧颈总动脉 3 次，每次 5 min，两次之间间隔 1 h，造成全脑反复缺血再灌流的状况。术中以脑电图和翻正反射检测双侧椎动脉和颈总动脉是否完全被阻断。

以水迷宫和跳台试验测大鼠造模前后学习与记忆能力的变化，并镜检海马、皮质、丘脑和纹状体等脑组织的病理改变。阻断血流后 1～2 min，脑电活动和翻正反射消失。术后 10 d 水迷宫试验可发现其游泳时间延长，跳台试验的错误次数增加，表明术后发生记忆障碍，光镜下可见以海马为主的脑组织严重损伤。

任务十五　血液系统疾病动物模型

1．白血病

用津 638 病毒诱发的昆明种小鼠白血病组织的无细胞提取液，给新生 615 小鼠皮下注射，经过 81 d 潜伏期，取 1 只患白血病小鼠的脾脏，用生理盐水制成 25%的脾细胞悬液，皮下注射丙酸睾丸酮 0.01 mg（溶于 0.05 mL 橄榄油中），每周 5 次，17 周时再补注 1 次丙酸睾丸酮，剂量为 0.25 mg。BALB/c 小鼠分别在 6 月龄时发病。小鼠出现肝、脾肿大、腹水，腹水涂片可见嗜碱性母细胞、单核细胞、原幼粒细胞、中幼粒细胞、晚幼粒细胞、分叶细胞等。

2．再生障碍性贫血

将马利兰按照 15 mg/（kg·周）或 30 mg/（kg·周）的剂量，混悬于水中给家兔灌胃，总给药量 118～153 mg，可诱发再生障碍性贫血。其骨髓造血干细胞和骨髓增殖能力将受持久损害，表现为全血细胞减少、淋巴细胞比例增大、骨髓网状纤维增加、出现脂肪髓。给瑞士种小鼠或大鼠腹腔注射马利兰，也可复制出再生障碍性贫血模型。

任务十六　免疫系统疾病动物模型

1．小鼠 AIDS 模型

人工建立小鼠 AIDS（人类获得性免疫缺陷综合征）模型可用以下方法。

（1）SCID 小鼠 AIDS 模型。先将人胚胎的胸腺、肝脏、淋巴结组织移植到 SCID 小鼠身上，获得具有人类免疫系统的 SCID-hu 小鼠，再把 HIV-I（人类免疫缺陷病毒）接种到 SCID-hu 小鼠体内移植的胞腺或淋巴组织中，可复制出 HIV-感染的 SCID-hu 小鼠 AIDS 模型。

（2）小鼠 C 型逆转录白血病病毒诱发的小鼠 AIDS 模型。用小鼠 C 型逆转录白血病病毒混合物感染小鼠可诱发小鼠 AIDS。

（3）转基因小鼠 AIDS 模型。将人类 HIV 原病毒 DNA 转移到 FNB/N 小鼠的单细胞胚胎中，部分带有 HIV 病毒的 F1 代小鼠将发病，并表现 AIDS。

2．猴 SAIDS 模型

1969 年美国加利福尼亚州、华盛顿特区、俄勒冈州和英国的新英格兰等地的灵长类研究中心相继在猴群中发现获得性免疫缺陷综合征（SAIDS）。本病与人类获得性免疫缺陷综合征（AIDS，艾滋病）相似。其临床表现为全身淋巴腺病、贫血、反复腹泻、消瘦；免疫学表现为体液免疫和细胞免疫功能降低，淋巴细胞减少，T 淋巴细胞中 T4（辅助/诱导性细胞）和 T8（抑制/细胞毒性细胞）比例明显低于正常。已明确本病是由人类胸腺白血病病毒Ⅲ（HTLVⅢ）逆转录病毒所引起，病毒进入体内易感染 T 淋巴细胞，得病后易患条件致病菌感染而死亡。

用 D 型逆转录病毒 SRV-1 或 SRV-2 人工感染猴，可诱发猴 SAIDS。用猴免疫缺陷病毒（SIV）人工感染恒河猴，亦能迅速发生 SAIDS。

3．系统性红斑狼疮模型

（1）自发性系统性红斑狼疮模型。黑色 NZB 小鼠与白色 NZW 小鼠杂交所生 F1 代（即 NZB/W 小鼠），或米黄色 SB/Le 小鼠与黑色 C57BL/6J 杂交所生 F1 代（B/SB 小鼠），均可自发性产生系统性红斑狼疮，但该模型的发现较晚，周期长，实验过程不易控制。

（2）诱发性系统红斑狼疮模型。将 C57BL/10 小鼠与 CBA/2 小鼠杂交所生 F1 代小鼠，在无菌操作下取亲代 DBA/2 小鼠的脾、胸腺、淋巴结，在尼龙薄膜上轻轻挤压，制备含单个脾细胞、胸腺细胞、淋巴结细胞悬液。将上述悬液按脾细胞（或胸腺细胞）∶淋巴结细胞=2∶1 的比例混合，每只鼠 1.0×10^7 个淋巴细胞剂量给 F1 代小鼠作静脉注射，第 7 天重复注射 1 次，同时注射 50IU 肝素。第 3 周可形成自身抗体，第 4 周出现系统性红斑狼疮病变。

任务十七　传染病与寄生虫疾病动物模型

1．人疟动物模型

通过含一定量红细胞内的人疟原虫（恶性疟、间日疟）的血液静脉注射给易感的猴，如夜猴、松鼠猴、狨猴等；或用带有子孢子的按蚊叮咬易感猴，均可制作出人疟感染模型。

2．疟动物模型

用食蟹猴疟原虫接种到昆明种属小鼠血液中，并用感染小鼠血液接种下一代。但每过

3～5 代必须经斯氏按蚊传代 1 次才能保持疟原虫的活力。

任务十八　自发性肿瘤动物模型

1. 小鼠自发性肿瘤

（1）常用近交系小鼠高自发率肿瘤发生率。见表 9-1。

表 9-1　常用近交系小鼠高自发率肿瘤发生率

肿瘤名称	品系	年龄/月	性别	自发率/%
乳腺肿瘤	C3H	/	♀♂	80～100
肺腺瘤	A/He	18	♀♂	90.0
肺细胞瘤	C3H/He	14	♂	85.0
肝癌	C3H/He/Ola	14	/	85.0
淋巴瘤	AKR	/	♂	79.7
	AKR	/	♀	92.0
网织细胞瘤	（C57BL×C3H/Anf）F1	30	♀♂	49.0
垂体肿瘤	C57BR/Cd	12	♀	33.0
卵巢肿瘤	DBA	12～18	/	55.5
	BALB/c	/	/	75.8
纤维肉瘤	（BALB/c×C57BL/6）F1	18	♀	28.4

（2）乳腺肿瘤。生育期雌鼠乳腺肿瘤的发病率较高，未生育者较低。不同品系生育期小鼠自发性乳腺肿瘤的发病率从高到低依次为 C3H 系（99%～100%）、A 系（60%～80%）、CBA/J 系（60%～65%），TA2 亦为乳腺癌高发品系。乳腺肿瘤的主要类型为乳腺瘤、乳腺癌（乳头状囊腺癌、单纯癌、导管内癌）、纤维瘤（纤维瘤和腺纤维瘤）。

（3）肺肿瘤。A 系（90%）、SWR 系（80%）、PBA 系（77%）均为肺肿瘤的高发病率品系。肺肿瘤的主要类型是腺瘤和腺癌。

（4）肝肿瘤。小鼠的自发性肝肿瘤多发生在 14 日龄以上，雄鼠的发病率高于雌鼠。高发病率品系为 C3H 系（72%～90%）、CBA 系（65%）等。肝肿瘤主要为腺瘤和肝癌。

（5）淋巴细胞性白血病。C58 系（95%～97%）、AKR 系（76%～90%）等小鼠品系的淋巴细胞性白血病率较高。

（6）胃肠道肿瘤。A 系小鼠胃肠道肿瘤的自发率很高（几乎 100%）；NZO 系则可自发十二指肠肿瘤，但发生率较低（15%～20%）。

2. 大鼠自发性肿瘤

（1）乳腺肿瘤。乳腺肿瘤可在 F344.ACI 等品系的大鼠中发生。主要发生在生育雌鼠身上。以乳腺纤维腺瘤多见，而纤维瘤和腺瘤比较少见。此外，封闭群 Wistar 大鼠、SD 大鼠也自发乳腺纤维腺瘤。

（2）睾丸肿瘤。雄鼠睾丸肿瘤的发生率在 ACI 为 46%，F344 为 35%。

任务十九　免疫缺陷动物模型

1. 免疫缺陷动物分类

（1）T 淋巴细胞功能缺陷动物。裸小鼠、裸大鼠、裸豚鼠、裸牛等。

（2）B 淋巴细胞功能缺陷动物。CBA/N 小鼠、雄性种马和 1/4 杂种马等马属动物、免疫球蛋白异常血症动物等。

（3）NK 细胞（自然杀伤细胞）功能缺陷动物。Beige 小鼠等。

（4）联合免疫缺陷动物。SCID 小鼠、Motheaten 小鼠等。

（5）获得性免疫缺陷动物模型。小鼠 AIDS 模型、猴 SAIDS 模型、家兔恶性纤维瘤综合征模型等。

2. B 淋巴细胞功能异常动物

CBA/N 小鼠，又称性连锁免疫缺陷小鼠（XID），起源于 CBA/H 品系。其 T 淋巴细胞功能没有缺陷，为 X-链隐性突变系，基因符号为 xid。纯合子雌鼠（xid/xid）和杂合子雄鼠（xid/Y）对非胸腺依赖性 II 型抗原（如葡萄糖、肺炎球菌脂多糖以及双链 DNA 等）没有体液免疫反应。血清 IgG、IgM 含量低。如果移植正常鼠的骨髓到 XID 宿主，B 细胞缺损可得到恢复。相反，把 XID 鼠的骨髓移给受放射线照射的同系正常宿主，受体动物仍然表现为不正常的表型。

该模型的病理变化与人类 Bruton 氏丙种球蛋白缺乏症（XLA，又称先天性丙种球蛋白缺乏症）及 Wiskott-Aldrich 氏综合征（WAS，伴湿疹和血小板减少的免疫缺陷病）相似，是研究 B 淋巴细胞的发生、功能与异质性的理想实验材料。

3. NK 细胞功能缺陷的动物模型

Beige 小鼠为 NK 细胞功能缺陷的突变系小鼠。Bg 是隐性突变基因，位于第 13 对染色体上。基因纯合 Beige 小鼠（bg/bg）毛色变浅，耳朵和尾巴色素减少，尤其是初生时眼着色淡。这种小鼠的表型特征与人的齐—希二氏综合征相似。其免疫抗肿瘤杀伤作用出现较晚，缺乏细胞毒 T 细胞功能，对同种、异种肿瘤细胞的体液免疫功能减弱，亚细胞的结构可见异常肿大的溶解体颗粒和溶解体膜缺损。由于溶解体功能缺陷，Beige 小鼠对化脓性细菌感染及各种病原体都较敏感，因此必须在 SPF 环境中才能较好的生存。Beige 小鼠的繁殖是在纯合子之间进行的。

4．联合免疫缺陷的动物模型

（1）严重联合免疫缺陷小鼠（SCID）。于 1983 年由美国波士玛（Bosma）从近交系 C.B-17 小鼠中首先发现。这是由位于第 16 号染色体上称作 Scid 的单个隐性基因和 SCID 基因纯合小鼠（Scid/Scid）的 T 淋巴细胞和 B 淋巴细胞数量大大减少，体液免疫和细胞免疫功能均缺陷，但 SCID 小鼠的巨噬细胞和 NK 细胞活性不受 SCID 突变的影响。

SCID 小鼠是研究人类严重联合免疫缺陷疾病的良好模型，可用于观察免疫缺陷与疾病临床表现之间的关系。它还能接受移植并维持异种及同种异体的组织器官，尤其异种和同种的杂交瘤均能以腹水瘤的形式在 SCID 小鼠体内很好地生长，并产出较大量的腹水。

SCID 小鼠因免疫缺陷而易于感染死亡。在 SPF 环境下饲养，寿命约 1 年。SCID 小鼠两性均能生育，但每胎产仔较少，每窝仅 3～5 只。

（2）Motheaten 小鼠。有严重联合免疫缺陷，其突变基因（me）位于第 6 对染色体上。本品系小鼠对胸腺依赖抗原和非胸腺依赖抗原均无免疫反应，对 T、B 淋巴细胞分裂素的增殖反应严重缺陷，细胞毒 T 细胞和 NK 细胞活性减低。Motheaten 小鼠在出生 2 d 内即可出现皮肤脓肿；纯合型（me/me）还有自身免疫倾向，免疫复合物可在肾、肺、皮肤等器官沉积。

（3）人工培育的先天性免疫联合缺陷型小鼠。国外将分布于 3 种小鼠的隐性突变基因 NK 细胞缺陷的 Beige 基因、T 细胞缺陷的 nu 基因、B 细胞缺陷的 xid 基因，通过杂交、筛选、导入等技术，培育出 T、B、M、NK 细胞三联免疫缺陷的 Beige-nude-xid 小鼠；将裸小鼠基因（nu）导入 CBA/N 小鼠，培育出 T、B 细胞功能均缺陷的 CBA/N-nu 小鼠。我国也培育出 T 淋巴细胞功能缺陷的 PBI/（615/PBI）裸小鼠，T、NK 细胞双缺陷的 PBI/2-Beige（615B6/PBI-Beige）裸小鼠，T、B、NK 细胞三联免疫缺陷的 PBI/3-xid • Beige（CB • 615/PBI-xid • Beige）裸小鼠。

职业技能考核

理论考核

1. 建立人类疾病动物模型有何意义?
2. 模型设计的实验动物选择原则与注意事项有哪些?
3. 设计动物模型的原则和注意事项有哪些?
4. 设计模型的实验动物类型选择是怎样的?
5. 诱发性人类疾病动物模型有哪些?
6. 自发性人类疾病动物模型有哪些?

参考文献

[1] 中华人民共和国国家科学技术委员会实验动物管理条例. 北京，1988.

[2] 国家科委，国家技术监督局. 实验动物质量管理办法. 北京，1997.

[3] 科学技术部，卫生部，教育部，农业部，国家质量监督检验检疫局，国家中医药管理局，中国人民解放军总后勤部卫生部. 实验动物许可证管理办法（试行）. 北京，2001.

[4] 科学技术部. 国家实验动物种子中心管理办法. 北京，1988.

[5] 李玉冰. 实验动物学. 北京：中国环境科学出版社，2006.

[6] 秦川. 医学实验动物学. 北京：人民卫生出版社，2008.

[7] 李厚达. 实验动物学（第二版）. 北京：中国农业出版社，2003.

[8] 王建飞，周艳. 实验动物饲养管理和使用指南. 上海：上海科学技术出版社，2012.

[9] 方喜业. 实验动物质量控制. 北京：中国标准出版社，2008.

[10] 郭万柱. 实验动物养殖与利用. 成都：四川科学技术出版社，2000.